高等职业院校"十三五"规划教材

人工智能与信息技术教程

主　编：唐建生　　王雪松　　李程文
副主编：段春梅　　冯欣悦　　支艳利
　　　　黄　润　　吴嘉怡　　周　恒

U0343945

武汉理工大学出版社
·武汉·

内容提要

《人工智能与信息技术教程》作为高等职业院校学生人工智能和信息技术通识课程的教材,是按照高等职业教育各专业领域高素质技术技能人才培养目标的要求编写的。本教材采用项目导向、任务驱动方式组织内容,全书共包含 6 个知识板块:人工智能信息获取、人工智能技术的应用、Word 2010 文档制作与处理、Excel 2010 表格处理与分析、PowerPoint 2010 文稿制作、计算机基础与网络。本书所有内容注重学生技术技能的培养,体现了高职高专教学特色。

本教材既可作为高等职业院校、高等专科学校计算机专业或非计算机专业学生的教学用书,也可作为初、中级信息技术与人工智能应用技能提升的培训教材和社会从业人士的业务参考书。

图书在版编目(CIP)数据

人工智能与信息技术教程/唐建生,王雪松,李程文主编.—武汉:武汉理工大学出版社,2020.12
ISBN 978-7-5629-6334-9

Ⅰ.①人… Ⅱ.①唐… ②王… ③李… Ⅲ.①人工智能-高等职业教育-教材 ②信息技术-高等职业教育-教材 Ⅳ.①TP18 ②G202

中国版本图书馆 CIP 数据核字(2020)第 234953 号

项目负责人:王兆国			责任编辑:王兆国	
责 任 校 对:黄玲玲			封面设计:蔡 倩	

出 版 发 行:武汉理工大学出版社
社　　　　址:武汉市洪山区珞狮路 122 号
邮　　　　编:430070
网　　　　址:http://www.wutp.com.cn
经　　　　销:各地新华书店
印　　　　刷:武汉中远印务有限公司
开　　　　本:787×1092　1/16
印　　　　张:18.75
字　　　　数:480 千字
版　　　　次:2020 年 12 月第 1 版
印　　　　次:2020 年 12 月第 1 次印刷
定　　　　价:39.80 元

凡购本书,如有缺页、倒页、脱页等印装质量问题,请向出版社发行部调换。
本社购书热线电话:(027)87384729　87523148　87664138
版权所有,盗版必究。

前　言

随着科学技术的不断发展,人工智能(AI)和信息技术(IT)应用已成为人们日常生产生活中非常重要的一部分。在信息化发展的进程中,人工智能与信息技术课程扮演了越来越重要的角色。为了更好地满足各类专业学生对计算机操作技能的需要,我们对计算机应用基础课程进行教学改革探索,组织编写了这本能够体现高职院校教学特色的《人工智能与信息技术教程》。

人工智能与信息技术是高职院校各专业开设的一门公共通识课程,在培养学生的人工智能和信息技术素养和技能方面起着基础性和先导性的重要作用。课程教学内容涵盖了计算机基础知识、人工智能基础知识、操作系统基本操作、office办公软件的基本操作、计算机网络基础知识,通过本课程的学习,能够培养高职院校学生的人工智能素养、计算思维能力,同时培养学生良好的计算机文化意识、信息素养和办公自动化软件的实践应用能力。

本教材内容选取既适合高职学生的特点,又突出人工智能的通识性、典型性、实用性和可操作性,具体体现在以下几方面:

1.每个项目相关知识安排上以"必需、适度、够用"为原则,以能够满足实际应用需求为标准,尽量避免单纯、原理性知识的介绍。

2.采用了项目教学法,以任务驱动的方式安排内容,让学生零距离接触所学知识。学生每学完一个项目,同步安排拓展项目供学生课后完成,有助于复习和巩固操作技能。

3.书中项目和案例选用目前工作、生活中实际工作任务,力求学以致用。

4.尽量采用图表说明问题,文字表述注重深入浅出、通俗易懂。

本教材由唐建生、王雪松、李程文担任主编,段春梅、冯欣悦、支艳利、黄润、吴嘉怡、周恒任副主编。参加编写人员及分工如下:项目1(李程文、吴嘉怡、周恒),项目2(唐建生、李程文),项目3(唐建生、王雪松),项目4(冯欣悦),项目5(段春梅),项目6(王雪松、黄润、支艳利)。全书由佛山职业技术学院电子信息学院院长唐建生教授统稿。

本书在编写过程中,参考和引用了一些人工智能、信息技术等方面专著和教材,在此谨向有关作者表示衷心感谢。

由于编者水平有限,书中难免有错误和不当之处,恳请各位读者批评指正。

编　者
2020 年 8 月

目　　录

项目 1 人工智能信息获取

人工智能(Artificial Intelligence),英文缩写为 AI,它是计算机科学领域里的一个分支。人工智能是对人的意识、思维的信息过程的模拟。人工智能谈的不是人的智能,而是指能像人那样思考,所以人工智能也有可能超过人的智能。在语言与思维的研究领域里,人工智能学科也必须借用数学工具,数学常被认为是多种学科的基础科学。

目前人工智能实际应用非常广泛,主要包括机器视觉、指纹识别、人脸识别、视网膜识别、虹膜识别、掌纹识别、专家系统、自动规划、智能搜索、定理证明、博弈、自动程序设计、智能控制、机器人学、语言和图像理解、遗传编程,等等。从历史发展的角度来看,广义的人工智能包括人工智能、机器学习和深度学习等智能行为,狭义的人工智能可理解成一种能够感知、推理、行动和适应的程序。随着人工智能的不断发展,到一定历史阶段之后出现了机器学习,它表现为一种能够随着数据量的增加不断改进性能的算法。再随着机器学习的进一步发展,人工智能开始了智能深度学习阶段,就是目前人们常说的高端的人工智能,它是机器学习的一个应用子集,可以利用多层神经网络从大量数据中进行学习。

本项目包含人工智能的基本概念、人工智能的国家战略支撑、人工智能在生活中的应用和人工智能在公益事业中的应用这四个任务,分别从人工智能的发展历程、机器学习、深度学习(任务一),智慧农业、智能制造、智能军事、智慧金融、智慧医疗、智能教育(任务二),智能购物、智能阅读、智能出行、智能健康、智能语音、智能翻译(任务三),智能安防、智能体育、智能功能(任务四)等相关知识入手,详细介绍人工智能的发展历程,人工智能在国家、企业、行业、公益事业以及个人生活中的应用概况和与之相对应的任务。通过这四个学习任务,使学生快速掌握人工智能应用的相关基础知识。

任务 1.1 认识人工智能的基本概念

任务描述

小李是某职业学院 2017 级的一名新生,他对人工智能的了解,仅局限于手机玩游戏、上网聊天的层面上,对人工智能产生的时间以及发展过程和趋势,还有人工智能的分类和应用等一概不知,所以小李通过查找信息资料来了解基本概念。

任务分析

当前人工智能的应用已经深入到了我们的生活和学习中,因此,只有全面认知人工智能的发展,充分了解人工智能的各项功能,才能使其变成我们的助手,更好地协助我们学习、生活和工作。下面我们从人工智能的产生与发展过程、机器学习、深度学习等方面去帮助小李了解人工智能的知识。

任务实施

人工智能是一个很宽泛的概念,概括而言是对人的意识和思维过程的模拟,利用机器学习和数据分析方法赋予机器类人的能力。人工智能将提升社会劳动生产力,特别是在有效降低劳动成本、优化产品和服务、创造新市场和就业等方面将为人类的生产和生活带来革命性的转变。

1. 人工智能发展概况

从图 1-1 中我们可以看出人工智能发展的年代特征,早期的人工智能大概从 1950 年开始一直持续到 1980 年,大约持续了 30 年的时间,之后又经过 30 年的机器学习的不断发展才到现在的深度学习的人工智能时代。近年来,深度学习取得突破性进展后,进一步地驱动着人工智能的蓬勃发展。

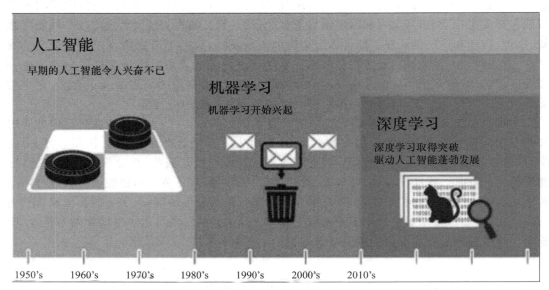

图 1-1　人工智能、机器学习和深度学习的历史年代

2. 人工智能行业国内外概况

据 SAGE 出版公司预测,到 2030 年,人工智能的出现将为全球 GDP 带来额外 14% 的提升,相当于 15.7 万亿美元的增长。全球范围内越来越多的政府和企业组织逐渐认识到人工智能在经济和战略上的重要性,并从国家战略和商业活动上涉足人工智能。全球人工智能市场将在未来几年实现线性增长。据该机构推算,世界人工智能市场将在 2020 年达到 6800 亿元人民币,复合年均增长率达 26.2%(图 1-2)。

近年来我国人工智能产业发展迅速。从市场规模来看,自 2015 年开始,我国人工智能市场规模逐年攀升。截至 2017 年,我国人工智能市场规模已达到 216.9 亿元人民币,同比增长 52.8%。据预测,到 2020 年,我国在人工智能的市场规模将达到 710 亿元人民币。

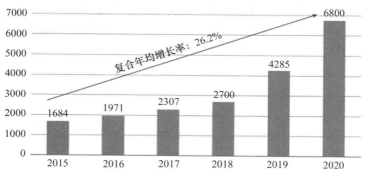

资料来源：中国产业信息网，德勤研究。

图 1-2　全球人工智能市场规模（单位：亿元人民币）

2015—2020 年间复合年均增长率为 44.5％（图 1-3）。尽管发展迅速，我国仍然处于人工智能发展早期。目前美国在人工智能关键环节的多项指标领先于我国。我国在硬件环节上还比较薄弱，据"德勤研究"的数据统计，我国半导体产品国际市场占有率仅为 4％，远落后于美国占比全球 50％的市场占有率。我国半导体主要依赖进口，进口量已经超过石油，成为进口金额最大的产品。

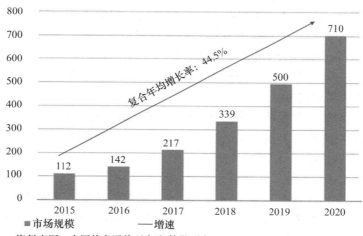

资料来源：中国信息通信研究院，德勤研究。

图 1-3　中国人工智能市场规模（单位：亿元人民币）

3．人工智能发展驱动力

人工智能发展驱动力主要体现为两个方面的作用：一是计算性能的提升，二是顶层设计的战略定位。

（1）计算性能的提升

在过去的十几年里，人工智能技术商业化主要得益于芯片处理能力提升、云服务普及以及硬件价格下降，此外还有并行计算的推广使得计算力大幅提升。

虽然人工智能的发展已经有数十年的历史，但是两个新元素促进了人工智能的广泛应用，一是海量训练数据，二是 GPU（Graphics Processing Units）所提供的强大而高效的并行计算（图 1-4）。用 GPU 来训练深度神经网络，所使用的训练集更大，所耗费的时间大幅缩短，占用的数据中心基础设施更少。GPU 还被用于运行机器学习训练模型，以便在云端进行分类和预测,从而在耗费功率更低、占用基础设施更少的情况下能够支持远比从前更大的数据量和吞吐量。与单纯使用CPU(Central Processing Units)的做法相比,GPU具有数以千计的计算核心,可实现10～100倍的应用吞吐量。

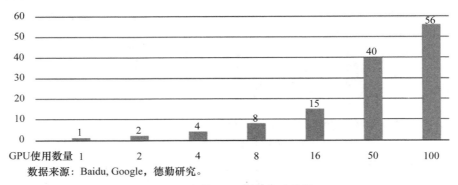

GPU使用数量　1　　　2　　　4　　　8　　　16　　　50　　　100

数据来源: Baidu, Google, 德勤研究。

图 1-4　每块 GPU 训练加速倍数

人工智能芯片价格下降而且尺寸缩小。到2020年,全球的芯片价格比2014年下降70%左右,与此同时,数据处理的费用在不断下降。随着大数据技术的不断提升,人工智能标记数据的获得成本下降,同时对数据的处理速度提升,宽带的使用效率也不断提升。物联网和电信技术的持续迭代为人工智能技术的发展提供了基础设施。2020年,全球物联网的连接设备已经激增至500亿台。代表电信发展里程碑的5G的发展,为人工智能的发展提供最快1Gbps的信息传输速度,带来了人工智能技术的广泛应用与飞速发展。近年来,中国在语音识别和图片识别等人工智能技术层的应用得到了长足的发展。

（2）顶层设计的战略定位

随着人工智能对社会和经济的影响日益凸显,各国政府先后出台人工智能发展政策,并将其上升到国家战略的高度。近几年,包括美国、中国和欧盟在内的多国和组织颁布了国家层面的人工智能发展战略。

在中国,政府正通过多种形式支持人工智能的发展,形成了科学技术部、国家发改委、中央网信办、工信部、中国工程院等多个部门参与的人工智能联合推进机制。从2015年开始,先后发布多项支持人工智能发展的政策,为人工智能技术发展和落地提供了大量的项目发展基金,并且对人工智能人才的引入和企业创新提供支持。这些政策给行业发展提供坚实的政策导向的同时,也给资本市场和行业利益相关者发出了积极信号。在推动市场应用方面,政府部门身体力行,直接采购国内人工智能技术应用的相关产品,先后落地了多个智慧城市、智慧政务项目。

《新一代人工智能发展规划》是我国在人工智能领域的第一个系统部署文件,具体对2030年我国人工智能发展的总体思路、战略目标和任务、保障措施进行系统的规划和部署。政策根据我国人工智能市场目前的发展现状分别对照基础层、技术层和应用层的发展提出了要求,确立我国人工智能在2020年、2025年及2030年的"三步走"发展目标(图1-5)。

新创建的人工智能公司正在快速壮大,人工智能市场规模不断增长,并且持续吸引资本入场。自2013年以来,全球人工智能行业投融资规模都呈上涨趋势。2017年全球人工智能投融资总规模达395亿美元,融资1208笔。其中,我国的投融资总额达到277.1亿美元,融资高达369笔(见图1-6),我国人工智能企业融资总额占全球融资总额70%,融资笔数占

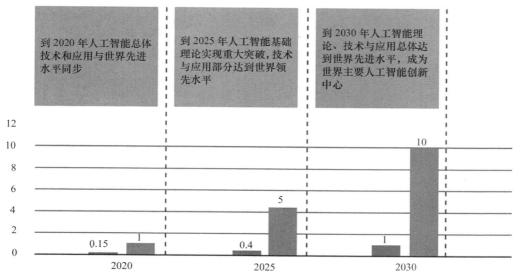

资料来源:《新一代人工智能发展规划》,德勤研究。

图 1-5　中国人工智能市场及产业目标

全球的 31%。截至 2017 年,我国的人工智能创业公司只占全球的 9%,但是他们却拿到了全球 48% 的投资。

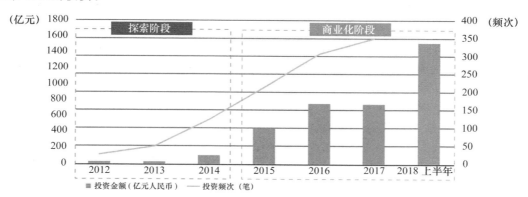

资料来源:德勤研究。

图 1-6　人工智能投资规模

[相关知识]

1.人工智能的发展历程

从 20 世纪 50 年代开始,许多科学家、程序员、逻辑学家和理论家不断提高着人类对人工智能思想的整体理解。随着时间的不断推进,人工智能领域的创新和发现改变了人们以往的基本知识。如图 1-7 所示,随着历史的不断进步,人工智能逐渐从一个无法实现的幻想变成了当代和后代切实可以实现的现实。

人工智能出现的 60 多年中经历过几次寒冬,自深度学习算法出现后,近几年再次进入

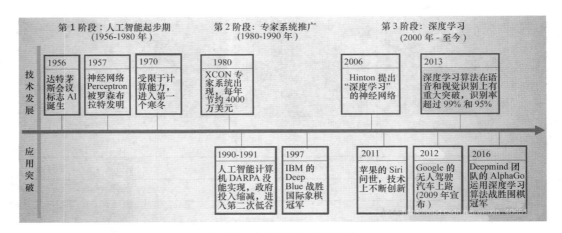

图 1-7　人工智能的发展历史

爆发期。最近十年,人工智能的创新出现突破式发展。从 2010 年开始,人工智能已经融入我们的日常生活中。例如,人们普遍使用具有语音助理的智能手机和具有"智能"功能的计算机,大多数人都认为这是理所当然的。此时的人工智能不再是停留在口头上的词汇,因为有相当多的人工智能产品已经进入实际的生产阶段。

2010 年,ImageNet 推出了他们年度 AI 对象识别竞赛的 ImageNet 大规模视觉识别挑战赛(ILSVRC)。微软推出了 Kinect for Xbox 360,这是第一款使用 3D 摄像头和红外探测跟踪人体运动的游戏设备。2011 年,IBM 创建了一个回答计算机自然语言问题的智能机器——Watson 机器,该机器与肯詹宁斯和布拉德鲁特在电视游戏中进行比赛并且击败了两个前"Jeopardy 冠军"。Apple 公司发布了 Siri,即 Apple IOS 操作系统的虚拟助手。Siri 使用自然语言用户界面进行推断、观察、回答和推荐事物等,完成多种智能任务,它能适应用户的语音命令,并为每个用户投射"个性化体验"。在 2012 年,Jeff Dean 和谷歌的研究人员 Andrew Ng 通过 YouTube 视频展示 1000 万张未标记图像,培训了一个拥有 16000 个处理器的大型神经网络来识别猫的图像。2013 年,来自卡内基梅隆大学的研究团队发布了 Never Ending Image Learner(NEIL),这是一种可以比较和分析图像关系的语义机器学习系统。2014 年,微软发布了 Cortana,即一种版本类似 IOS 的 Siri 虚拟助手。亚马逊创建了亚马逊 Alexa,后将其发展成智能扬声器,可作为个人助理。2015 年,Elon Musk,Stephen Hawking 和 Steve Wozniak 等 3000 多人签署了一封公开信,禁止开发和使用自主武器来用于战争的目的。2016 年,谷歌 DeepMind 的 AlphaGo,一个玩棋盘游戏的计算机程序,击败了当时所有的人类冠军(图 1-8)。

同在 2016 年,一个名为 Sophia 的人形机器人由 Hanson Robotics 创建。她被称为第一个"机器人公民"。Sophia 与以前的类人生物的区别在于她与真实的人类相似,具有视觉(图像识别),能够做出面部表情,并通过人工智能进行交流。Google 发布了 Google Home,这是一款智能扬声器,使用人工智能充当个人助理的角色,帮助用户记住任务,创建约会,并通过语音搜索信息。2017 年,Facebook 人工智能研究实验室培训了两个聊天机器人进行模拟对话,以便相互沟通,学习如何进行谈判。然而,随着聊天机器人交谈的深入,他们逐渐偏离了人类语言,而是偏向于用英语编程式的语言,并且在此基础上发明了自己的语言来相互交流,这在很大程度上展示了人工智能的新进展。

图 1-8　谷歌开发的 AlphaGo 机器人与人类进行围棋比赛

2018 年,阿里巴巴(中国科技集团)语言处理 AI 在斯坦福大学的阅读和理解测试中超越了人类的智慧。在正式比赛中,阿里巴巴的语言处理 AI 在回答一组 10 万个问题时以微弱的劣势输于人类。谷歌公司开发了 BERT,这是第一个"双向、无监督"的语言系统,可以处理各种自然语言任务并且进行灵活的智能语言应用。同年,三星公司推出虚拟助手 Bixby。Bixby 的功能包括语音,用户可以在这里与他们交谈并提出问题和建议。Bixby 的"视觉"能力内置于相机应用程序中,可以看到用户所浏览的内容(例如对象识别、搜索、购买、翻译、地标识别等),展示了视觉上的人工智能。

2.机器学习的概念

机器学习(Machine Learning,简称 ML),是人工智能的核心,属于人工智能的一个分支。机器学习理论主要是设计和分析一些让计算机可以自动"学习"的算法。机器学习算法是一类从数据中自动分析获得规律,并利用规律对未知数据进行预测的算法。所以,机器学习的核心就是数据结构、模型算法和计算机的运算能力这三部分。机器学习应用领域十分广泛,例如:数据挖掘、数据分类、计算机视觉、自然语言处理、生物特征识别、搜索引擎、医学诊断、检测信用卡欺诈、证券市场分析、DNA 基因序列测序、语音和手写识别、战略游戏和机器人运用等。

机器学习的本质就是设计一个算法模型来处理数据,并且输出我们想要的结果。然后,我们可以针对该算法模型进行不断的调优,形成更准确的数据处理能力。机器学习的过程通常分为下面一些基本步骤。

(1)选择数据:将数据分成三组——训练数据、验证数据和测试数据。

(2)构建模型:使用训练数据来构建使用相关特征的模型。

(3)验证模型:使用验证数据接入具体的模型。

(4)测试模型:使用测试数据检查被验证模型的表现。

(5)使用模型:使用完全训练好的模型在新数据上做预测。

(6)调优模型:使用更多数据、不同的特征或调整过的参数来提升算法的性能表现。

3.深度学习的概念

深度学习(Deep Learning)是在机器学习上的进一步扩展。从图 1-9 中可以看出,机器学习的特点是用人工提取的特征来表达数据,一般是针对某个特定领域的特定知识进行手动提取,然后采用机器学习的模型算法优化特征的权重,从而进行广泛的模型学习。机器学习和深度学习的不同点在于：后者在提取特征数据时往往采用的是机器本身的行为，而不是人工行为，这样自然会提高自动化的程度与智能化的行为。

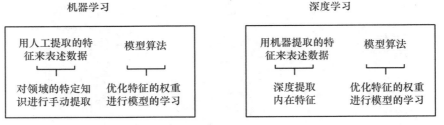

图 1-9　机器学习与深度学习的联系与区别

深度学习恰恰就是通过组合低层特征形成更加抽象的高层特征（或称为属性类别）。例如，在计算机视觉领域，深度学习算法从原始图像中学习开始，并得到一个低层次表达，例如边缘检测器、小波滤波器等，然后在这些低层次表达的基础上，通过线性或者非线性组合，来获得一个高层次的表达。此外，不仅图像存在这个规律，声音也是类似的。比如，研究人员通过深度学习算法从某个声音库中发现了 20 种基本的声音结构，其余的声音都可以由这20 种基本结构来合成。

4. 人工智能应用分类

人工智能应用非常广泛，人工智能产业链主要分为三个层次，如表 1-1 所示。底层是基础设施，包括芯片、模组、传感器，以及大数据平台、云计算服务和网络运营商等。这部分参与者以芯片厂商、科技巨头、运营商为主。中间层主要是一些基础技术研究和服务提供商，包括深度学习、机器学习、计算机视觉、语音技术和自然语言处理以及机器人等领域。这一模块需要有海量的数据、强大的算法，以及高性能运算平台支撑，代表性企业主要有 BAT、科大讯飞、微软、亚马逊、苹果、Facebook 等互联网巨头和国内一些具有较强科技实力的人工智能初创公司。最上层是行业应用，大致分为 2B 和 2C 两个方向，其中，2B 的代表领域包括安防、金融、医疗、教育、呼叫中心等；而 2C 的代表领域则包括智能家居、可穿戴设备、无人驾驶、虚拟助理、家庭机器人等。

表 1-1　人工智能产业链的三个层次

层次	结构	具体内容
最上层	2B(To Business)	安防、金融、医疗、教育、呼叫中心等领域
	2C(To Customers)	智能家居、可穿戴设备、无人驾驶、虚拟助理、家庭机器人等领域
中间层	基础技术研究和服务提供商	深度学习、机器学习、计算机视觉、语音技术和自然语言处理以及机器人等领域
底层	基础设施	芯片、模组、传感器，以及大数据平台、云计算服务和网络运营商等

如果按照人们普遍认为的"智慧能力"（即在认识活动中思维过程和脑力活动中所表现出来的综合能力）进行科学分类，人工智能还可以分为"强人工智能"与"弱人工智能"。其中强人工智能观点认为智能机器可以推理，具有思维和意识，并且这种思维和意识可以是类人的也可以是非类人的。弱人工智能观点则认为智能机器不可能具有推理和思维能力，机器只不过看起来像是智能的，并不真正拥有智能，也不会有自主意识[1]。此外，有的学者按智能等级的不同将人工智能的智商分为通用智商、服务智商和价值智商三类，并针对不同方面

的智能,进行了一定程度上的指标区别[2]。

　　为了更好地满足读者的需求,本章将人工智能应用进行大概分类如下:首先,在国家战略层面,智慧农业、智能制造、智能军事、智慧金融、智慧医疗、智能教育如火如荼地开展起来。其次,在民生方面,与人们生活密切相关的领域里也出现了智能购物、智能阅读、智能出行、智能健康管理和智能语音助手、智能翻译,等等。然后,在公益事业方面,智能应用拓展到了智能安防、智能体育、智能艺术等方面。当然,人工智能的应用面不止这些,还有非常多的内容值得探索。

拓展训练

　　1.简述人工智能的产生与发展过程。

　　2.简述机器学习的概念。

　　3.简述深度学习的概念。

　　4.列举人工智能三大学派。

任务 1.2　认识人工智能的国家战略支撑

人工智能在国家战略支撑层面获得了广泛的应用,主要体现在智慧农业、智能制造、智能军事、智慧金融、智慧医疗、智能教育等行业中。

任务描述

小王是某公司的新进员工,负责公司的战略规划工作,具体包括国家层面与企业层面的资料统计。目前公司考虑到人工智能与大数据项目落地的可能性,准备向人工智能领域投入资金开始项目运营,但由于公司对国家战略支撑并不了解,决定由小李组织前期项目资料,并整理战略支撑材料。

任务分析

在了解人工智能在智慧农业、智能制造、智能军事、智慧金融、智慧医疗、智能教育方面的基本政策信息基础上,根据公司的具体项目需求,制定适合小团队范围内应用的人工智能项目示例,去帮助小王挖掘人工智能国家战略层面的项目应用示例。

任务实施

本任务在于了解人工智能在国家战略支撑层面的知识,能够让小王根据自己公司的需求,制定具体的项目应用方案。

相关知识

1. 智慧农业

智慧农业是智慧经济的重要内容,是依托物联网、云计算以及 3S(即遥感 RS、全球定位系统 GPS、地理信息系统 GS)技术等现代信息技术与农业生产相融合的产物,可以通过对农业生产环境的智能感知和数据分析,实现农业生产精准化管理和可视化诊断。目前,智慧农业在世界各国建设发展得如火如荼。一些起步较早的国家,政策支持、科技研发、创新科技应用方面都早已大规模展开并快速发展。一些农业发达国家,智慧农业已达到世界领先水平,适宜创新的现代化农业发展模式也已形成并在日益完善,精准生产管理、节约人力物力成本、提高产能和质量也都在逐渐实现过程之中。

下面从政策与科技创新两方面说明智慧农业的概况。

(1)政策方面

欧美一些国家都不遗余力地出台并落地支持智慧农业发展的政策法规,以引导高端智慧农业发展。例如率先提出"精确农业"构想的美国,先后出台了多项与农业信息化相关的法律法规和发展计划,在信息、科研、教育、基础设施、投资等方面都以法律法规形式明确推进农业发展,为"智慧农业"及其产业链的发展提供了良好的政策环境和财政支持。

（2）科技创新

一些农业发达国家早已创建不同结构的农业科技研发系统,以促进本国智慧农业发展,并且开始了国家层面的具体的科技研发。世界各国的农业科技研发系统组成主体多样化,但都基本以政府、高校的农业科技研发机构为主体,且政府为主要管理者、研发推动者,企业的重要程度各国略有不同,其他农业相关者也紧密配合主要研发机构。

世界各国都在大力推进产学研结合,建立完善的配套规章制度和专项资金池以推进农业科研技术快速应用于智慧农业,当前许多国家都已形成各具特色的农业推广体系,并且科技创新应用成效显著。例如,美国早已应用"5S技术"、智能化农机技术等,形成了农业精细化、规模化发展的智慧农业生产线系统,帮助农场主精细化耕作并提质增效;日本也早已利用数字技术、传感技术和远程控制等技术建立了个性化"网上农场"式农业运营新模式,使消费者可实时、自主、远程、精准地控制自有农产品生产,并获得理想的农产品;我国现阶段也出现了现代化的智慧农庄(图1-10)。

图1-10　智慧农庄远景

2.智能制造

智能制造源于对人工智能的研究。一般认为智能是知识和智力的总和,前者是智能的基础,后者是指获取和运用知识求解的能力。智能制造应当包含智能制造技术和智能制造系统,智能制造系统不仅能够在实践中不断地充实知识库,而且还具有自学习功能,此外还有搜集与理解环境信息和自身的信息,并且在此基础上进行分析判断和规划自身行为的能力。智能制造的本质,是运用物联网、大数据、云计算、移动互联等新一代信息技术及智能装备对传统制造业进行深入广泛地改造提升,实现人、设备、产品和服务等制造要素与资源的相互识别、实时交互以及信息集成,推动产品的智能化、装备的智能化、生产方式的智能化、管理的智能化和服务的智能化发展。下面从三个方面概述智能制造的情况。

（1）智能制造的背景及内涵

制造业是国民经济的基础,是决定国家发展水平的最基本因素之一。目前,先进制造、数字化生产、精益制造等概念逐渐被人们所接受。国际金融危机发生后,发达国家纷纷实施"再工业化"战略,重塑制造业的竞争优势,一些发展中国家也加快谋划和布局,积极参与全球产业再分工、承接产业及资本转移、拓展国际市场空间。在此背景下,智能制造的概念应运而生。

(2)智能制造的发展现状与态势分析

当前,全球产业竞争格局正在发生重大调整,世界各国积极加快智能制造重大战略部署,跨国工业巨头、互联网企业等从不同角度推进智能制造发展,从而引发新一轮竞争热潮。

国家层面,美国是最早实现了制造业智能化的国家之一,于 2009 年提出《重振美国制造业框架》,随后又陆续制定了《2010 制造业促进法案》《国家制造业创新网络初步设计》等政策,2011 年提出的"先进制造伙伴计划"基本确立了以工业互联网为核心的智能制造发展思路。德国于 2011 年提出了"工业 4.0"战略,先后出台《保障德国制造业的未来:实施"工业4.0"战略建议》《数字议程(2014—2017)》《数字化战略 2025》等政策。我国也高度重视智能制造发展,国务院先后印发《关于深化制造业与互联网融合发展的指导意见》《深化"互联网＋先进制造业"发展工业互联网的指导意见》《中国制造 2025》等重大文件,将智能制造作为两化融合的主攻方向和加快制造强国建设的重要突破口。

产业层面,新一代信息技术与制造业加快深度融合,形成了新的生产方式、产业形态、商业模式和经济增长点:基于信息物理系统的智能车间、智能工厂等正在引领制造方式变革;网络众包、协同研发设计、大规模个性化定制、全生命周期管理等正在重塑产业价值链体系;可穿戴智能设备、智能家电、智能机器人、无人驾驶汽车等智能终端产品不断拓展制造业新领域。

企业层面,西门子、通用电气等跨国工业巨头依托先进制造技术优势,搭建智能制造平台系统,推进工业数字化进程;英特尔、NPX 等全球半导体龙头企业加快投资并购步伐,发展人工智能芯片、智能终端、感知设备等,提升网络互联、数据采集、边缘计算能力;微软、思科、IBM 等互联网巨头通过战略投资和跨界合作,发展面向制造业的数据分析、应用和服务模式创新等,加快向智能制造领域布局。

(3)智能制造的重点发展领域

智能制造的重点发展领域有三个,即工业机器人、网络协同创新平台与智能工厂。

①工业机器人:工业机器人是先进制造业的核心技术装备,是衡量一个国家制造业水平和核心竞争力的重要标志。发达国家均把发展机器人产业作为提升制造业竞争力的主要途径。目前,新一代工业机器人正在向网络化、智能化方向发展。网络化,即多个机器人通过工业互联网实现工作流程、工艺环节的高效协同;智能化,即工业机器人能够自主分解执行作业任务与行动目标,根据环境初始条件信息及时做出应对,并自主选择最优方案。

②网络协同创新平台:网络协同创新平台可以部分理解为工业云,即跨越空间地域限制的开放式、可拓展的协同创新平台。该平台能够集聚各种创新资源、缩短研发周期、提高响应速度、降低研发成本,同时提供技术支持、融资对接、人才培训等服务,推动新技术、新产品研发及产业化,促进用户深度参与、产业链上下游企业高度协同,充分调动各类主体的积极性和创造性,实施深度合作和迭代式创新,进而形成面向工业制造领域的万众创新。

③智能工厂:智能工厂是实现智能制造的重要载体,其本质是以信息物理系统(CPS)和工业互联网为核心,利用信息技术和智能装备对生产工艺、组织流程、管理服务模式以及产品全生命周期进行数字化、网络化、智能化改造,加强设备、制造单元、生产线、车间、工厂的互联互通,实现人、机、法、料、环高度协同融合,推动企业纵向集成和横向集成,并基于工业

大数据应用和工业云服务,为企业提供工厂层级的端到端的整体解决方案,实现提质增效和产业转型升级。

3. 智能军事

虽然与人工智能技术相关的课程已在各大高校开展了近十年,然而,绝大多数是围绕基本算法进行。在人工智能技术推动军事战争变革之际,美国、俄罗斯、英国、法国等已提前布局,着手智能化军事装备发展,提升无人作战、智能化作战等能力,确保从人工智能颠覆性技术中快速生成战斗能力,以保持与对手形成的非对称优势。

如今,世界科技迅猛发展,以人机大战为标志的人工智能技术取得了突破性进展,并将加速向战争领域转移(尤其是空战领域),包括作战样式、作战体系、作战武器、作战保障等,未来极有可能推动战争形态变革,向智能化战争阶段迈进。

(1)智能作战样式

智能作战样式将引领未来战争的发展趋势,其典型特征是无人作战。无人作战是指以无人驾驶的、完全按照遥控操作或按预编程序自主运作且携带进攻性或防御性武器的武器平台为依托进行的作战行动。美军在阿富汗、伊拉克战争期间,错综复杂的战场环境、充满危险的军事行动和繁重的作战任务都急迫需求无人作战平台,所以更多采取无人作战样式以减少伤亡、减轻作战压力。与无人作战相比,智能无人作战将更具有自主或者半自主的运动控制、任务规划、指挥决策、任务执行等方面的智能特征。着眼未来,随着智能无人作战平台大规模走上战争舞台,未来作战样式将进一步转型,谋求"高智能、零伤亡、无人制胜"将成为未来战场的一个重要趋势,智能无人作战将成为一种颠覆性的新型作战样式主导未来战场[3]。

(2)智能作战体系

智能作战体系是指基于高度人工智能化的自主作战体系,包括智能探测系统、智能作战指挥系统及智能武器系统等,可有机融合预警探测、情报收集、网络通信、指挥控制、电子对抗、任务生成、火力打击、综合保障等作战要素,从"侦、控、抗、打、评"等维度将体系对抗与大数据智能、类脑智能、自主智能、群体智能等人工智能技术有机结合,重点解决动态响应、智能决策、自主作战等核心问题,实现作战体系的体系对抗自主化、智能化,极大地提高武器装备的作战效能。智能作战体系将掌握未来战争的主动权。体系对抗是现阶段信息化战争的基本特征,也是未来战场的主旋律,掌握智能程度更高的作战体系就可以掌握未来战争的主动权。

4. 智慧金融

智慧金融是指依托互联网技术,运用大数据、人工智能、云计算等金融科技手段,使金融行业在业务流程、业务开拓和客户服务等方面得到全面的智慧提升,实现金融产品、风控、获客、服务智慧化的一种金融方式。金融主体之间的开放和合作使得智慧金融表现出透明性、便捷性、灵活性、即时性、高效性和安全性等特点。

金融是现代经济的核心。金融服务行业一直是技术创新的积极实践者和受益者,并高度依赖信息和数据价值,与技术发展特性高度贴合。相比于其他行业,我国金融服务行业在全面信息化建设浪潮中始终处于前列。金融基础设施已步入全面电子化阶段,金融服务全面进入互联网时代,特别是作为基础服务的电子支付实现了弯道超车,我国移动支付无论是业务规模,还是技术、模式和服务效率都已经走在世界前列。在中国广阔的大市场中,金融与技术的相互穿插、聚合、激荡和动态发展,形成了互联网金融、金融科技等新业态和新模式,使金融生态和技术领域之间的集合区域更具生命力和成长力,深刻改变了现代金融服务供需两侧的结构和关系。同时,金融市场环境更加友好,无论是金融服务方还是金融消费方,都对新的服务方式、新的性价比和产品的新业态有更高的期待。如果说互联网金融更多强调的是互联网相关技术与金融业务的叠加,金融科技则着重于利用技术实现金融创新。在人工智能、大数据、云计算、物联网、区块链和分布式账本等新一代技术日趋成熟、高度融合之下,未来的金融服务将向"智慧化"的方向演进,以用户的需求和体验为立足点,以各种创新技术在金融领域的全面应用为实现条件,"智慧金融"将提供更加高效、安全、个性化的综合性金融解决方案,使资金融通的基础性作用以更加灵活、快速、精准的方式,服务于智能产业转型升级,服务于智能生活提质增效,进一步推动实体经济的高质量发展和社会民生的持续改善。

智慧金融的发展将围绕"4C"特征渐次推进,即定制化(Customized)、综合性(Comprehensive)、可控性(Controllable)和协同化(Collaborative)。

智慧金融的演进,大致可以分为以下四个阶段[4]:

(1)金融信息化提供金融基础设施的底层保障;

(2)互联网金融提升用户体验,培育使用习惯;

(3)金融科技让人工智能、区块链等新兴技术与金融服务的结合成为可能;

(4)智慧金融使技术与金融高度融合,促进相关业态发展。

5.智慧医疗

在我国当前的医疗场景下,医疗卫生资源总量相对稀缺,就医环境较差,医患关系紧张。移动互联网、智能终端、支付技术、大数据等现代技术与金融的深度融合,有效地促进了医疗健康领域的服务和效率提升。微医(挂号网)是以"微医院"、"微医生"和"微支付"为主要内容的移动医疗服务集合,为用户提供专家咨询、智能分诊、即时挂号、院外候诊、检查检验报告查询、处方查询、医疗支付及动态电子病历服务,将烦琐的线下程序转移到线上,而支付、保险等金融服务模式升级则实现了挂号、就诊、医保等全流程的贯通,并且效率得到极大提升。对于常见慢性病、亚健康等,在线上医疗平台上就可以完成诊断、治疗、支付的全流程,减少了对实体医院医疗资源的不必要占用,有利于优化医疗资源配置、提升线下就医体验。

在目前的医疗保障支出中,社会医疗保险是最主要的医疗支付方。但传统的社会医疗保险资金流转慢,报销周期长,居民个人就医负担未能得到有效缓解。而根据医疗数据,由医院方向金融机构或医疗保理机构贷款,再用社保报销资金偿还贷款,能促进医院资金的流通,更好地为患者服务,减轻居民个人负担。例如,国内鑫银保理机构针对这种需求推出了医疗保理产品,患者承担医疗总费用中的自费金额后,剩余金额由医保机构与医疗机构直接结算,医疗机构与医保机构之间形成应收医疗款债权关系。保理产品与医疗行业的资金需求规律相适应,可以加快流通速度,解决资金周转困难。

互联网环境下技术的升级使医疗领域的金融服务品质和效率都得到了显著提升,患者就医体验在很大程度上得到改善。智慧金融全面渗入,在医疗服务体系中的每一个环节都大有可为。

6.智能教育

智能教育,是指国家实施《新一代人工智能发展规划》《中国教育现代化 2035》《高等学校人工智能创新行动计划》等人工智能多层次教育体系的人工智能教育。

2019年3月19日,"智能教育战略研究"研讨会在北京召开,会议重点围绕智能教育基本科学问题、关键核心技术、重要应用示范等议题展开讨论。开展智能教育战略研究有助于落实《新一代人工智能发展规划》《中国教育现代化2035》《高等学校人工智能创新行动计划》。教育部和中国工程院2018年5月共同设立了"智能教育战略研究"项目,旨在探讨智能教育基本科学问题、关键核心技术、重要应用示范等,提出智能教育发展建议,加快推进人工智能与教育的深度融合和创新发展。

在"智能教育"概念兴起之前,学术界与产业界研究的热点是"智慧教育"。通常认为,"智慧教育"的概念起源于2008年IBM提出的"智慧地球"战略。经过多年的探索研究和建设实践,对"智慧教育"的认识已变得非常丰富。一般情况下,智慧教育是在信息技术支持下发展学生智慧能力的教育,它强调构建技术融合的学习环境,使教师能够高效率教学,使学生能够个性化学习。智慧教育是依托新一代信息技术所打造的泛在化、感知化、一体化、智能化的新型教育生态系统;通过实现教育环境、教育资源和教育管理的智慧化,最终为学生、教师、管理者、家长、社会公众等提供智慧化的教育服务。而且,实施智慧教育的关键,是运用新一代信息技术对传统教育信息系统进行重构,汇聚、整合教育数据资源,形成具有智能感知能力、增进交流互动、有利于协作探究的智慧化教育教学环境,以支持智慧的教与学。由此可见,"智能化"是智慧教育的核心内容之一。资源数字化和数据的互联互通一直是智慧教育的核心问题,近年来教育部也把这些工作作为教育信息化的建设重点。

拓展训练

1. 下列哪个系统属于新型专家系统?(　　)

A. 多媒体专家系统　　　　　B. 实时专家系统

C. 军事专家系统　　　　　　D. 分布式专家系统

2. 人工智能应用研究的两个最重要、最广泛领域为:(　　)

A. 专家系统、自动规划　　　B. 专家系统、机器学习

C. 机器学习、智能控制　　　D. 机器学习、自然语言理解

3. 神经网络研究属于下列(　　)学派。

A. 符号主义　　　　　　　　B. 连接主义

C. 行为主义　　　　　　　　D. 都不是

任务 1.3　掌握人工智能在生活中的应用

人工智能的应用除了国家层面所列举的领域外,还有与人们生活息息相关的购物、阅读、出行、生活健康、语音技术、翻译技术等领域。掌握人工智能在生活中的应用会使人们的工作与生活更加便利。

任务描述

小张是某公司的高级工程师,负责公司的技术与管理工作。目前公司希望在人工智能与大数据项目中挖掘更多的企业用户,准备向该领域投入资金开始项目运营,但由于公司对人工智能生活场景的详细情况并不了解,决定由小张组织前期项目资料,并整理战略支撑材料。

任务分析

了解人工智能在智能购物、智能阅读、智能出行、智能健康、智能语音、智能翻译等方面的详细应用情况后,能够根据公司的具体项目需求,制定适合公司范围内应用的人工智能生活应用项目示例,去帮助小张分析人工智能在具体生活中的项目应用示例。

任务实施

本任务在于掌握人工智能在人们生活中广泛应用的项目知识,让小张能够根据自己的需求,制定具体的项目应用方案。

相关知识

1. 智能购物

随着经济的发展和人民生活水平的提高,人们的购物需求也随之增大,大型商场购物已经成为人们日常生活中不可或缺的一种生活体验。目前大型超市、商场面积大,商品种类数量多,且不同的超市有不同的产品分区。大多数时候顾客在寻找商品时,只能查看指示牌或者询问服务员。对于不经常购物的顾客来说,在选择自己想要的商品时需要花费更多的时间和精力,给购物过程添加了很多麻烦。智能购物的出现,改变了现有超市购物存在的不足,为消费者带来了更加轻松愉快的购物体验。

现在人们所熟悉的亚马逊、淘宝、天猫、京东等很早就打入智能购物市场。一个普通智能超市智能购物导航系统一般会综合运用物联网、嵌入式系统、传感器等技术,在普通购物车的基础上,以芯片为核心控制系统,安装移动智能终端机、压力传感器、触摸屏、电子扫描枪、打印机、导航系统等,实现超市内自助称重、导航、手机 APP 支付,并且通过手机 APP 支付累计购物积分,兑换超市的优惠券、代金券和部分商品;同时在超市使用购物车的过程中,顾客可以通过购物车的触摸屏,获得超市的一些商品布局,顾客可选择所要到达区域从而获得最佳路线引路导航。超市的智能购物导航系统方便快捷,能提高消费者的购物效率、超市结账效率,提升购物体验,增加顾客对实体商场的依赖性,可以更轻松、更方便地服务顾客。

2.智能阅读

阅读是教育重要的基础活动,是人类社会的重要活动,也是从事一切工作的基本功。关于阅读的定义,学者们莫衷一是,有学者认为阅读是比较复杂的心智活动,是将文字符号转化为语言信息的心理活动过程;也有学者认为阅读是从书面语言符号中提取信息的心理过程。但是,可以肯定的是,阅读是一种思维活动或心理过程[5]。

在人工智能高速扩张的今天,阅读领域也毫不例外地受到冲击。人们的阅读方式、阅读习惯都发生了巨大的转变。手机阅读、碎片化阅读、被动阅读等都是当今人们的阅读特点。必须强调的是,不论在何种时代,阅读都要服务于人的自身发展和精神需求,人工智能时代也是如此。

2018年1月3日,微软亚洲研究院的R-NET、阿里巴巴的iDST在SQuAD机器阅读理解挑战赛上精准匹配(Exact Match,EM)分别达到82.650、82.440分(总分100分)的好成绩,人工智能(AI)首次在EM指标上超越了人类在2016年创下的82.304分的记录。这一突破标志着"AI阅读"时代的到来,也预示着AI将会带来能够解决复杂问题并回答难题的更先进的机器人和自动化系统。进一步地,AI机器阅读的突破式发展也引起了包括图书馆等社会阅读推广机构对于如何更好开展用户阅读推广、提升阅读效能的思考,并对AI机器视觉、语音识别、语义理解等在阅读推广的深度应用充满了期待[6]。

2018年4月16日,2018中国数字阅读大会人工智能峰会——"AI赋能阅读"在杭州举行,与会的全国优秀AI专家、创业者、出版专家、媒体人就AI让数字阅读内容和阅读方式更加个性化、智能化,AI支持数字阅读全双工交互、多轮对话、所见即可说,利用AI增强现有数字阅读体验、增加新的体验场景和内容把控,AI+内容实现精准预测新闻和推送等领域进行了交流,共同探索了AI与阅读文化的无限可能[6]。

智能阅读离不开智慧图书馆的建设。作为计算机科学的一个分支,AI是研究人类智能活动的规律,构造具有一定机器智能的人工系统,研究如何让计算机去完成以往需要人的智力才能胜任的工作,也就是研究如何应用计算机的软硬件来模拟人类某些智能行为的基本理论、方法和技术。从AI在教育、出版的应用及驱动产生的AI阅读变革来看,我们需要对传统的劳动密集型、知识集约型阅读重新定义,并据此对图书馆的阅读推广做出新的研判与变革。

在信息时代,图书馆一直都是阅读推广的坚定执行者,AI时代的到来,则进一步拓宽了图书馆阅读推广的边界,赋予了图书馆阅读推广的无限可能。如AI鼓励读者自己建立学习单位、进行主题式的探究学习;AI让图书馆阅读推广进一步打破空间、时间限制,把学习、阅读场所延伸至任何一个空间和时间;AI让图书馆的阅读推广拓宽了知识来源,图书馆员在AI阅读推广中也一起成长与发展;驱动图书馆在AI新技术的帮助之下,探索更多的阅读形式,如阅读的游戏化、阅读的VAR体验等;AI让图书馆阅读推广更加关注用户的个人体验,并通过对读者的阅读创造性思维成果进行评估来改进阅读推广方式等。

3. 智能出行

智能出行是指应用物联网技术,结合交通系统、交通监控系统、旅游信息系统、智能旅游系统、车载智能信息设备等提供实时的交通路况和停车信息,进行智能的分析、控制与引导,提高出行者的便利度、舒适度。目前一般学者认为智能出行工具是使交通工具满足人类智慧的发展程度的、使用过程中与人的行为和语言表达过程完美结合的一种新型交通工具[7]。所以,智能交通系统出行工具是一个基于现代电子信息技术,并且面向交通运输的服务系统。它的突出特点是以信息的收集、处理、发布、交换、分析、利用为主线,为交通参与者提供多样性的服务。智能交通系统是目前世界交通运输领域研究的前沿课题,也是目前国际公认的解决城市交通拥堵、改善行车安全、提高运行效率、减少空气污染、实现绿色出行的最佳途径。因此,其在绿色出行方面占有重要地位。

从个人的生活角度来看,拥有智能交通工具将会给生活带来无尽的便利,这在很大程度上实现了低碳、低排放、低耗能的时代要求。智能交通可以实现实时定位,方便与他人互动,方便人们在出行前随时随地了解当地交通状况,了解所在地天气预报,减少不必要的乘车计划,减少个人耗能。当遇到道路问题时可直接请求道路救援服务,救援能在第一时间奔赴现场,方便处理交通纠纷、事故。目前,公交、地铁、私车的信息查询包括实景抓拍、车流详细信息、交通拥堵状况甚至可细微至红绿灯情况,在条件许可下可以获得结合地理位置的路况监控视频、城市的车主服务点,包括附近的停车场、加油站、汽车修理维护厂、洗车场等。

随着物联网的快速发展,智能出行已经出现在人们的生活中。例如,滴滴打车和上海市交通委的合作试点表明智能出行行业逐渐进入到更加规范化的发展阶段。政府相关部门非常支持滴滴等打车软件,以绿色出行为目的,从而减少路上的轿车数量和尾气排放量。这不仅可以改善人们的日常生活、节约生活成本,还能缓解交通压力,最重要的是还能保护环境,一举多得。使用这种打车软件,可以让公路上的汽车减少,让一个人开一辆车变成一个车可以负载四个人,这样,车流、私人用车的数量、尾气排放都会随之减少,在智能出行的基础上符合绿色出行理念。

与此同时,不少企业开始推出智能电动车,智能电动车兼具 APP、数据等功能,相当于穿戴设备的衍生品。最新数据显示,一辆新日智能电动车 5 年可节省用电 547 度,200 万辆智能电动车 5 年则节省 10 亿度电,相当于节约了 40 万吨标准煤,同时减少碳排放 2.7 亿千克,电动车的环保绿色属性不言而喻。智能电动车使用的是锂离子电池,不仅安全环保,而且帮助消费者节省了成本。这是因为锂离子电池的以下优点:无毒无害;没有记忆效应,随用随充;充放电周期长,可超过 1200 次,避免浪费。锂离子电池充电速度非常快,省去了长久等待的麻烦,同时保护了环境,成为节能环保一族的理想选择。

4. 智能健康

随着我国人口老龄化进程加快,居民患有慢性病比率持续增长,为整合医疗资源、有效控制慢性病的发生和发展,国家卫生健康委提出“互联网＋医疗”战略计划,旨在优化服务流程,创新医疗服务模式。其中,智能健康管理系统作为信息化医疗的产物,近年来在信息技术的推动下迅猛发展,并在医疗应用中取得一定的效果。针对智能健康管理系统应用的优势与不足,相关的研究人员为其发展提供应对策略,为我国智能健康管理事业发展提供了广泛的参考[8]。

　　健康医疗行业不仅关系到经济发展和社会稳定,而且直接影响着人民群众的身体健康、生活质量与生命保障。随着经济的发展、人民生活水平的提高以及健康医疗改革的深入开展,政府、企业等在未来一段时间内对于健康医疗行业的重视与投入将与日俱增。在云计算、健康感知、物联网技术的支撑下,可以实现用户健康档案的实时性、跨区域、跨空间的读取和操作。

　　基于云的个人健康信息管理和服务的实现过程往往离不开智能化和信息化的过程,通常以物联网的健康感知和云平台的弹性资源为基础,实现居民个人健康信息、社区体检、社区诊断等信息的采集与管理,整合个人健康感知设备数据、社区保健和社区医疗数据、医院诊疗信息,以及各类保健相关的数据,从而建立居民健康档案,为居民及其家庭提供健康和医疗信息管理、诊断和预警,远程诊断、咨询,以及相应的远程医疗服务等。

　　一个典型的智能健康管理系统的整体设计方案一般采用四层结构模型(如图 1-11 所示),分别是云应用层、云服务层、传输层和感知层。其中,感知层由大量传感器节点组成,主要负责健康数据的采集;传输层的作用是将采集到的健康数据进行处理和传输;云服务层位于系统的第三层,主要作用是负责接收、存储用户的健康数据,并根据一定的算法进行数据挖掘和数据分析处理;云应用层是用户直接接触的服务层,主要向用户反馈相关的健康数据信息以及数据分析报告,进行一定的人机交互,提供一定的应用服务。该系统通过以上四层结构相互通信、交互协作,实现了感知层采集数据、传输层传输数据、云服务层分析数据、云应用层交互数据的整体功能。在基于物联网的健康医疗云系统中,智能健康管理系统成为一个重要组成部分。

　　在细节上看,该系统的感知层应用是基于物联网传感器技术的,该层位于系统的底层,主要由各种传感器形成的传感器集群组成,由这些传感器采集用户的各种体征数据,包括血压参数、脉搏情况、血氧饱和度、心电波形图、心电 ST 值、呼吸率、体温数据、血糖值、尿酸值、胆固醇数据等反映人体健康的重要参数。信号处理电路将传感器集群采集到的体征数据,按照规定格式的数据协议将数据封装成一定的帧格式,按照数据协议的格式,添加上固定的数据包,并以一定的速率和数据形式通过传输模块交给传输层处理。体征数据和健康信息经过传输层的各种传输方式,兼容跨越异构网络传输至云平台上的云服务层,在云平台进行数据分析、数据融合、数据挖掘等数据处理,再将数据反馈到应用层的智能终端,为用户提供各种医疗、保健服务。

　　总的来说,该系统云服务层的设计,主要考虑到使用当前较为成熟的云计算技术,实现对海量数据的高速存储、同类型数据及不同类型数据的数据融合、第三方机构对云平台数据的获取等功能。该系统在设计的过程中,考虑到随着无线终端智能程度的不断提高,势必会增加对数据处理的需求,而移动智能终端的数据处理能力十分有限,这就要求必须引入云计算来提高数据处理能力。云计算主要以大数据处理为任务中心,使用集群进行数据资源的存储和管理。云计算技术采用冗余存储的方式,保证更高的计算能力、更稳定的可靠性能、更经济的运营成本;使用分布式存储技术降低数据处理成本;使用并行方式为用户提供服务保证高计算能力。云计算下的云存储技术具备高吞吐率和高传输率的特点,在处理架构上通常包括内存数据库、高速分布式存储和高速分布式计算,解决高速压缩、高速读写和高速

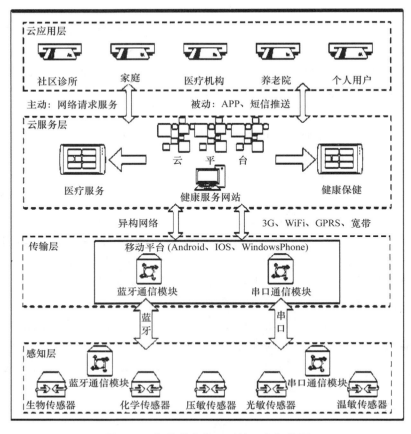

图 1-11 智能健康管理系统平台架构图

传输的问题。在性能评估上,使用高速内存数据库的云计算机系统比传统系统要快数十倍。

此外,由于移动技术的飞速发展,该系统的云应用层设计拓展到现有的移动智能终端平台上进行测试运行已经完全成为现实。随着科技的发展,移动智能终端凭借 Android、IOS、Windows10 这三大智能移动操作系统,已经实现了手机、平板电脑、智能手表、MP4 等多种产品的覆盖。以这些广泛应用的产品为媒介,开发相关的应用程序,提供数据的获取、信息的推送等多项服务,能够为个人、家庭、医疗机构、社区诊所、乡镇卫生室等提供更好的信息综合服务。

5.智能语音

智能语音产业是一个正在冉冉升起的新兴产业,以美国为代表的众多发达国家早已看准科技发展的先机,布局智能语音产业领域并深耕于此。在中国,随着国家科技实力的提升,人们也开始关注智能语音产业,特别是随着自然语音学习技术的突破和大数据技术的应用,人工智能对于自然语音的处理有了新的发展,我国的人工智能语音产业得到了长足的发展。国内继科大讯飞、捷通华声之后,阿里、百度、腾讯等互联网科技巨头都在积极推进智能语音领域的市场布局,在活跃的市场环境之中不断涌现出新的佼佼者,例如思必驰、云知声等后起之秀,将智能语音与一些传统的行业相结合开辟出新的商机,如将智能语音与汽车和医疗教育的结合推出了多功能的语音应用。

目前全球市场上主流的产品有 Alexa、Google Assistant、Siri、Cortana,对这些产品进行对比可以分析语音助手的相同点与不同点,了解产品的大概功能状况。根据市场研究机构 Strategy Analytics 发布的最新数据显示,在四个主要的智能语音助手产品中,亚马逊 Alexa 占整体智能语音市场份额达到 68%,显著领跑市场。排名第二位的是谷歌的 Google Assistant,其占市场的份额为 24%,相比较之下其他公司的语音助手产品的市场占有率较低。

通过分析与应用,可知智能语音产品有一些类似的共同点,当前主流的语音助手都支持语音识别、语义分析、自然语音合成和语音合成等功能,语音识别率都超过 90%。智能终端加载语音助手后,用户可通过语音实现如下功能:

①操控智能设备:如开/关灯、开/关门、调节温度、音乐播放、汽车导航等;

②获取信息:如天气查询、新闻查询等;

③预订服务或购买商品:网上购物、订车、订餐等。

当然不同公司生产的产品也具有各自的产品特色,不同的语音助手开发者会将自身的语音识别技术和企业现有自身核心产品结合,最大限度发挥企业拳头产品的技术优势、用户群优势、合作伙伴资源和营销推广渠道等。下面是一些大公司的产品示例:

①亚马逊的 Alexa 及其智能音箱 Echo 市场占有率第一。亚马逊在 2014 年 11 月推出了其自主研发的智能语音识别系统——Alexa,同时发布了第一款智能语音家庭助手——智能音箱 Echo(如图 1-12 所示)。其产品的用户体验好评度领先对手,成为智能语音行业的标杆产品。

图 1-12　智能音箱 Echo

亚马逊利用自身电商资源,通过 Alexa 把自身周边产品(例如音箱、音乐平台、网购智能平台等)进行整合,以最快的速度丰富了 Echo 的功能,获得第一批市场用户。然后 Alexa 向第三方开放,提供整套 API 和开发工具,努力配合第三方进行对接。此举措极大地拓展了 Alexa 的应用范围,众多厂家积极响应,促使 Alexa 在推出短短 2 年内已拥有超过 7000 项技能,产品门类涵盖电器、手机、机器人、汽车信息、娱乐系统等领域。

②谷歌助手 Google Assistant 有 Google 强大技术助力。Google Assistant 及其智能音箱 Google Home(如图 1-13 所示)凭借 Google 强大的技术优势,具备优秀的自然语音处理能力和学习能力,用户指令表达方式更为自然,更人性化,语法规则要求更低,用户体验更好。

Google Assistant 基于谷歌助手的搜索引擎,可获得更加专业的搜索结果,再结合 google 地图和用户行为分析平台等,可以搜集用户行为数据,进行用户行为分析,主动为用户推送更有价值信息,并提供配套服务。

图 1-13　智能音箱 Google Home

③苹果 Siri 内置于苹果产品,用户规模快速扩大。Siri 主要被苹果应用在苹果系列产品中,包括 IPhone、Apple Watch 和 AirPods,通过 IPhone 等产品可获得用户的通讯录。Siri 借助苹果产品的市场优势和庞大用户群进行快速推广。

④微软 Cortana 与 PC 的密切联系,实现个人手机与 Windows 电脑协作。Cortana 既可处理语言指令,还能对用户点击 PC 或手机、文本输入等指令进行处理,完成一系列与此指令相关的任务,让手机与 PC 方便地协作。

6.智能翻译

翻译是现在我们非常需要的一门技术,无论是在语言的学习中、外文资料的学习中,还是在出国旅游时都需要进行翻译。以前的人工翻译速度比较慢,价格比较昂贵。随着人工智能的发展,人工智能翻译也逐渐进入人们的生活。

现代人工智能翻译起源于 20 世纪 30 年代,当时计算机还没有广泛应用,人工智能翻译的发展是随着计算机科学技术的发展而发展起来的。最早提出应用计算机技术进行翻译的科学家是法国的阿尔楚尼教授。当时,主要是通过一个简单的机械装置进行词汇翻译,即通过词典来进行词汇转化。

随着计算机的应用,美国数学家、工程师沃伦与英国物理学院工程师安德鲁布思在 1947 年提出了通过计算机来进行翻译的工作设想,此后人工智能翻译则进步得比较缓慢。Weaver 1949 年发表的《翻译备忘录》则标志着基于现代计算机的翻译正式登上历史舞台[9]。机器翻译既涉及人类对自身语言和思维方式的认知,又涉及人工智能、信息论、知识工程、软件工程等很多技术领域,是一个交叉性很强的学科。机器翻译的发展,既需要基于很多学科的综合发展,同时又有自身的发展规律,形成了独立的学科体系。随着互联网的发展和经济全球化时代的到来,克服语言障碍、实现跨语言自由沟通的需求日益凸显,而语言障碍使大多数用户从网上获取信息的广度、深度受到严重制约,迫切需要研制先进的机器翻译产品,并实现机器翻译产品的规模化应用。

21 世纪以来,基于机器学习的人工智能茁壮发展,很多有名的网络公司都致力于发展人工智能翻译,比如谷歌、网易、百度、微软等。2011 年,美国国际商用机器公司(IBM)推出了 Watson 系统,这个系统在翻译方面取得了巨大的进步,随后微软在 2018 年宣布其公司的人工智能翻译水平已经达到与专业的翻译人员相当的水平。同年,谷歌推出了 Google Assistant,它可以与人进行对话,帮助人们完成一些简单的翻译工作,这足以说明人工智能的语言理解能力已经有了很大的突破。近年来,我国在人工智能翻译方面下了很大功夫,包括成立各种各样的科研室、建立信息平台进行语言处理、建立信息园等,现在人工智能翻译已经广泛地应用于我们的生活中[10]。

拓展训练

1.人工智能的目的是让机器能够(　　),以实现某些脑力劳动的机械化。

A.具有智能　　　　　　B.和人一样工作

C.完全代替人的大脑　　D.模拟、延伸和扩展人的智能

2.下列关于人工智能的叙述不正确的是(　　)。

A.人工智能技术与其他科学技术相结合,极大地提高了应用技术的智能化水平

B.人工智能是科学技术发展的趋势

C.因为人工智能的系统研究是从 20 世纪 50 年代才开始的,非常新,所以十分重要

D.人工智能有力地促进了社会的发展

3.人工智能研究的一项基本内容是机器感知。下列(　　)不属于机器感知的领域。

A.使机器具有视觉、听觉、触觉、味觉、嗅觉等感知能力

B.让机器具有理解文字的能力

C.使机器具有能够获取新知识、学习新技巧的能力

D.使机器具有听懂人类语言的能力

任务 1.4　理解人工智能在公益事业中的应用

人工智能在社会公益相关的安防、体育、艺术事业等领域也成为人们逐渐关注的热点。

任务描述

小刘是某国企的企业策划工程师,负责公司的企业策划活动。目前该企业希望在人工智能项目中积累公益事业的应用素材,准备面向该领域成立活动小组,但由于该企业对人工智能应用于公益事业的基本情况并不了解,决定由小刘组织前期项目资料,并形成初步的策划方案。

任务分析

了解人工智能在智能安防、智能体育、智能艺术等方面的详细应用情况,能够根据公司的具体项目需求,制定适合公司的人工智能公益事业项目,去帮助小刘完成策划方案。

任务实施

本任务的重点在于掌握人工智能在公益事业中应用的项目操作步骤与方法,让小刘能够根据公司的需求,制定具体的项目应用方案。

相关知识

1. 智能安防

"安防"的全称是安全防范系统,主要指以维护社会公共安全为目的,运用安全防范产品和其他相关产品所构成的入侵报警系统、视频安防监控系统、出入口控制系统、防爆安全检查系统等,或者以这些系统为子系统组合或集成的电子系统或网络[11]。从定义上讲,广义的安全包括两层含义:其一是指自然属性或准自然属性的安全(Safety)[12],自然属性或者准自然属性的安全性被破坏的主要原因往往不是由于人为恶意的目的造成的。其二是指社会人文性的安全,据大数据资料统计,社会人文性的安全性被破坏主要是由于人为目的造成的。广义的安全包括损失预防和犯罪预防这两个概念,二者构成了"Safety/Security"这个问题的两个方面,其中损失预防通常是指社会保安业的工作重点,而犯罪预防则是警察执法部门的工作重点。这两者的有机结合,才能保证社会的安定与安全。可以说,损失预防和犯罪预防是安全防范的本质内容。

随着人工智能技术的发展,安防领域也在发生着革命性的转变,如今正在朝着数字化、智能化和联网化等方向发展,智能安防已经得到了越来越广泛的应用。例如,在智能楼宇方面,可利用 AI 技术对建筑物进行综合控制,通过智能门禁和智能摄像头实时监控进出的人、车、物,确保核心区域的安全;在智慧家庭领域,可以通过智能门锁保障家庭安全,并辅助智能监控实时掌握家中信息。如图 1-14,一旦楼宇和家中出现异常现象,安防系统可马上发出警报,并及时通知安保人员和家庭住户[13]。

图 1-14　智慧家庭中的智能安防系统设备

智能安防系统主要包括门禁、监控和入侵报警三大子系统。各子系统虽看似独立却又相辅相成,互相协调,共同开展工作。下面详细说明各子系统的功能作用。

(1)门禁子系统

门禁是保障各场所安全的重要手段。传统门禁配备的电子卡片存在一些缺陷,如需要随身携带,十分累赘;易复制,从而带来安全隐患。随后基于电子密码的门禁方式逐渐流行,使用电子密码也存在容易遗忘、被盗取和被破解等缺点。随着生物特征识别技术的发展,人们开始将其应用于智能门禁系统。生物特征识别技术通过各种生物特征的个体差异性对主体的身份进行识别和验证,不易伪造和假冒,是目前最为方便和安全的技术。此外,生物识别技术的产品均借助于现代计算机技术实现,可直接与安全、监控和管理等系统相结合,实现自动化的管理。指纹、虹膜、人脸等识别技术,都是门禁系统中常见的生物识别技术。面部生物特征在日常生活中容易发生变化,如许多爱美女性喜好佩戴各式美瞳和化妆、男性蓄起或剃掉胡须等,这些因素将影响虹膜和人脸的识别率。相较而言,手指上的指纹在日常生活中不太需要修饰,且指纹具有不变性和个体唯一性等特性,因此指纹识别最为常用。与此同时,门禁子系统的安全性需求要求搭载的指纹识别技术具有较高的识别精度和较低的误识别率。

(2)监控子系统

传统的视频监控系统通常需要长时间的人工观察,用于发现监控现场的异常人物和事件。但是,长时间的人力监控易出现纰漏。因此,监控系统的智能化已经成为视频监控发展的必然趋势。随着人们安全意识的增加以及智能技术的发展,我国的智能监控发展趋势强劲。目前,市场上的智能摄像机有 360 智能摄像机、米家智能摄像机云台版、海康威视萤石智能摄像头、大华乐橙智能摄像头等,可分为摇头式摄像机和固定式摄像头两种。摇头式摄像机通常固定视角较小,但能通过手机控制摄像头转动实现360°监控,较适用于室内监控,可以让用户更灵活地查看房间中的情况。固定式摄像头,顾名思义,其拍摄角度是固定的,无法转动,通常在户外监控时使用。由于固定式摄像头拍摄角度有限,用户通常会采用广角镜头实现大角度监控,或者安装多个摄像头进行全方位的监控。然而广角镜头通常伴随着较为严重的场景畸变,无法简单地与智能检测结合;多摄像头监控则存在场景纷乱和单个镜头记录不完全等情况。因此在重要的布防区域采用多摄像头场景拼接是配合智能检测技术实现大角度监控的一个可行方案。

（3）入侵报警子系统

入侵报警系统是利用传感器和电子信息等技术检测非法进入防御区域的行为,处理并发出报警信息的电子系统。入侵报警系统通常由前端的探测器和报警设备、传输设备、主控设备和显示设备构成。入侵报警系统的探测器是系统的触觉部分,相当于人类的眼、鼻、耳、舌等感知器官,可感知现场的温度、湿度、行人行为等各种变化。探测器种类主要有玻璃破碎探测器、红外探测器和视觉探测器等。玻璃破碎探测器是接触式探测器,是防御系统的最后关卡,该探测器的触发说明财产已经遭到了破坏。红外探测器和视觉探测器则属于非接触式探测器,可在被入侵之前就发出警报,保障重要场所的安全。相较于红外探测器,视觉探测器更加智能化,可以与智能检测与分析技术相结合,提供更为精确的场景变化信息,为报警系统提供决策支持[13]。

2.智能体育

"智能体育"或者"智慧体育"是体育与信息技术相融合的一种新的发展形式,其全面提高了体育主管部门的综合管理水平和公共体育服务能力,同时将全面促进体育信息化的发展。智能体育是一项将传统体育器材和健身器材数据化、网络化、智能化、大众化、娱乐化,实现集健身、娱乐、社交于一体的突破物理空间和时间限制的智能在线体育运动。

体育是一个相对较传统的行业,智能体育在全球的发展相对比较零散。随着物联网的快速发展,体育与新兴产业的结合越来越紧密。今天我们已经能够看到体育产品的智能化和体育设施的智能化。可以预见,未来所有的体育项目都会和智能硬件有很好的结合。

智能体育是我国推动全民健身的一个非常好的路径,因为体育和健康是密切相关的。每个人都有适合自己的运动,有些人适合跑步,但有极少数人会在马拉松跑步中猝死;有些人适合做一些剧烈的运动,有些人适合做一些温柔的运动。我们可以通过物联网技术和手段,将用户的身体状况直观反映出来,通过更好地指导,更专业的指引,为人们提供定制化的体育运动服务,与此同时监测用户在运动过程中身体的变化,让用户能以更加健康科学的方法参与到运动当中。

从最早的产业发展来看,在美国和韩国,出现了电子竞技、电子高尔夫等体育类竞技项目。我国是第一个提出智能体育概念的国家,也是第一个把零星的与体育智能化相关的应用(例如:电子竞技运动)真正纳入体育产业中的国家,并于2018年12月举办了第一届智能体育运动会,通过运动会赛事把相应的体育活动和体育产业聚合起来,形成了相关产业优势,推动乃至引领了相关产业的发展。

目前,我国体育产业已进入高速发展阶段,但是产业结构失衡,体育锻炼人群日益增长的需求和供给达不到平衡。因此,必须充分利用现代信息通信技术,加快"智慧体育"应用发展,全面提升我国体育产业信息化发展水平和应用服务能力。

　　"智慧体育"的特征可以简单概括为全面感测、充分融合、激励创新和协同运作,即将传感器与智能设备共同组成一个"物联网",对体育行为进行有效的测量和全面的监控分析,并将感知的数据传输、存储管理实现智能化应用,构建智慧体育基础设施;构建一个新的服务体系和服务模式,通过对大数据的挖掘处理满足不同人群的需求,促进体育事业的全面发展。

　　3.智能艺术

　　人工智能在艺术领域的发展已引起人们越来越多的关注,对于 AI 艺术这种新生事物,我们应辩证地进行分析。从艺术创作角度来看,就目前而言,海量数据的分析以及深度学习是人工智能艺术创作的基础,虽然这与人类以身体为基础的艺术创作有相类似的地方,但更有本质的区别。人工智能可以成为艺术创作的一种新手段,但不能完全取代人类本身的艺术创作。从哲学角度看,作为一种工具的人工智能是人类身体的延伸,但它无法取代人类的身体。从伦理角度看,人工智能艺术创作的伦理问题一方面体现在 AI 艺术内容中的伦理描述与理解上,另一方面则体现在 AI 艺术的版权归属问题上,这关系到人工智能的身份问题[14]。

　　下面从艺术的角度来探讨智能艺术的内涵,人工智能的艺术创作机制是什么呢? 我们可以就目前人工智能所创作的艺术来看这个问题。2014 年,一个名为"小冰"的人工智能机器人由微软亚洲研究院在中国推出。三年之后,小冰出版了史上第一部 100% 由人工智能创作的诗歌集《阳光失了玻璃窗》。《华西都市报》在报刊专栏中开设了《小冰的诗》的专栏文章。到 2018 年 5 月,小冰发布"2.0 公测版",可以采用诗歌深度神经网络(深度学习)模型来完成诗歌、歌词作品。

　　除此之外,还有人工智能创作绘画作品的例子。例如,美国罗格斯大学艺术和 AI 实验室编写出一种算法,能够让 AI 通过对艺术史知识的学习创造出绘画作品。通过深度学习,人工智能可以轻而易举地模仿某位画家的绘画风格,该绘画风格变成了一种可以计算和叠加的网络模型。

　　不管是微软小冰写诗、写歌词,还是其他人工智能绘画、唱歌、谱曲,其艺术创作机制中的关键步骤应是"深度学习"。作为"机器学习"[15]的一个分支,深度学习"已经被成功应用于语言、图像、自然语言等领域。深度学习主要通过建立类似于人脑的分层模型结构,对输入数据从底层到高层逐级提取,从而能很好地建立从底层信号到高层语义的映射关系"[16]。而且,"深度学习能够发现大数据中的复杂结构"[17]。人工智能要学习大量的艺术知识,形成巨大的数据库,再按照相关程序从底层到高层逐级提取所需要的数据,按照建立起来的某种模型进行艺术创作。可见,深度学习所建立的巨型数据库,是人工智能艺术创作机制中的关键。

　　人工智能的艺术创作与人类的艺术创作的区别主要在于过程的不同。人工智能本身不能思考,因为它们不懂其中的意味,也不能采取行动,充其量只是在操纵符号,它们仅仅是对非常大的数据库进行学习,这些艺术知识对于人工智能来说只是数据,是符号,是编码,是没有温度也没有意义的。而且,"只有我们人类才能将计算机的计算结果与外部世界联系起来"[18]。人类学习的过程,一方面是掌握艺术知识,另一方面还可以有情感上的体验以及身体上的感触。比如,人工智能学习画苹果,它只能根据苹果的外在形状来掌握苹果的数据,从而进行绘画;但人类不但可以看到苹果的外形,还可以用手触摸甚至品尝苹果。人工智能数据库中的苹果可能仅仅就是苹果的数据和编码,而人类脑海中的苹果却可能还有更多的故事,比如,这个苹果可能是引起特洛伊战争的那个金苹果;又如塞尚之所以喜欢画苹果,与他小时候所暗恋的一位少女有关,那位少女曾送给他一篮苹果[19]。在这里所强调的人工智能艺术创作与人类艺术创作的一个重要区别,就在于二者对所学知识的态度不同(见表1-2)。

表 1-2　人工智能艺术创作与人类艺术创作的区别

分类	所学来源	主客关系	学习过程的特征
AI 艺术创作	所学的数据只能是人类的给予,例如:输入、编程等	所学对于 AI 来说,只是数据、符号、编码	掌握的数据量庞大、时间短、时效快、精确度高
人类艺术创作	所学知识既可以是由前人总结,也可以是亲身实践所得	所学既可以是客观知识,也可以形成一种体验乃至主观联想	会遗忘,学习所需时间久,精确度不高

　　虽然人类进行艺术创作的过程很复杂,但我们可以找到一定的规律,比如可以用郑板桥所谓的"眼中之竹""胸中之竹""手中之竹"来简要概括。AI 艺术创作过程与人类艺术创作过程中较为接近的可能就是第二个步骤"胸中之竹"了,都是调动自己的知识储备对素材进行筛选、加工等。这里涉及的是人工智能对人的思维的模仿,"机器思维是计算机对感知到的外界信息和自身的内部信息进行加工,研究包括知识的表达、组织和推理方法,启发式搜索策略,人工神经网络等"[16]。当然二者也不是完全相同的,AI 艺术创作在调动知识储备的时候仅仅是调动数据,对数据进行分析、建模,这些数据与 AI 本身没有什么关系,AI 只是按照主人的要求进行工作而已。然而,在人类艺术创作过程中,同一步骤不仅是对客观的知识、素材进行选择加工,还与艺术家本人的生活经历、思想价值等不无联系,这应是二者之间的重大区别之一。

　　所以,就目前来看,我们会发现人工智能所写的诗歌或歌词更多的是在掌握了写诗或写歌词的一般技巧和规律之后对词语的堆砌,也可以说 AI 艺术创作只能掌握艺术创作中的共性,而缺少个性,因为个性是由艺术家的生活经历、所处时代、社会文化等共同构成的。

拓展训练

　　1.人工智能是计算机科学中涉及研究、设计和应用_____的一个分支,它的近期目标在于研究用机器来_____的某些智力功能。

　　2.产生式系统的推理可以分为_____和_____两种基本方式。

　　3.产生式系统是由_____、_____和_____三部分组成的。

　　4.人工智能的远期目标是_____,近期目标是_____。

参考文献

　　[1] 维基百科:https://zh.wikipedia.org/wiki/人工智能.

　　[2] LIU F,SHI Y,LIU Y. Three IQs of AI Systems and their Testing Methods[EB/OL]. 2019-04-21. https://arxiv.org/ftp/arxiv/papers/1712/1712.06440.pdf.

［3］徐秉君.人工智能与未来无人智能系统作战［N］.中国航空报,2016-11-22（W02）.

［4］杜晓宇,巴洁如,等.腾讯智慧金融白皮书［M］.腾讯金融科技智库联合发布,2018.

［5］张文彦,张凯.中文智能阅读的困境与突破［J］.语言技术,2018（6）:70-77.

［6］高彧军.人工智能阅读与图书馆阅读推广［J］.图书馆与阅读推广,2018（2）:125-128.

［7］刘烨.基于绿色出行理念下的智能出行工具研究现状［J］.城市公共艺术研究,2016,5（3）:64-397.

［8］韩二环,张艳,金焰.智能健康管理系统在国内外应用的研究进展［J］.信息管理,2017,（17）:338-391.

［9］王海峰,吴华,刘占一.互联网机器翻译［J］.中文信息学报,2011（25）:72-80.

［10］顾心宇.人工智能翻译的应用与发展［J］.信息科技探索,2019（10）:111-112.

［11］黄凯峰.智能安防信息化平台的设计与应用［D］.北京:北京邮电大学,2012.

［12］孙美青.基于SOA的企业技术防范综合管理系统设计与实现［D］.长沙:湖南大学,2008.

［13］林露.智能安防的感知和识别关键技术研究［D］.杭州:浙江大学,2019.

［14］张新科.人工智能背景下的艺术创作思考［N］.艺术评论,2019（青年论坛）:142-150.

［15］王清飞.基于图书馆智慧技术的阅读推广新方案研究［J］.图书馆界,2016（4）:39-54.

［16］刘树勇.人工智能［M］.北京:科学普及出版社,2018:6,13,7.

［17］刘韩.人工智能简史［M］.北京:人民邮电出版社,2018.

［18］［美］Jerry Kaplan.人人都应该知道的人工智能［M］.汪婕舒,译.杭州:浙江人民出版社,2018:91,190,104,147.

［19］［法］Chalumeau Jean-Luc.解读艺术［M］.刘芳,吴启雯,译.北京:文化艺术出版社,2005:143.

项目 2 人工智能技术的应用

人工智能(AI)产生了许多方法可以解决计算机科学中最难的问题。它们的许多发明已被主流计算机科学采用,而不认为是 AI 的一部分。从最小的 Siri 等语音助手,到行为算法、搜索算法,再到自动化汽车、飞机驾驶都是人工智能技术应用。本项目中,我们将通过 4 个简单的任务,为大家讲述人工智能技术常见应用的原理。

任务 2.1 利用分类算法预测鸢尾花卉品种

任务目标

1. 熟悉 Python 环境的搭建和使用;
2. 掌握分类算法的基本概念;
3. 掌握 kNN 和决策树算法的基本思想;
4. 掌握使用 kNN 和决策树算法预测鸢尾花卉品种;
5. 掌握 Python 常见科学计算第三方库的使用;
6. 掌握利用 graphviz 画出决策树。

任务描述

鸢尾花数据集内包含 3 类共 150 条记录,每类各 50 个数据,每条记录都有 4 项特征:花萼长度、花萼宽度、花瓣长度、花瓣宽度,请通过这 4 个特征预测鸢尾花卉属于(iris-setosa, iris-versicolour, iris-virginica)中的哪一品种。

任务分析

鸢尾花数据集每条数据都具有 4 项特征,需要选择合适的分类算法构建分类模型,提高预测精度。

相关知识

1. 什么是分类
虽然我们人类都不喜欢被分类,被贴标签,但数据研究的基础正是给数据"贴标签"进行分类。类别分得越精准,我们得到的结果就越有价值。

分类是一个有监督的学习过程,目标数据库中有哪些类别是已知的,分类过程需要做的就是把每一条记录归到对应的类别之中。由于必须事先知道各个类别的信息,并且所有待分类的数据条目都默认有对应的类别,因此分类算法也有其局限性,当上述条件无法满足时,我们就需要尝试聚类分析。

常见的分类算法有 k-近邻(kNN)、决策树(Decision Tree)、朴素贝叶斯、逻辑回归、支持向量机和随机森林等,下面重点介绍 k-近邻(kNN)、决策树(Decision Tree)。

2. k-近邻(kNN)

(1)什么是决策树

邻近算法,又称为 k 最近邻(kNN,k-Nearest Neighbor)分类算法,是数据挖掘分类技术中最简单的方法之一。所谓 k 最近邻,就是 k 个最近的邻居的意思,说的是每个样本都可以用它最接近的 k 个邻居来代表。Cover 和 Hart 在 1968 年提出了最初的邻近算法。kNN 是一种分类(classification)算法,它输入基于实例的学习(instance-based learning),属于懒惰学习(lazy learning),即 kNN 没有显式的学习过程,也就是说没有训练阶段,数据集事先已有了分类和特征值,待收到新样本后直接进行处理。

(2)算法思想

如果一个样本在特征空间中的 k 个最邻近的样本中的大多数属于某一个类别,则该样本也划分为这个类别。kNN 算法中,所选择的邻居都是已经正确分类的对象。该方法在定类决策上只依据最邻近的一个或者几个样本的类别来决定待分样本所属的类别。

如图 2-1 所示,我们要确定绿点属于哪个颜色(红色或者蓝色),要做的就是选出距离目标点距离最近的 k 个点,看这 k 个点的大多数颜色是什么颜色。当 k 取 3 的时候,我们可以看出距离最近的三个点,分别是红色、红色、蓝色,因此得到目标点为红色。

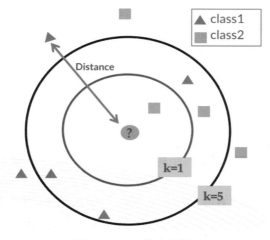

图 2-1 kNN 算法示例

(3)算法的描述

①计算测试数据与各个训练数据之间的距离;

②按照距离的递增关系进行排序;

③选取距离最小的 k 个点；

④确定前 k 个点所在类别的出现频率；

⑤返回前 k 个点中出现频率最高的类别作为测试数据的预测分类。

（4）关于距离的衡量方法

①欧式距离定义，见图 2-2。

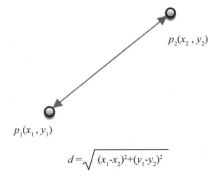

$$d = \sqrt{(x_1 - x_2)^2 + (y_1 - y_2)^2}$$

图 2-2　欧式距离计算方法

②另外一个算法公式：两个点每一个不同维度求差的平方相加再开根号。

$$E(x,y) = \sqrt{\sum_{i=0}^{n} (x_i - y_i)^2}$$

（5）算法优点

①简单；

②易于理解；

③容易实现；

④通过对 k 的选择可具备对噪音数据的健壮性。

（6）算法缺点

①需要大量空间储存所有已知实例；

②算法复杂度高（需要比较所有已知实例与要分类的实例）；

③当其样本分布不平衡时，比如其中一类样本过大（实例数量过多），占主导的时候，新的未知实例容易被归类为这个主导样本，但这个新的未知实例实际并未接近目标样本。

3.决策树（Decision Tree）

（1）什么是决策树

决策树是一个类似于流程图的树结构：其中，每个内部节点表示在一个属性上的测试，每个分支代表一个属性输出，而每个树叶节点代表类或类分布。树的最顶端是根节点。

如图 2-3 所示，假设我们有一个用户购买电脑的数据集，其中包括客户的一些基本信息，还有最终是否购买电脑。我们用这些信息来构建一个决策树。构建决策树的目的就是为了判断/预测，即当一个新人进到店里面的时候，我们能够通过决策树判断/预测他（她）是否会购买电脑，如图 2-4 所示。

（2）信息熵计算

1948 年，香农提出了"信息熵（entropy）"的概念，就是一条信息的信息量大小和它的不

RID	age	income	student	credit_rating	Class: buys_computer
1	youth	high	no	fair	no
2	youth	high	no	excellent	no
3	middle_aged	high	no	fair	yes
4	senior	medium	no	fair	yes
5	senior	low	yes	fair	yes
6	senior	low	yes	excellent	no
7	middle_aged	low	yes	excellent	yes
8	youth	medium	no	fair	no
9	youth	low	yes	fair	yes
10	senior	medium	yes	fair	yes
11	youth	medium	yes	excellent	yes
12	middle_aged	medium	no	excellent	yes
13	middle_aged	high	yes	fair	yes
14	senior	medium	no	excellent	no

图 2-3　决策树所用数据集的一个示例

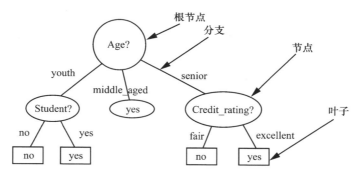

图 2-4　决策树算法（基于图 2-3 的数据集获得的决策树）

确定性有直接关系，如果我们要搞清楚一件非常不确定的事情，或者是我们一无所知的事情，需要了解大量信息，而信息量的度量就等于不确定性的多少。举个例子来说，假如我们猜世界杯的冠军，需要猜多少次？我们都知道世界杯有 32 支球队，给每只球队都编号，每次提问只能得到是或否的答案。比如第一次问冠军是不是在 1～16 之间，得到答案：是的；第二次问是不是在 9～16 之间，得到答案：不是；那我们知道答案肯定在 1～8 之间。这样我们一次一次往下找，就可以找出答案。2 的 5 次方是 32，这样我们最多猜五次就可以猜出来。

信息熵的公式：

$$H(X) = -\sum_{i=1}^{m} p_i \log_2(p_i)$$

我们假设 A 是年龄，假设没有 A 的时候，本身的目标函数按是否买电脑来分，总共有 14 个实例，有 9 个买了电脑，5 个没买电脑。下面这个公式就是根据没有任何属性来分类。

$$Info(D) = -\frac{9}{14}\log_2\left(\frac{9}{14}\right) - \frac{5}{14}\log_2\left(\frac{5}{14}\right) = 0.940\text{bits}$$

我们现在以年龄来分:年轻人占 5/14,在这其中又有两个人买了,三个人没买,同理我们需要加上中年人,以及老年人的信息熵。

$$Info_{age}(D) = \frac{5}{14}\times\left(-\frac{2}{5}\log_2\frac{2}{5} - \frac{3}{5}\log_2\frac{3}{5}\right) + \frac{4}{14}\times\left(-\frac{4}{4}\log_2\frac{4}{4} - \frac{0}{4}\log_2\frac{0}{4}\right) + \frac{5}{14}\times$$
$$\left(-\frac{3}{5}\log_2\frac{3}{5} - \frac{2}{5}\log_2\frac{2}{5}\right) = 0.694\text{bits}$$

所以我们知道了没有用年龄区分的时候的信息熵为 0.94,用了年龄区分的时候信息熵为 0.694,他们两者之间的差值即为信息获取量。

$$Gain(age) = Info(D) - Info_{age}(D) = 0.940 - 0.694 = 0.246\text{bits}$$

同理可以算出其他的标签的信息获取量分别是多少,所以我们选择一个信息获取量大的作为当前的根节点,也就得到如图 2-5 所示的决策树。

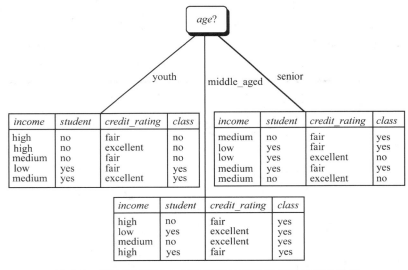

图 2-5　通过基于图 2-3 的数据集计算信息熵得到的决策树

(3)算法优点

①直观,便于理解;

②小规模数据集有效。

(4)算法缺点

①处理连续变量精度不高;

②类别较多时,错误增加得比较快;

③不适合大规模数据集。

任务实施

1. 安装 Python

(1)打开下载地址:www.python.org(图 2-6)。

(2)根据电脑系统选择下载(图 2-7)。

图 2-6   Python 官方网站

图 2-7   分系统的下载界面

（3）确定电脑系统属性，此处我们以 win10 的 64 位操作系统为例（图 2-8）。

图 2-8   下载所需的 Python 版本

（4）安装 python 3.6.3（图 2-9）。

图 2-9   选择自定义安装和勾选加入 PATH

　　双击下载的安装包 python-3.6.3.exe，注意要勾选：Add Python 3.6 to PATH，点击 Customize installation 进入下一步（方便我们自定义安装路径）。

（5）点击 Next(图 2-10)。

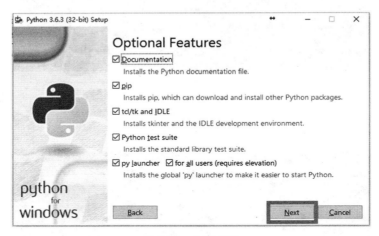

图 2-10　全部勾选

（6）选择自己想要存储的文件夹，点击 Install(图 2-11)。

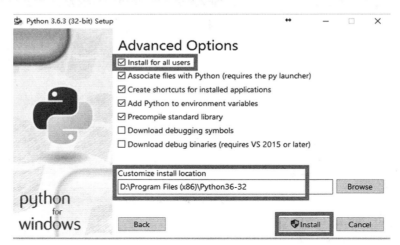

图 2-11　确定存储位置

（7）开始安装，安装界面如图 2-12 所示。

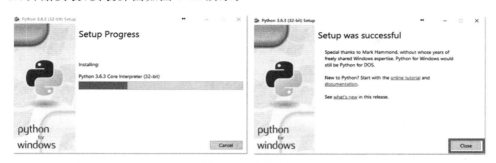

图 2-12　完成安装

（8）开始——搜索框中输入"cmd"——回车，启动命令提示符——输入 Python，图 2-13 所示界面代表安装成功。

图 2-13　验证 Python 安装成功

2. 环境第三方库

（1）scikit-learn：pip install scikit-learn；

（2）numpy：pip install numpy；

（3）SciPy：pip install SciPy；

（4）matplotlib：pip install matplotlib。

3. 安装 Graphviz

（1）下载 Graphviz。

打开 http://www.graphviz.org/download/。

图 2-14　下载 Graphviz

（2）配置 Graphviz 环境变量：下载解压放在 D 盘，并配置环境变量。

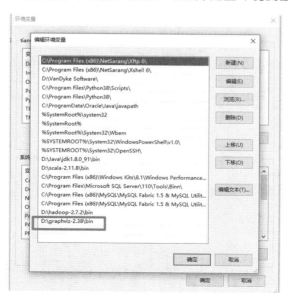

图 2-15　配置 Graphviz 环境变量

（3）安装 Graphviz 并检测是否安装成功：打开 CMD 命令，并输入"pip install Graphviz"安装 Graphviz 第三方库，安装完成后使用"dot-version"命令检测是否安装成功。

图 2-16　安装 Graphviz 并检测是否安装成功

4. 安装 Pycharm

（1）下载 Pycharm：http：//www. jetbrains. com/pycharm/download/♯ section＝windows。

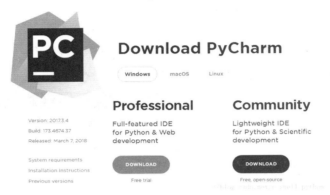

图 2-17　下载 Pycharm

Professional 表示专业版，Community 是社区版，推荐安装社区版，因为是免费使用的。

（2）当下载好以后，点击安装，记得修改安装路径，然后点击 Next。

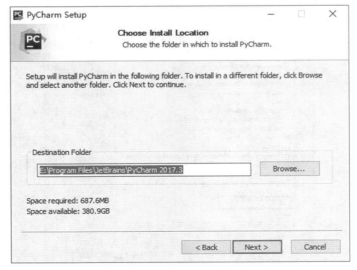

图 2-18　选择安装路径

进入图 2-19 所示的界面。

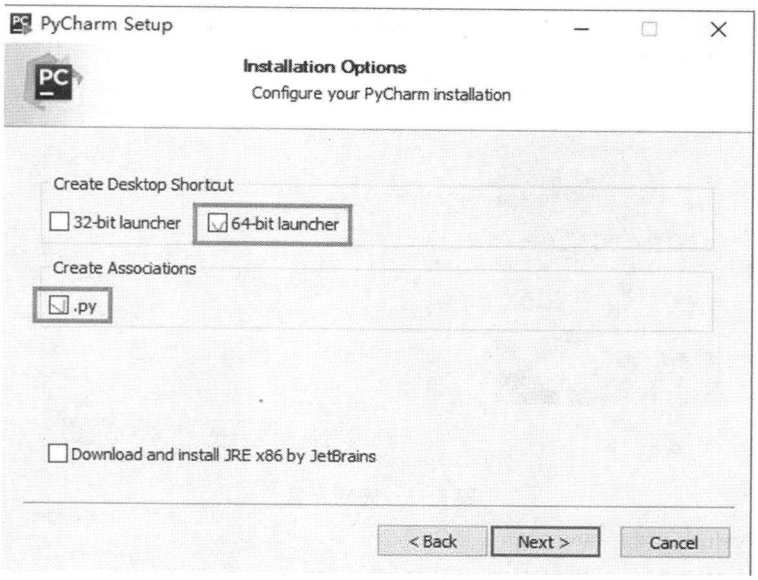

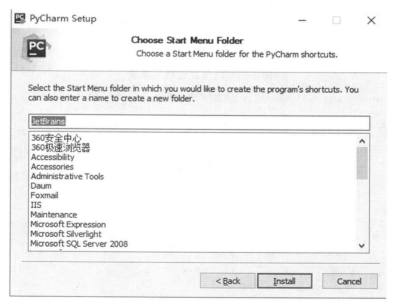

图 2-19　选择安装选项

Create Desktop Shortcut 创建桌面快捷方式,一个 32 位,一个 64 位,根据电脑对应选择。

勾选 Create Associations 是否关联文件,选择以后打开.py 文件就会用 PyCharm 打开。点击 Next,进入图 2-20 所示界面。

图 2-20　安装界面

默认安装即可,直接点击 Install。之后就会得到图 2-21 所示的安装完成的界面。

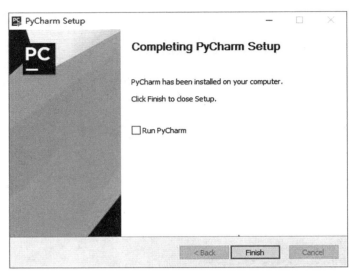

图 2-21　完成安装

（3）创建 Python 项目

点击 Finish，Pycharm 安装完成。接下来对 Pycharm 进行配置，双击运行桌面上的 Pycharm图标，进入图 2-22 所示的界面。

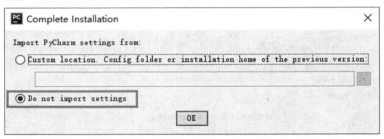

图 2-22　选择是否导入配置

选择 Do not import settings，之后选择 OK，进入下一步（图 2-23）。

图 2-23　创建 Python 项目

点击 Create New Project，接下来是重点。

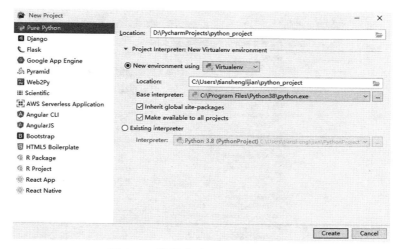

图 2-24 选择本地 Python 运行环境

如图 2-24 所示，Location 是我们存放工程的路径，点击这个三角符号，可以看到 Pycharm 已经自动获取了 Python 3.6。

选择第一个 Location 的路径为"D:\PycharmProjects\python_project"，并设置第二个 Location 的路径为"D:\PycharmProjects\python_project\venv"，并勾选"Inherit global site-packages"和"Make available to all projects"两个选项，完成项目创建（图 2-25）。

图 2-25 完成项目创建

如图 2-26 所示，创建 Python 包，并命名为"Classification"。

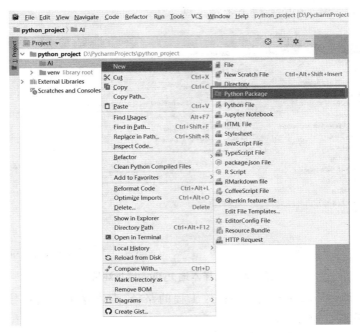

图 2-26　创建 Python 包

（4）使用 kNN 算法预测鸢尾花卉品种

①创建 kNN. py，如图 2-27。

图 2-27　创建 kNN. py

②输入下列代码

```
from sklearn import neighbors
#python 中包含以下经典数据集,所以导入 datasets
from sklearn import datasets
#调用 kNN 分类器
knn＝neighbors. KNeighborsClassifier()
#从 data 数据集中拿出数据库
iris＝datasets. load_iris()
print(iris)
#建立模型
knn. fit(iris. data,iris. target)
#预测,在这个模型当中,kNN 的参数是默认的
predictedLabel＝knn. predict([[0.1,0.2,0.3,0.4]])
print("预测结果:")
print(predictedLabel)
```

③运行程序可以得到图 2-28 所示预测结果:

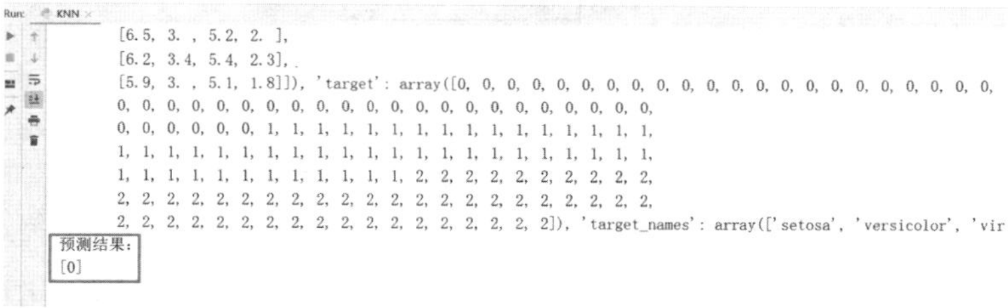

图 2-28　kNN 预测结果

(5)使用 ID3 算法预测鸢尾花卉品种

①输入下列代码

```
from sklearn. datasets import load_iris
from sklearn import tree
#从 data 数据集中拿出数据库
iris ＝ load_iris()
#选择决策树中的 ID3 算法
clf ＝ tree. DecisionTreeClassifier(criterion＝"entropy")
#构建决策树
clf ＝ clf. fit(iris. data, iris. target,)
#将决策树保存到本地硬盘中
with open(r"E:\Data\ID3. dot","w")as f:
f＝tree. export_graphviz(clf,out_file＝f)
predictedLabel＝clf. predict([[0.1,0.2,0.3,0.4]])
print(predictedLabel)
```

②运行程序会在 E:\Data 目录下生成 ID3.dot 文件

找到 E:\Data 目录下的 ID3.dot,进入 CMD 命令行,如图 2-29,运行命令"dot-Tpdf ID3.dot-o output.pdf",则会生成图 2-30 所示决策树。

图 2-29　使用 Graphviz 绘制决策树

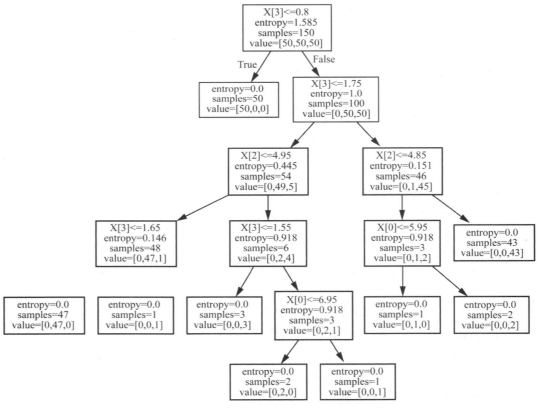

图 2-30　使用 ID3 算法基于鸢尾花数据集构建的决策树

任务 2.2　利用回归算法预测波士顿房屋销售价格

任务目标

1. 掌握回归算法的基本概念；
2. 掌握线性回归算法的基本思想；
3. 掌握梯度下降法的基本思想；
4. 了解损失函数的应用；
5. 掌握使用回归算法预测波士顿房屋销售价格的方法。

任务描述

根据给定的房屋基本信息以及房屋销售信息等，建立一个回归模型预测房屋的销售价格。

任务分析

数据主要包括 2014 年 5 月至 2015 年 5 月美国 King County 的房屋销售价格以及房屋的基本信息。数据分为训练数据和测试数据，分别保存在 kc_train.csv 和 kc_test.csv 两个文件中。其中训练数据主要包括 10000 条记录，14 个字段，主要字段说明如下：第一列"销售日期"，指 2014 年 5 月到 2015 年 5 月房屋出售时的日期；第二列"销售价格"，指房屋交易价格，单位为美元，是目标预测值；第三列"卧室数"，指房屋中的卧室数目；第四列"浴室数"，指房屋中的浴室数目；第五列"房屋面积"，指房屋里的生活面积；第六列"停车面积"，指停车坪的面积；第七列"楼层数"，指房屋的楼层数；第八列"房屋评分"，指 King County 房屋评分系统对房屋的总体评分；第九列"建筑面积"，指除了地下室之外的房屋建筑面积；第十列"地下室面积"，指地下室的面积；第十一列"建筑年份"，指房屋建成的年份；第十二列"修复年份"，指房屋上次修复的年份；第十三列"纬度"，指房屋所在纬度；第十四列"经度"，指房屋所在经度。

测试数据主要包括 3000 条记录、13 个字段，跟训练数据不同的是：测试数据并不包括房屋销售价格，学员需要通过由训练数据所建立的模型以及所给的测试数据，得出测试数据相应的房屋销售价格预测值。

相关知识

1. 相关概念

(1) 线性：两个变量之间的关系是一次函数关系的——图像是直线，叫作线性。

题目的线性是指广义的线性，也就是数据与数据之间的关系。

(2) 非线性：两个变量之间的关系不是一次函数关系的——图像不是直线，叫作非线性。

2. 定义

人们在测量事物的时候因为客观条件所限,求得的都是测量值,而不是事物真实的值,为了能够得到真实值,需要无限次地进行测量,最后通过这些测量数据计算回归到真实值,这就是回归的由来。

回归,简单来说就是用一个函数去逼近这个真实值,通过大量的数据我们是可以预测到真实值的,方法是对大量的观测数据进行处理,得到比较符合事物内部规律的数学表达式,也就是说寻找到数据与数据之间的规律所在,从而就可以模拟出结果,也就是对结果进行预测。回归解决的就是通过已知的数据得到未知的结果。例如:对房价的预测、判断信用评价、电影票房预估等。

如图 2-31 所示:图片上有很多个小点,通过这些小点我们很难预测当 x 取某个值时,y 的值是多少,数学家是很聪明的,是否能够找到一条直线来描述这些点的趋势或者分布呢?答案是肯定的。相信大家在中学的时候都学过这样的直线方程,只是当时不知道这个方程在现实中是可以用来预测很多事物的。

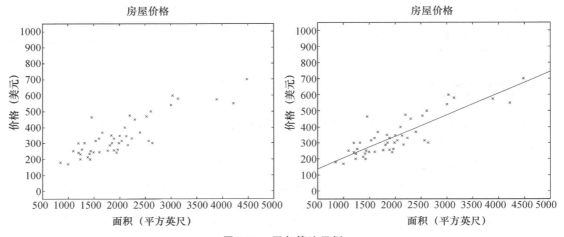

图 2-31　回归算法示例

3.线性回归一般模型

如图 2-32 所示:假设数据就是 x,结果是 y,那中间的模型其实就是一个方程,这是一种片面的解释,但有助于我们去理解模型的概念,就是从题目给的数据中找到数据与数据之间的关系,建立数学方程模型,得到结果解决现实问题。其实,数学模型和机器学习中的模型是一样的意思。

图 2-32　线性回归一般模型

线性回归一般模型计算公式如下:

$$h_0(x) = \sum_{i=0}^{n} \theta_i x_i = \theta^T x = \theta_1 x_1 + \theta_2 x_2 + \cdots + \theta_n x_n$$

4.模型计算

我们知道 x 是已知条件,通过公式求出 y。已知条件其实就是我们的数据,以预测房价的案例来说明:

图 2-33 给出了波士顿房价的一些相关信息,有日期、房间数、建筑面积、房屋评分等特征,表中的数据就是我们要的 x_1、x_2、x_3 …表中的 price 列就是房屋的价格,也就是 y。现在需要求的就是 theta 的值了,后续步骤都需要依赖计算机来训练求解。

	date	price	bedrooms	bathrooms	sqft_living	sqft_lot	floors	grade	sqft_above	sqft_basement	yr_built	yr_renovated	lat	long
0	20150302	545000	3	2.25	1670	6240	1.0	8	1240	430	1974	0	47.6413	-122.113
1	20150211	785000	4	2.50	3300	10514	2.0	10	3300	0	1984	0	47.6323	-122.036
2	20150107	765000	3	3.25	3190	5283	2.0	9	3190	0	2007	0	47.5534	-122.002
3	20141103	720000	5	2.50	2900	9525	2.0	9	2900	0	1989	0	47.5442	-122.138
4	20140603	449500	5	2.75	2040	7488	1.0	7	1200	840	1969	0	47.7289	-122.172
5	20150506	248500	2	1.00	780	10064	1.0	7	780	0	1958	0	47.4913	-122.318
6	20150305	675000	4	2.25	1770	9858	1.0	7	1770	0	1971	0	47.7382	-122.287
7	20140701	730000	2	2.25	2130	4920	1.5	7	1530	600	1941	0	47.5730	-122.409
8	20140807	311000	2	1.00	860	3300	1.0	6	860	0	1903	0	47.5496	-122.279
9	20141204	660000	2	1.00	960	6263	1.0	6	960	0	1942	0	47.6646	-122.202
10	20150227	435000	2	1.00	990	5643	1.0	7	870	120	1947	0	47.6802	-122.298
11	20140904	350000	3	1.00	1240	10800	1.0	7	1240	0	1959	0	47.5233	-122.185
12	20140902	385000	3	2.25	1630	1598	3.0	8	1630	0	2008	0	47.6904	-122.347

图 2-33　波士顿房屋销售价格数据集

为了容易理解模型,假设该模型是一元一次函数,我们把一组数据 x 和 y 带入模型中,会得到如图 2-34 所示的线段。

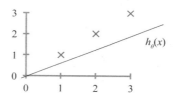

图 2-34　一元一次函数回归模型示例

显然这条直线拟合得不够好,最好的效果应该是这条直线穿过所有的点。为了对模型进行优化,这里我们要引入损失函数的概念。

损失函数是用来估量模型的预测值 $f(x)$ 与真实值 $y^{(i)}$ 的不一致程度,损失函数越小,模型的效果就越好。

$$J(\theta_0, \theta_1, \cdots, \theta_n) = \frac{1}{2m} \sum_{i=1}^{m} \left[h_\theta(x^{(i)}) - y^{(i)} \right]^2$$

损失函数简单来说是预测值减去真实值的平方和的平均值,换句话说就是点到直线距离的和最小。用图 2-35 表示如下:

一开始损失函数是比较大的,但随着直线的不断变化(模型不断训练),损失函数会越来越小,从而达到极小值点,也就是我们要得到的最终模型。

这种方法我们统称为梯度下降法。随着模型的不断训练,损失函数的梯度越来越平,直至极小值点,点到直线的距离和最小,所以这条直线就会经过所有的点,这就是我们要求的模型(函数)。

以此类推,高维的线性回归模型也是一样的,利用梯度下降法优化模型,寻找极值点,这就是模型训练的过程。

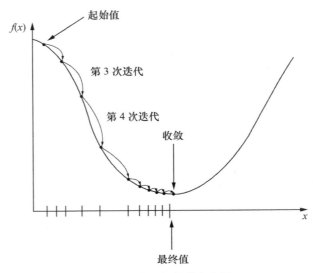

图 2-35　损失函数数学含义图示

任务实施

1. 步骤

①选择合适的模型,对模型的好坏进行评估和选择。

②对缺失的值进行补齐操作,可以使用均值的方式补齐数据,使得准确度更高。

③数据的取值一般跟属性有关系,但世界万物的属性是很多的,有些值小,但不代表不重要,为了提高预测的准确度,需要统一数据维度进行计算,方法有特征缩放法和归一法等。

④数据处理好之后就可以调用模型库进行训练了。

⑤使用测试数据进行目标函数预测输出,观察结果是否符合预期。或者通过画出对比函数进行结果线条对比。

2. 环境配置

①numpy 库;

②pandas 库;

③matplotlib 库(用于画图);

④seaborn 库;

⑤sklearn 库。

3. csv 数据处理

数据集有两个数据文件,一个是真实数据(kc_train. csv),一个是测试数据(kc_test)。打开 kc_train. csv,能够看到第二列是销售价格,而我们要预测的就是销售价格,所以在训练过程中是不需要销售价格的,把第二列删除掉,新建一个 csv 文件(kc_train2. csv)存放销售价格这一列,以便与后面的结果对比。

4. 数据处理

首先读取数据,查看数据是否存在缺失值,然后进行特征缩放统一数据维度。

```
# 导入相关 python 库
import numpy as np
import pandas as pd

# 设定随机数种子
np. random. seed(36)

# 使用 matplotlib 库画图
import matplotlib. pyplot as plot
from sklearn import datasets

# 读取数据
housing = pd. read_csv('kc_train. csv')
target = pd. read_csv('kc_train2. csv')      # 销售价格
t = pd. read_csv('kc_test. csv')              # 测试数据

# 数据预处理
housing. info()      # 查看是否有缺失值

# 特征缩放
from sklearn. preprocessing import MinMaxScaler
minmax_scaler = MinMaxScaler()
minmax_scaler. fit(housing)      # 进行内部拟合,内部参数会发生变化
scaler_housing = minmax_scaler. transform(housing)
scaler_housing = pd. DataFrame(scaler_housing, columns = housing. columns)

mm = MinMaxScaler()
mm. fit(t)
scaler_t = mm. transform(t)
scaler_t = pd. DataFrame(scaler_t, columns = t. columns)
```

模型训练

使用 sklearn 库的线性回归函数进行调用训练,使用梯度下降法获得误差最小值,最后使用均方误差法来评价模型的好坏程度,并画图进行比较。

```
# 选择基于梯度下降的线性回归模型
from sklearn. linear_model import LinearRegression
LR_reg＝LinearRegression()
# 进行拟合
LR_reg. fit(scaler_housing,target)

# 使用均方误差评价模型好坏
from sklearn. metrics import mean_squared_error
preds＝LR_reg. predict(scaler_housing)    # 输入数据进行预测得到结果
mse＝mean_squared_error(preds,target)    # 使用均方误差来评价模型好坏,可以输出
mse 进行查看评价值

# 绘图进行比较
plot. figure(figsize＝(10,7))        # 画布大小
num＝100
x＝np. arange(1,num＋1)             # 取 100 个点进行比较
plot. plot(x,target[:num],label='target')    # 目标取值
plot. plot(x,preds[:num],label='preds')      # 预测取值
plot. legend(loc='upper right')   # 线条显示位置
plot. show()
```

图 2-36 是最后输出的图,横坐标为取点,纵坐标为均方误差。

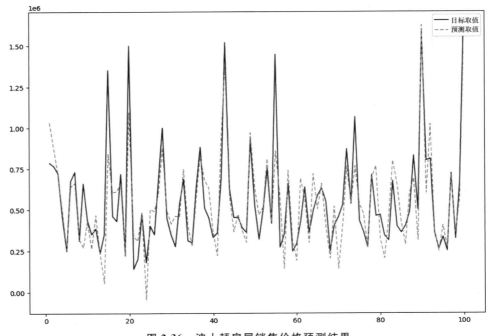

图 2-36　波士顿房屋销售价格预测结果

　　从这张结果对比图中就可以看出模型是否得到精确的目标函数,是否能够精确预测房价。

　　读取 test 文件里的数据,并且进行特征缩放,调用:LR_reg. predict(test)就可以得到预测结果,并进行输出操作。

```
# 输出测试数据
result＝LR_reg. predict(scaler_t)
df_result＝pd. DataFrame(result)
df_result. to_csv("result.csv")
```

任务 2.3　利用聚类算法进行客户价值分析

任务目标

1. 掌握聚类算法的基本概念；
2. 掌握 k-Means 算法基本思想；
3. 掌握 k-Means 算法计算流程；
4. 掌握使用聚类算法进行客户价值分析。

任务描述

面对激烈的市场竞争，各个航空公司都推出了更多的优惠来吸引客户。国内某航空公司面临着旅客流失、竞争力下降和资源未充分利用等经营危机，需要通过建立合理的客户价值评估模型，对客户进行分群，分析及比较不同客户群的客户价值，并制定相应的营销策略，对不同的客户群提供个性化的服务。

任务分析

聚类算法有着非常广泛的用途，从用户画像到客户价值分析，均有其身影。k-Means 算法是一种最常见的聚类算法，简单易行且适用于中大型数据量的数据聚类。本任务将使用 k-Means 算法进行航空公司的用户分群，最终得到不同特征的客户群，并分析不同客户群的特征，制定相对应的策略。

相关知识

聚类分析又称群分析，它是研究(样品或指标)分类问题的一种统计分析方法，同时也是数据挖掘的一个重要算法。聚类(clustering)属于非监督学习(unsupervised learning)，无类别标记(class label)。

如图 2-37 所示，在给定的数据集中，可以通过聚类算法将其分成一些不同的组。在理论上，相同组的数据之间有相同的属性或者是特征，不同组数据之间的属性或者特征相差就会比较大。

1. k-Means 算法

k-Means 算法是聚类算法中的经典算法，数据挖掘十大经典算法之一。算法接受输入量 k，然后将事先输入的 n 个数据对象划分为 k 个聚类以便使得所获得的聚类满足：同一聚类中的对象相似度较高；而不同聚类中的对象相似度较低。

2. 算法思想

以空间中的 k 个点为中心进行聚类，对最靠近它们的对象归类。通过迭代的方法，逐次更新各聚类中心的值，直至得到最好的聚类结果。

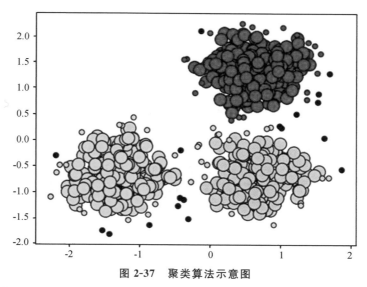

图 2-37　聚类算法示意图

3. 算法描述

①适当选择 k 个类的初始中心;

②在第 i 次迭代中,对任意一个样本,求其到 k 个中心的距离,将该样本归到距离最短的中心所在的类别;

③利用均值等方法更新该类的中心值;

④对于所有的 k 个聚类中心,如果利用②③的迭代法更新后,值保持不变,则迭代结束,否则继续迭代。

4. 算法流程

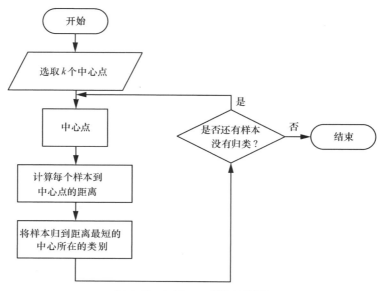

图 2-38　k-Means 算法流程图

①输入:k,data[n];

②选择 k 个初始中心点,例如 c[0]＝data[0],…,c[k－1]＝data[k－1];

③对于 data[0],data[1],…,data[n],分别与 c[0]…c[k－1]比较,假定与 c[i]差值最小,就标记为 i;

④对于所有标记为 i 点,重新计算 c[i]＝{所有标记为 i 的 data[j]之和}/标记为 i 的样本个数;

⑤重复②③,直到所有 c[i]值的变化小于给定阈值。

5.聚类算法应用举例

(1)现有如表 2-1 所示数据集。

表 2-1　药物数据集

样本	特征 1(weight index)	特征 2(pH)
药物 A	1	1
药物 B	2	1
药物 C	4	3
药物 D	5	4

(2)将表 2-1 所示数据绘制在二维坐标上,如图 2-39 所示。

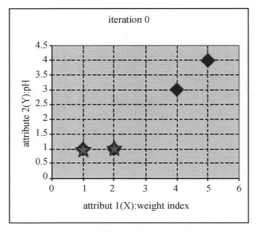

图 2-39　药物数据集坐标表示

(3)首先选取(1,1)和(2,1)为中心点,并计算四个点到两个中心点的距离,形成如下矩阵:

$$\mathbf{D}^0=\begin{bmatrix}0 & 1 & 3.61 & 5 \\ 1 & 0 & 2.83 & 4.24\end{bmatrix}\begin{matrix}c_1=(1,1) & group-1 \\ c_2=(2,1) & group-2\end{matrix}$$

$$\begin{matrix}A & B & C & D \\ \begin{bmatrix}1 & 2 & 4 & 5 \\ 1 & 1 & 3 & 4\end{bmatrix} & & & \begin{matrix}X \\ Y\end{matrix}\end{matrix}$$

(4)对比每个点到(1,1),(2,1)两个中心点的距离,将样本归到距离最短的中心所在的类别。

$$\mathbf{G}^0=\begin{bmatrix}1 & 0 & 0 & 0 \\ 0 & 1 & 1 & 1\end{bmatrix}\begin{matrix}group-1 \\ group-2\end{matrix}$$

$$A \quad B \quad C \quad D$$

（5）利用均值更新该类的中心值，结果如图 2-40 所示。

$$c_2 = \left(\frac{2+4+5}{3}, \frac{1+3+4}{3}\right) = \left(\frac{11}{3}, \frac{8}{3}\right)$$

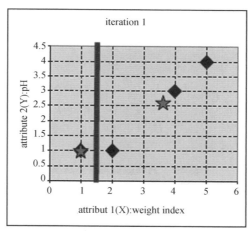

图 2-40   药物数据集第一次聚类结果

（6）重复（3）～（5），直到所有 $c[i]$ 值的变化小于给定阈值，得到图 2-41 的聚类结果。

$$\mathbf{D}^1 = \begin{bmatrix} 0 & 1 & 3.61 & 5 \\ 3.14 & 2.36 & 0.47 & 1.89 \end{bmatrix} \quad \begin{array}{l} c_1 = (1,1) \quad group-1 \\ c_2 = \left(\frac{11}{3}, \frac{8}{3}\right) group-2 \end{array}$$

$$\begin{array}{cccc} A & B & C & D \end{array}$$

$$\begin{bmatrix} 1 & 2 & 4 & 5 \\ 1 & 1 & 3 & 4 \end{bmatrix} \begin{array}{l} X \\ Y \end{array}$$

$$\mathbf{G}^1 = \begin{bmatrix} 1 & 1 & 0 & 0 \\ 0 & 0 & 1 & 1 \end{bmatrix} \begin{array}{l} group-1 \\ group-2 \end{array}$$

$$\begin{array}{cccc} A & B & C & D \end{array}$$

$$c_1 = \left(\frac{1+2}{2}, \frac{1+1}{2}\right) = \left(1\frac{1}{2}, 1\right) \text{ and } c_2 = \left(\frac{4+5}{2}, \frac{3+4}{2}\right) = \left(4\frac{1}{2}, 3\frac{1}{2}\right)$$

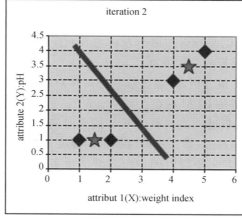

图 2-41   药物数据集聚类结果

$$\mathbf{D}^2 = \begin{bmatrix} 0.5 & 0.5 & 3.20 & 4.61 \\ 4.30 & 3.54 & 0.71 & 0.71 \end{bmatrix} \quad \begin{aligned} c_1 &= \left(1\frac{1}{2}, 1\right) \quad group-1 \\ c_2 &= \left(4\frac{1}{2}, 3\frac{1}{2}\right) \quad group-2 \end{aligned}$$

$$\begin{matrix} A & B & C & D \\ \begin{bmatrix} 1 & 2 & 4 & 5 \\ 1 & 1 & 3 & 4 \end{bmatrix} & & & \begin{matrix} X \\ Y \end{matrix} \end{matrix}$$

$$\mathbf{G}^2 = \begin{bmatrix} 1 & 1 & 0 & 0 \\ 0 & 0 & 1 & 1 \end{bmatrix} \quad \begin{matrix} group-1 \\ group-2 \end{matrix}$$

$$A \quad B \quad C \quad D$$

（7）停止，结果如表 2-2 所示。

表 2-2　药物数据集聚类结果

样本	特征 1（weight index）	特征 2（pH）	分组（结果）
药物 A	1	1	1
药物 B	2	1	1
药物 C	4	3	2
药物 D	5	4	2

优点：速度快，简单；

缺点：最终结果跟初始点选择相关，容易陷入局部最优，需直到 k 值。

任务实施

1. 处理数据缺失值与异常值

航空公司客户原始数据存在少量的缺失值和异常值，需要处理后才能用于分析。

（1）通过对数据观察发现原始数据中存在票价为空值、票价最小值为 0、折扣率最小值为 0、总飞行里程数大于 0 的记录。票价为空值的数据可能是客户不存在乘机记录造成的。

处理方法：丢弃票价为空的记录。

（2）其他的数据可能是客户乘坐 0 折机票或者积分兑换造成的。由于原始数据量大，这类数据所占比例较小，对问题影响不大，因此对其进行丢弃处理。

处理方法：丢弃票价为 0、平均折扣率不为 0、总飞行里程数大于 0 的记录。

2. 构建航空客户价值分析的关键特征

本项目的目标是客户价值分析，即通过航空公司客户数据识别不同价值的客户。识别客户价值应用最广泛的模型是 RFM 模型。

（1）R（Recency）指的是最近一次消费时间与截止时间的间隔。通常情况下，最近一次消费时间与截止时间的间隔越短，客户对即时提供的商品或服务也最有可能感兴趣。

（2）F（Frequency）指顾客在某段时间内所消费的次数。可以说消费频率越高的顾客，也是满意度越高的顾客，其忠诚度也就越高，顾客价值也就越大。

（3）M（Monetary）指顾客在某段时间内所消费的金额。消费金额越大的顾客，他们的消费能力自然也就越大，这就是所谓"20% 的顾客贡献了 80% 的销售额"的二八法则。

3. RFM 模型结果解读

RFM 模型包括三个特征,使用三维坐标系进行展示,如图 2-42 所示。R 轴表示 Recency,F 轴表示 Frequency,M 轴表示 Monetary,每个轴一般会分成 5 级表示程度,1 为最小,5 为最大。

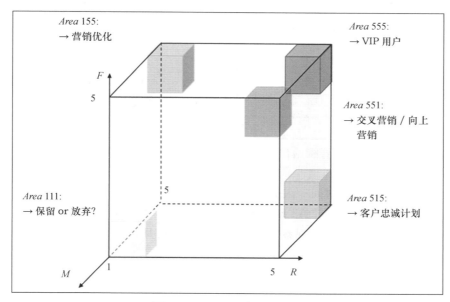

图 2-42　RFM 客户价值模型

4. 传统 RFM 模型在航空行业应用的缺陷

在 RFM 模型中,消费金额表示在一段时间内客户购买该企业产品金额的总和,由于航空票价受到运输距离、舱位等级等多种因素影响,同样消费金额的不同旅客对航空公司的价值是不同的,因此这个特征并不适合用于航空公司的客户价值分析。

5. 航空客户价值分析的 LRFMC 模型

本项目选择客户在一定时间内累计的飞行里程 M 和客户在一定时间内乘坐舱位所对应的折扣系数的平均值 C 两个特征代替消费金额。此外,航空公司会员入会时间的长短在一定程度上能够影响客户价值,所以在模型中增加客户关系长度 L,作为区分客户的另一特征。

本项目将客户关系长度 L、消费时间间隔 R、消费频率 F、飞行里程 M 和折扣系数的平均值 C 作为航空公司识别客户价值的关键特征,记为 LRFMC 模型(表 2-3)。

表 2-3　特征含义

模型	L	R	F	M	C
航空公司 LRFMC 模型	会员入会时间距观测窗口结束的月数	客户最近一次乘坐公司飞机距观测窗口结束的月数	客户在观测窗口内乘坐公司飞机的次数	客户在观测窗口内累计的飞行里程	客户在观测窗口内乘坐舱位所对应的折扣系数的平均值

6. 标准化 LRFMC 五个特征

根据航空公司客户价值 LRFMC 模型,选择与 LRFMC 特征相关的 6 个特征:FFP_

DATE（入会时间）、LAST_TO_END（最后一次乘机时间至观察窗口末端时间）、FLIGHT_
COUNT（观测窗口的飞行次数）、SEG_KM_SUM（观测窗口总飞行千米数）、AVG_DIS-
COUNT（平均折扣率）。部分原始数据见表 2-4。

表 2-4　特征选取后的数据集

LOAD_TIME	FFP_DATE	LAST_TO_END	FLIGHT_COUNT	SEG_KM_SUM	AVG_DISCOUNT
2014/3/31	2013/3/16	23	14	126850	1.02
2014/3/31	2012/6/26	6	65	184730	0.76
2014/3/31	2009/12/8	2	33	60387	1.27
2014/3/31	2009/12/10	123	6	62259	1.02
2014/3/31	2011/8/25	14	22	54730	1.36

　　由于原始数据中并没有直接给出 LRFMC 模型的 5 个特征，需要通过原始数据提取这
5 个特征：

　　①L＝观测窗口的结束时间－入会时间（单位：月）

　　L＝LOAD_TIME－FFP_DATE

　　②R＝最后一次乘机时间至观察窗口末端时间（单位：月）

　　R＝LAST_TO_END

　　③F＝观测窗口的飞行次数（单位：次）

　　F＝FLIGHT_COUNT

　　④M＝观测窗口总飞行里程数（单位：千米）

　　M＝SEG_KM_SUM

　　⑤C＝平均折扣率（单位：无）

　　C＝AVG_DISCOUNT

　　完成 5 个特征的构建以后，对每个特征数据分布情况进行分析，其数据的取值范围如表
2-5 所示。从表 2-5 中数据可以发现，5 个特征的取值范围数据差异较大，为了消除数量级
数据带来的影响，需要对数据做标准化处理。表 2-5 为 LRFMC 特征取值范围，表 2-6 为标
准化处理后的数据集。

表 2-5　LRFMC 特征取值范围

特征名称	L	R	F	M	C
最小值	12.17	0.03	2	368	0.14
最大值	114.57	24.37	213	580717	1.5

表 2-6　标准化处理后的数据集

ZL	ZR	ZF	ZM	ZC
1.690	0.140	−0.636	0.069	−0.337
1.690	−0.322	0.852	0.844	−0.554
1.682	−0.488	−0.211	0.159	−1.095
1.534	−0.785	0.002	0.273	−1.149
0.890	−0.427	−0.636	−0.685	1.232

7. 缺失值与异常值的处理

(1)去除票价为空的记录

```
import numpy as np
import pandas as pd
airline_data = pd. read_csv("../data/air_data.csv",
    encoding="gb18030") ♯导入航空数据
print('原始数据的形状为:',airline_data. shape)
♯♯ 去除票价为空的记录
exp1 = airline_data["SUM_YR_1"]. notnull()
exp2 = airline_data["SUM_YR_2"]. notnull()
exp = exp1 & exp2
airline_notnull = airline_data. loc[exp,:]
print('删除缺失记录后数据的形状为:',airline_notnull. shape)
```

(2)只保留票价非 0 的,或者平均折扣率不为 0 且总飞行里程数大于 0 的记录

```
♯只保留票价非 0 的,或者平均折扣率不为 0 且总飞行里程数大于 0 的记录。
index1 = airline_notnull['SUM_YR_1'] ! = 0
index2 = airline_notnull['SUM_YR_2'] ! = 0
index3 = (airline_notnull['SEG_KM_SUM']> 0) & \
    (airline_notnull['avg_discount'] ! = 0)
airline = airline_notnull[(index1 | index2) & index3]
print('删除异常记录后数据的形状为:',airline. shape)
```

8. 选取并构建 LRFMC 模型的 5 个特征

(1)选取需求特征

```
♯♯ 选取需求特征
airline_selection = airline[["FFP_DATE","LOAD_TIME",
    "FLIGHT_COUNT","LAST_TO_END",
    "avg_discount","SEG_KM_SUM"]]
```

(2)构建 L 特征

```
♯♯ 构建 L 特征
L = pd. to_datetime(airline_selection["LOAD_TIME"]) - \
pd. to_datetime(airline_selection["FFP_DATE"])
L = L. astype("str"). str. split(). str[0]
L = L. astype("int")/30
```

(3)合并特征

```
## 合并特征
airline_features = pd. concat([L,
airline_selection. iloc[:,2:]],axis = 1)
print(' 构建的 LRFMC 特征前 5 行为:\n',airline_features. head())
```

9. 标准化 LRFMC 模型的特征

```
from sklearn. preprocessing import StandardScaler
data = StandardScaler(). fit_transform(airline_features)
np. savez('../tmp/airline_scale. npz',data)
print(' 标准化后 LRFMC 的 5 个特征为:\n',data[:5,:])
```

10. kMeans 函数及其参数介绍

sklearn 的 cluster 模块提供了 kMeans 函数聚类模型,其基本语法如下。

```
sklearn. cluster. kMeans(n_clusters=8,  init='kmeans++',  n_init=10,  max_iter
=300,  tol=0.0001,precompute_distances='auto',  verbose=0,  random_state=
None,  copy_x=True,  n_jobs=1,algorithm='auto')
```

常用参数及其说明如表 2-7 所示。

表 2-7　kMeans 函数的常用参数及说明

参数名称	说明
n_clusters	接收 int,表示分类簇的数量,无默认
max_iter	接收 int,表示最大的迭代次数,默认为 300
n_init	接收 int,表示算法的运行次数,默认为 10
init	接收特定 string。kmeans++表示该初始化策略选择的初始均值向量相互之间都距离较远,它的效果较好;random 表示从数据中随机选择 k 个样本作为初始均值向量;或者提供一个数组,数组的形状为(n_clusters,n_features),该数组作为初始均值向量。默认为 kmeans++
precompute_distances	接收 boolean 或者 auto,表示是否提前计算好样本之间的距离,auto 表示如果 n_samples * n>12million,则不提前计算。默认为 auto
tol	接收 float,表示算法收敛的阈值,默认为 0.0001
n_jobs	接收 int,表示任务使用的 CPU 数量,默认为 1
random_state	接收 int,表示随机数生成器的种子,默认为 None
verbose	接收 int:0 表示不输出日志信息;1 表示每隔一段时间打印一次日志信息,如果大于 1,则打印日志信息更频繁。默认为 0

k-Means 模型构建完成后可以通过属性查看不同的信息,如表 2-8 所示。

表 2-8　k-Means 模型属性说明

属性	说明
cluster_centers_	返回 ndarray,表示分类簇的均值向量
labels_	返回 ndarray,表示每个样本所属的簇的标记
Inertia_	返回 ndarray,表示每个样本距离它们各自最近簇中心之和

对数据进行聚类分析,代码如下:

```
import numpy as np
import pandas as pd
from sklearn. cluster import KMeans ♯导入 kmeans 算法
from Python 数据分析. 航空公司数据分析. code. display import *
airline_scale = np. load('.. /tmp/airline_scale. npz')['arr_0']
k = 5 ♯♯ 确定聚类中心数
♯构建模型
kmeans_model = KMeans(n_clusters = k,n_jobs=1,random_state=123)
fit_kmeans = kmeans_model. fit(airline_scale) ♯模型训练
kmeans_model. cluster_centers_ ♯查看聚类中心

kmeans_model. labels_ ♯查看样本的类别标签

♯统计不同类别样本的数目
r1 = pd. Series(kmeans_model. labels_). value_counts()
print('最终每个类别的数目为:\n',r1)
feature=["L",'FLIGHT_COUNT','LAST_TO_END','avg_discount','SEG_KM_
SUM']
plot(kmeans_model,feature)
```

对数据进行聚类分群的结果如表 2-9 所示。

表 2-9　客户聚类结果

聚类类别	聚类个数	聚类中心				
		ZL	ZR	ZF	ZM	ZC
客户群 1	5337	0.483	−0.799	2.483	2.424	0.308
客户群 2	15735	1.160	−0.377	−0.087	−0.095	−0.158
客户群 3	12130	−0.314	1.686	−0.574	−0.537	−0.171
客户群 4	24644	−0.701	−0.415	−0.161	−0.165	−0.255
客户群 5	4198	0.057	−0.006	−0.227	−0.230	2.191

针对聚类结果进行特征分析,如图 2-43 所示。

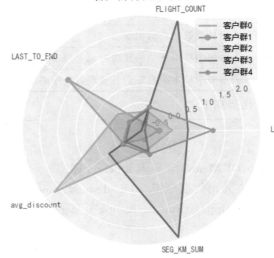

图 2-43 客户群特征分析图

任务 2.4　利用神经网络算法识别手写数字

任务目标

1.掌握神经网络算法的基本概念；
2.掌握多层向前神经网络算法的基本思想；
3.掌握反向传播算法的计算流程；
4.掌握使用神经网络算法识别手写数字。

任务描述

　　数字识别（Digit Recognition），是计算机从纸质文档、照片，或其他来源接收、理解并识别可读的数字的能力。根据数字来源和产生方式的不同，目前数字识别问题可以区分为手写体数字识别、印刷体数字识别、光学数字识别、自然场景下的数字识别等，具有很大的实际应用价值。例如手写体数字识别可以应用在银行汇款单号识别中，印刷体识别可以应用在邮政编码自动识别上，光学数字识别和自然场景数字识别则应用在车辆检测中的车牌号识别上。

　　本任务是利用神经网络算法识别手写数字。

任务分析

　　图像识别（Image Recognition）是指利用计算机对图像进行处理、分析和理解，以识别各种不同模式的目标和对象的技术。

　　图像识别的发展经历了三个阶段：文字识别、数字图像处理与识别、物体识别。机器学习领域一般将此类识别问题转化为分类问题。

　　手写识别是常见的图像识别任务。计算机通过手写体图片来识别出图片中的字。与印刷字体不同的是，不同人的手写体风格迥异，大小不一，给计算机识别手写任务造成了一些困难。

　　数字手写体识别由于其有限的类别（0～9 共 10 个数字）成为相对简单的手写识别任务。

相关知识

1.神经网络算法简介
（1）背景
①以人脑中的神经网络为启发，历史上出现过很多不同版本；
②最著名的算法是 1980 年的 Backpropagation。
（2）多层向前神经网络（Multilayer Feed-Forward Neural Network）
①Backpropagation 被使用在多层向前神经网络上；

②如图 2-44,多层向前神经网络由以下部分组成:输入层(Input layer)、隐藏层(Hidden layer)、输入层(Output layer)。

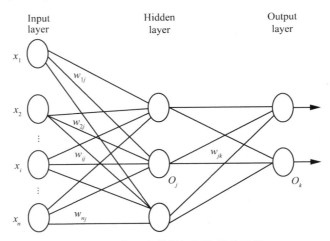

图 2-44　多层向前神经网络算法示例

③每层由单元(units)组成;

④输入层(Input layer)是由训练集的实例特征向量传入;

⑤经过连接结点的权重(weight)传入下一层,上一层的输出是下一层的输入;

⑥隐藏层的个数可以是任意的,输入层有一层,输出层有一层;

⑦根据生物学来源定义,每个单元(unit)也可以被称作神经结点;

⑧以上称为 2 层的神经网络(输入层不算);

⑨先将一层中加权求和,然后根据非线性方程转化输出;

理论上讲,如果多层向前神经网络有足够多的隐藏层(Hidden layers)和足够大的训练集,可以模拟出任何方程。

(3)设计神经网络结构

①使用神经网络训练数据之前,必须确定神经网络的层数,以及每层单元的个数。

②特征向量在被传入输入层时通常被先标准化(normalize)到 0 和 1 之间(为了加速学习过程)。

③离散型变量可以被编码成每一个输入单元对应一个特征值可能赋的值,比如:

a. 特征值 A 可能取三个值(a_0,a_1,a_2),可以使用 3 个输入单元来代表 A。

b. 如果 A=a_0,那么代表 a_0 的单元值就取 1,其他取 0;

c. 如果 A=a_1,那么代表 a_1 的单元值就取 1,其他取 0,以此类推。

④神经网络既可以用来做分类(classification)问题,也可以解决回归(regression)问题。

a. 对于分类问题,如果是 2 类,可以用一个输出单元表示(0 和 1 分别代表 2 类);如果多于 2 类,每一个类别用一个输出单元表示;所以输入层的单元数量通常等于类别的数量。

b. 没有明确的规则来设计最好有多少个隐藏层,应根据实验测试、误差以及准确度来实验并改进。

2. 反向传播算法

(1)通过迭代性来处理训练集中的实例。

（2）对比经过神经网络后输入层预测值（predicted value）与真实值（target value）之间误差。

（3）反方向（从输出层→隐藏层→输入层）以最小化误差（error）来更新每个连接的权重（weight）。

（4）算法详细介绍

①输入：D（数据集），i（学习率 learning rate，即梯度下降法中的步长），一个多层向前神经网络；

②输出：一个训练好的神经网络（a trained neural network）；

③初始化权重（weights）和偏向（bias）：随机初始化在－1 到 1 之间，或者－0.5 到 0.5 之间，每个单元有一个偏向；

④对于每一个训练实例 X，执行以下步骤。

a. 由输入层向前传送

如图 2-45 所示，后一层的输入为前一层各输入值与权重分别相乘后相加，然后加上偏移量后，进行非线性转化。

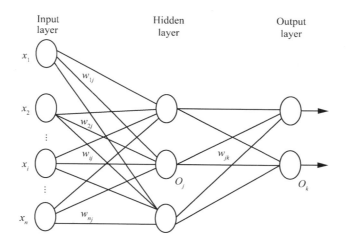

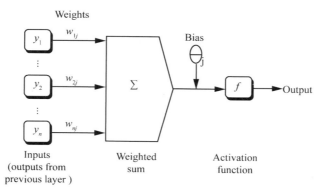

图 2-45　多层向前神经网络计算过程示例

$$I_j = \sum_i w_{ij}O_j + \theta_j$$

$$O_j = \frac{1}{1+e^{-I_j}}$$

b. 根据误差（error）反向传送

输出层误差计算公式：

$$E_{rrj} = O_j(1-O_j)(T_j-O_j)$$

隐藏层误差计算公式：

$$E_{rrj} = O_j(1-O_j)\sum_k E_{rrk}w_{jk}$$

根据误差计算公式更新权重：

$$\Delta w_{ij} = (l)E_{rrj}O_i$$

$$w_{ij} = w_{ij} + \Delta w_{ij}$$

根据误差计算公式更新偏向：

$$\Delta \theta_j = (l)E_{rrj}$$

$$\theta_j = \theta_j + \Delta \theta_j$$

⑤终止条件

a. 权重的更新低于某个阈值；

b. 预测的错误率低于某个阈值；

c. 达到预设一定的循环次数。

（5）反向传播算法举例

图 2-46 是一个两层的神经网络，其中输入、权重和偏移量如表 2-10 所示。

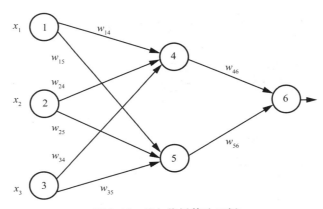

图 2-46　反向传播算法示例

表 2-10　输入、权重和偏移量

x_1	x_2	x_3	w_{14}	w_{15}	w_{24}	w_{25}	w_{34}	w_{35}	w_{46}	w_{56}	θ_4	θ_5	θ_6
1	0	1	0.2	−0.3	0.4	0.1	−0.5	0.2	−0.3	−0.2	−0.4	0.2	0.1

隐藏层和输出层输入输出计算结果如表 2-11 所示。

表 2-11　隐藏层和输出层输入输出计算结果

神经元	输入	输出
4	$0.2+0-0.5-0.4=-0.7$	$\dfrac{1}{1+e^{0.7}}=0.332$
5	$-0.3+0+0.2+0.2=0.1$	$\dfrac{1}{1+e^{-0.1}}=0.525$
6	$(-0.3)(0.332)-(0.2)(0.525)+0.1=-0.105$	$\dfrac{1}{1+e^{0.105}}=0.474$

根据上面的公式计算每个神经元的误差,如表 2-12 所示。

表 2-12　每个神经元的误差

神经元	误差
4	$(0.474)(1-0.474)(1-0.474)=0.1311$
5	$(0.525)(1-0.525)(0.1311)(-0.2)=-0.0065$
6	$(0.332)(1-0.332)(0.1311)(-0.3)=-0.0087$

根据上面的公式计算更新权重和偏移量,如表 2-13 所示。

表 2-13　更新权重和偏移量的值

w_{46}	$-0.3+(0.9)(0.1311)(0.332)=-0.261$
w_{56}	$-0.2+(0.9)(0.1311)(0.525)=-0.138$
w_{14}	$0.2+(0.9)(-0.0087)(1)=0.192$
w_{15}	$-0.3+(0.9)(-0.0065)(1)=-0.306$
w_{24}	$0.4+(0.9)(-0.0087)(0)=0.4$
w_{25}	$0.1+(0.9)(-0.0065)(0)=0.1$
w_{34}	$-0.5+(0.9)(-0.0087)(1)=-0.508$
w_{35}	$0.2+(0.9)(-0.0065)(1)=0.194$
θ_4	$0.1+(0.9)(0.1311)=0.218$
θ_5	$0.2+(0.9)(-0.0065)=0.194$
θ_6	$0.4+(0.9)(-0.0087)=-0.408$

任务实施

1. 数据集说明

本任务使用 sklearn 中 digits 手写字体数据集作为训练集,该数据集包含 1797 个样本,每个样本包括 8×8 像素的图像和一个[0,9]范围内整数的标签。

2. 加载数据集

加载 sklearn 中 digits 手写字体数据集,并获得数据和标签。数据用 X 表示,并把 X 值标准化到[0,1]区间。

```
""" 使用 sklearn 自带的多层感知分类器
手写数字识别:
每个图片 8×8
识别数字:0,1,2,3,4,5,6,7,8,9
"""
from sklearn. neural_network import MLPClassifier
import numpy as np
from sklearn. datasets import load_digits
# sklearn 对结果进行衡量的矩阵
from sklearn. metrics import confusion_matrix, classification_report
from sklearn. preprocessing import LabelBinarizer
from sklearn. model_selection import train_test_split
from PIL import Image
digits = load_digits()
X = digits. data
y = digits. target
X -= X. min()  # 把 X 值标准化到[0,1]区间
X /= X. max()
```

3. 模型训练

采用 sklearn 自带的多层感知机神经网络算法 MLPClassifier,并设置神经网络有两个 100 个节点的隐藏层。将上一步数据和标签进行划分,将其中 1000 个样本作为训练集,剩下的作为测试集。

```
# 设置神经网络有两个 100 个节点的隐藏层
nn = MLPClassifier(solver='lbfgs', hidden_layer_sizes=[100,100], activation='relu',
alpha = 1e-5, random_state=62)
X_train, X_test, y_train, y_test = train_test_split(X, y, train_size=1000, random_state
=62)
labels_train = LabelBinarizer(). fit_transform(y_train)  # 转换成二维的数据类型,即用
[0,1]表示 0-9
labels_test = LabelBinarizer(). fit_transform(y_test)
print("start fitting")
predictions = []
nn. fit(X_train, labels_train)
```

4. 评估模型

使用上一步划分的测试集测试模型准确率,采用混淆矩阵、精确度、召回率和 F1 值进行评估,其中精确度、召回率和 F1 值越大越好。混淆矩阵的概念如下:机器学习中总结分类模型预测结果的情形分析表,以矩阵形式将数据集中的记录按照真实的类别与分类模型做出的分类判断两个标准进行汇总。图 2-47 所示为混淆矩阵图解。

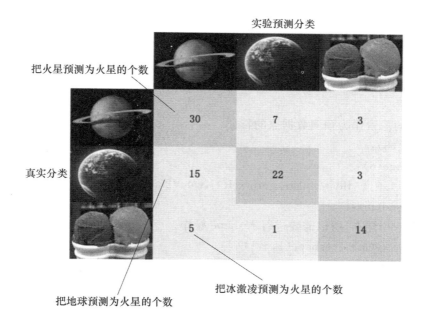

实验预测分类

把火星预测为火星的个数

真实分类

把地球预测为火星的个数

把冰激凌预测为火星的个数

图 2-47　混淆矩阵图解

其中深色部分是真实分类和预测分类结果相一致的,浅色部分是真实分类和预测分类不一致的,即分类错误的。

```
for i in range(X_test. shape[0]):
    x= X_test[i]. reshape(-1,1). transpose()
    o = nn. predict(x) ♯ 对数据进行测试
    predictions. append(np. argmax(o)) ♯ 选择预测概率最大的为该数字的标签
print(confusion_matrix(y_test,predictions)) ♯ 混淆矩阵:预测正确的个数
print(classification_report(y_test,predictions)) ♯ 精确度、召回率和 F1 值
```

5. 预测数据

手写一张数字,并将其放在和程序同一级目录,执行下列代码。结果会输出一个 1×10 数组,预测对象为标 1,其他标 0。

```
#打开图像
image = Image.open("2.png").convert('F')
#调整图像的大小
image = image.resize((8,8))
arr = []
#将图像中的像素作为预测数据点的特征
for i in range(8):
    for j in range(8):
        pixel = 1.0 - float(image.getpixel((j,i)))/255.
        arr.append(pixel)
#由于只有一个样本,所以需要进行 reshape 操作
arr1 = np.array(arr).reshape(1,-1)
#进行图像识别
print('图片中的数字是:',nn.predict(arr1)[0]) #输出一个 1×10 数组,预测对象为标 1
```

项目 3　Word 2010 文档制作与处理

任务 3.1　产品技术宣传页制作

在实际工作中经常需要制作内容简单、图文并茂的文档,如企业中常用的会议通知、产品宣传、技术推介、产品说明等。这类文档页码不多,结构简单,但需要具备较扎实的办公应用软件的基本功和一定的设计、排版能力。

下面将通过制作产品技术宣传页这一任务,介绍制作和编辑文档中所需要的操作方法和技巧。

任务目标

1.熟悉 Word 2010 的启动和退出方法;
2.熟悉 Word 2010 的工作窗口;
3.掌握 Word 2010 文档的新建、重命名、输入、保存和加密等相关操作;
4.了解 Word 2010 文档的五种视图方式;
5.熟悉 Word 2010 文档的显示控制方法;
6.掌握文本的选取、剪切、复制、粘贴以及撤销和重复键入等操作;
7.掌握文档的页面设置方法;
8.掌握文档字体格式设置方法;
9.掌握文档段落格式设置方法;
10.了解中文特殊版式的设置;
11.掌握格式刷的用法;
12.熟悉文档的打印设置。

任务描述

小张大学毕业后,应聘到某公司产品推广部工作。公司准备制作一期新技术宣传册,对公司全体员工进行新技术普及。上班第一天,部门主管交给小张一项任务,针对石墨烯电池技术制作一页宣传文档,为了完成这项任务,小张对 office 软件相关知识进行梳理和学习,对相关任务进行分析后实施,最终顺利完成了宣传页的制作。

公司新产品的推出需要有对新技术的宣传。作为一种科普性的产品技术宣传册,宣传页要求内容简洁、直观,图文并茂,使客户对产品新技术有好奇感,从而产生对新产品的期待,进一步了解产品的性能特点、使用方法等内容。宣传页逐渐成为生产厂家向市场、用户介绍和推荐产品的一种重要宣传手段。如图 3-16 所示,产品技术宣传页通常包括标题、技术概述、发展前景、产业化应用等部分。

图 3-1　宣传页效果图

建立一个空白的 Word 2010 文档,并命名为"产品技术宣传页",将文字内容输入文档,并保存。完成"产品技术宣传页"主文档的字体格式和段落格式的设计。

1.启动 Word 2010,创建新空白文档

在桌面任务栏中选择【开始】→【所有程序】→【Microsoft Office】→【Microsoft Word 2010】,如图 3-2 所示。Word 2010 打开后会自动创建一个空的新文档。

图 3-2　启动 Word 2010

2.输入文档内容

在完成新文档的创建后,就可以在文本编辑区键入文本内容了。将光标输入符放置在文档的编辑区内,输入下面"产品技术宣传页"的文本内容,并插入图片素材。

石墨烯电池技术

石墨烯是目前发现的最薄、强度最大、导电导热性能最强的一种新型纳米材料,被称为"黑金"、"21世纪新材料之王"。科学界普遍预测在硅时代之后,世界将迎来石墨烯的时代。

一、技术概述

石墨烯电池是利用锂离子在石墨烯表面和电极之间快速大量穿梭运动的特性,开发出的一种新能源电池。石墨烯电池利用环境热量自行充电,通过实验可以得出在饱和氯化铜溶液中的时间(小时、天数)和产生电压的关系。

二、发展前景

新型石墨烯电池实验阶段的成功,无疑将成为电池产业的一个新的发展点。电池技术是电动汽车大力推广和发展的最大门槛,而电池产业正处于铅酸电池和传统锂电池发展均遇瓶颈的阶段,石墨烯储能设备研制成功后,若能批量生产,则将为电池产业乃至电动车产业带来新的变革。

虽然此电池具有各种优良的性能,但其成本并不高。在汽车燃料电池等领域,石墨烯还有望带来革命性进步。消费电子展上可弯曲屏幕备受瞩目,成为未来移动设备显示屏的发展趋势。柔性显示未来市场广阔,作为基础材料的石墨烯前景也被看好。

三、产业应用

随着批量化生产以及大尺寸等难题的逐步突破,石墨烯的产业化应用步伐正在加快,基于已有的研究成果,最先实现商业化应用的领域可能会是移动设备、航空航天、新能源电池领域。新能源电池也是石墨烯最早商用的一大重要领域,由于高导电性、高强度、超轻薄等特性,石墨烯在航天军工领域的应用优势也是极为突出的,石墨烯在超轻型飞机材料等潜在应用上也将发挥更重要的作用。

3.保存当前文档

第一次保存新建的文档时,需要为文档提供一个新的名称并指定保存的位置。具体的操作如下。

(1)单击左上角【文件】选项卡中的【保存】选项。

(2)因为是第一次保存当前文档,系统会弹出【另存为】对话框,如图 3-3 所示。因为 Word 文档在未进行过任何保存操作时,所有键入的文档内容均会存在临时文件中,所以执行保存操作就是将临时文件内容另存到别的目录下。

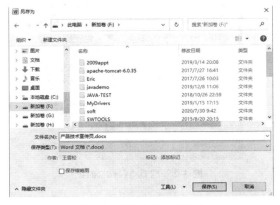

图 3-3　【另存为】对话框

(3)在【另存为】对话框中选择文档需保存的位置。

(4)在【文件名】输入框处输入要保存文档的文件名。

(5)选择 Word 保存类型,在【保存类型】的下拉框中选择【Word 文档(＊.docx)】。

(6)确认了保存路径和类型之后,单击【保存】按钮,即可完成保存操作。

(7)至保存路径下即可查看到新保存的文档文件。

在 Word 2010 工作时,所建立的文档是以临时文件的形式保存在计算机中的,只要退出程序,临时文件会自动被删除,工作的成果也将会丢失。所以在对文档进行处理的过程中勤保存,可以避免因误操作、计算机死机或断电重启而造成的数据丢失。另外,在 Word 2010 中存在一种自动保存的机制,这种自动保存的机制使文档在损坏或被非法修改后能更有效地挽回损失。

4.关闭 Word 文档

在完成了一个文档的编辑工作后,单击文档右上角标题栏中【关闭】按钮(图 3-4),即可关闭整个文档,并退出程序。

图 3-4　标题栏中【关闭】按钮

5.页面设置

打开【页面设置】对话框,将文档的"文字方向"设置为水平;将文档的"页边距"的"上页边距"和"下页边距"均设置为 3cm,"左页边距"和"右页边距"均设置为 2.6cm;将文档的"纸张方向"设置为纵向,"纸张大小"设置为 A4(21×29.7cm)。设置过程如图 3-5 所示。

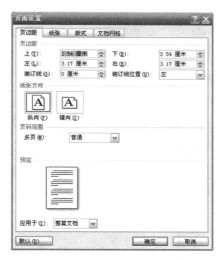

图 3-5　页面设置操作

6.字体设置

标题文字设置为"艺术字",如图 3-6 所示。

图 3-6　标题文字设置

选中文档正文内容,首先打开【字体】对话框,设置为"宋体"、"小四"号字。再打开【段落】对话框,设置正文首行缩进"2 字符"、行距为"1.5 倍"。

7.设置首字下沉

选中正文第 1 段中首字"石",如图 3-7 所示,单击【插入】菜单项中的【首字下沉】选项,设置位置、字体、下沉行数、距正文等,得到如图 3-8 所示效果。

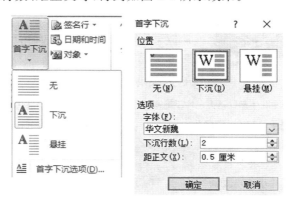

图 3-7　首字下沉设置

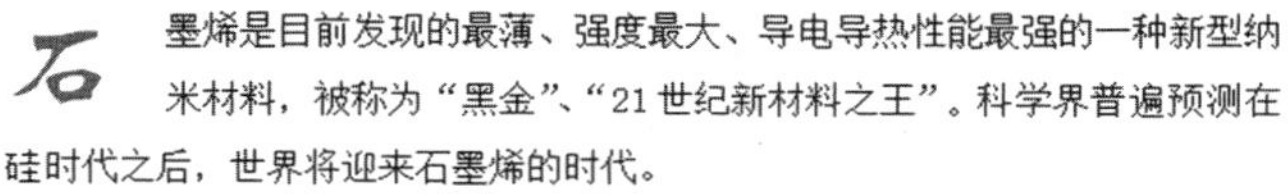

石墨烯是目前发现的最薄、强度最大、导电导热性能最强的一种新型纳米材料,被称为"黑金"、"21 世纪新材料之王"。科学界普遍预测在硅时代之后,世界将迎来石墨烯的时代。

图 3-8　首字下沉效果

8. 设置项目符号

按下 Ctrl 键，同时选定标题文字"技术概述""发展前景""产业应用"，设置项目符号，得到如图 3-9 所示效果。

> **技术概述**
>
> 石墨烯电池是利用锂离子在石墨烯表面和电极之间快速大量穿梭运动的特性，开发出的一种新能源电池。石墨烯电池利用环境热量自行充电，通过实验可以得出在饱和氯化铜溶液中的时间（小时、天数）和产生电压的关系。
>
> **发展前景**

图 3-9 设置标题项目符号

9. 设置图片格式

分别调整文档中三张图片位置，依次选中三张图片，单击"图片工具"中格式，设置第 1、2 张图片的环绕方式为"四周型"，第 3 张图片为"紧密"型，设置如图 3-10（a）、3-10（b）、3-10（c）所示效果。

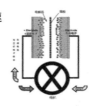

石墨烯电池是利用锂离子在石墨烯表面和电极之间快速大量穿梭运动的特性，开发出的一种新能源电池。石墨烯电池利用环境热量自行充电，通过实验可以得出在饱和氯化铜溶液中的时间（小时、天数）和产生电压的关系。

> **发展前景**

(a) 第 1 张图片格式设置

新型石墨烯电池实验阶段的成功，无疑将成为电池产业的一个新的发展点。

电池技术是电动汽车大力推广和发展的最大门槛，而电池产业正处于铅酸电池和传统锂电池发展均遇瓶颈的阶段，石墨烯储能设备研制成功后，若能批量生产，则将为电池产业乃至电动车产业带来新的变革。

(b) 第 2 张图片格式设置

随着批量化生产以及大尺寸等难题的逐步突破，石墨烯的产业化应用步伐正在加快，基于已有的研究成果，最先实现商业化应用的领域可能会是移动设备、航空航天、新能源电池领域。新能源电池也是石墨烯领域，由于高导电性、高强度、超轻薄等特性，石墨烯在航天军工领域的应用优势也是极为突出的，石墨烯在超轻型飞机材料等潜在应用上也将发挥更重要的作用。

(c) 第 3 张图片格式设置

图 3-10 设置图片格式后的效果

10.设置文档页面边框

为了增强页面美观度,可适当设置页面边框。单击【页面布局】菜单项中"页面边框",如图 3-11 所示,设置边框颜色、艺术型样式。

图 3-11　设置页面边框

至此,完成产品技术宣传页制作。

拓展知识

1. Word 2010 的启动

Word 2010 文档的启动方式有很多种,除了前面介绍的方法外,常用的启动方法还有如下两种。

方法 1:桌面快捷方式启动法。

双击桌面上显示的【Microsoft Word 2010】快捷方式图标可以启动 Microsoft Word 2010;或者选中桌面上的【Microsoft Word 2010】快捷方式图标,右键单击该图标,在弹出的菜单中选择【打开】选项,也可以启动 Microsoft Word 2010。

方法 2:若要打开文档,则执行下列操作:将鼠标定位到存储文件的位置,然后双击该文件。此时将显示 Word 启动画面,然后显示该文档。

用户也可以在 Word 中采用以下方式打开文档:单击【文件】列表中的【打开】命令,找到文档存储的位置并选中后,单击【打开】按钮或双击文档,如图 3-12 所示。若要打开最近保存的文档,请单击【最近所用文件】,如图 3-13 所示。

图 3-12　"打开文档"对话框

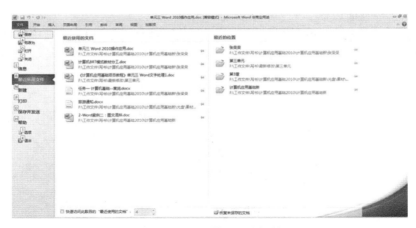

图 3-13　打开最近使用文件

2.新建文档的方法

方法 1:利用 Word 提供的【新建】功能创建。

若在编辑其他文档中需要再创建新的文档,此时可以使用【文件】选项卡进行新建文档的操作。具体的操作步骤如下:

(1)单击【文件】选项卡,然后选择【新建】选项。

(2)选择【可用模板】列表中的【空白文档】(【可用模板】列表框中存在内置在程序中的多个文档类型,可根据我们需要编辑的文档内容来选择相应类型的文档项,如"博客文章""书法字帖""样本模板"等)。 如图 3-14 所示。

图 3-14　可用模板

(3)单击【创建】按钮,完成文档的创建操作,Word 会根据上个步骤选择的文档类型进行相应模板的生成。

方法 2:在桌面或文件夹内用鼠标右键菜单创建。

当 Word 未启动且需要新建文档时,可通过鼠标右键快速完成新文档创建。具体操作如下:在文档的存放位置单击鼠标右键,打开右键菜单,然后选择【新建】选项卡中【Microsoft Word 文档】选项,即可完成一个空白文档的新建操作,如图 3-15 所示。

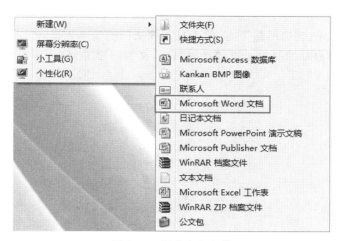

图 3-15 创建空白文档

3.认识 Word 2010 工作界面

使用 Word 2010 之前首先需要了解 Word 2010 的工作界面布局及其功能。整个 Word 2010 工作界面由标题栏、功能区、工具栏、文本编辑区和状态栏等部分组成,如图 3-16 所示。

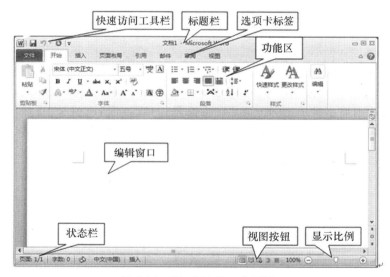

图 3-16 Word 2010 工作界面

(1)标题栏

标题栏显示正在编辑的文档的文件名及所使用的软件名。其中还包括标准的【最小化】、【最大化】(或【还原】)和【关闭】按钮。

(2)选项卡标签

选项卡标签位于标题栏的下方,由文件列表和开始、插入、页面布局、引用、邮件、审阅、视图和加载项等标签组成,每个标签下都有相应的功能。

(3)功能区

工作时需要用到的命令位于此区域。功能区的外观会根据监视器的大小改变。Word 通过更改控件的排列来压缩功能区,以便适应较小的监视器。

（4）状态栏

状态栏位于 Word 窗口的最下方，用来显示该文档的基本数据，如"页面：1/1"表示该文档一共有 1 页，当前显示的是第 1 页；"字数"显示文档的字数，单击可打开【字数统计】对话框，如图 3-17 所示。

图 3-17 【字数统计】对话框

（5）显示比例

显示比例可用于更改正在编辑文档的显示比例设置。Word 有两种调整显示比例的方法。第一种方法是用鼠标拖动位于 word 窗口右下角的显示比例按钮，向右拖动将放大显示比例，向左拖动则缩小显示比例。第二种方法是选择【视图】选项卡中【显示比例】组中的显示比例，进行显示比例的设置，如图 3-18 所示。在【显示比例】组中还可以设置显示时的页数及页宽。

图 3-18 【显示比例】组

4. 文档视图

Word 2010 中提供了多种视图模式供用户选择，这些视图模式包括"页面视图"、"阅读版式视图"、"Web 版式视图"、"大纲视图"和"草稿视图"等五种视图模式，如图 3-19 所示。用户可以在【视图】功能区中选择需要的文档视图模式，也可以在 Word 2010 文档窗口的右下方单击视图按钮选择视图，如图 3-20 所示。

图 3-19 【视图】选项卡中【文档视图】设置组

图 3-20　视图按钮

（1）页面视图

"页面视图"可以显示 Word 2010 文档的打印结果外观,主要包括页眉、页脚、图形对象、分栏设置、页面边距等元素,是最接近打印结果的页面视图。

（2）阅读版式视图

"阅读版式视图"以图书的分栏样式显示 Word 2010 文档,【文件】按钮、功能区等窗口元素被隐藏起来。在阅读版式视图中,用户还可以单击【工具】按钮选择各种阅读工具。

（3）Web 版式视图

"Web 版式视图"以网页的形式显示 Word 2010 文档,Web 版式视图适用于发送电子邮件和创建网页。

（4）大纲视图

"大纲视图"主要用于更改 Word 2010 文档的设置和显示标题的层级结构,并可以方便地折叠和展开各种层级的文档。大纲视图广泛用于 Word 2010 长文档的快速浏览和设置。

（5）草稿视图

"草稿视图"取消了页面边距、分栏、页眉、页脚和图片等元素,仅显示标题和正文,是最节省计算机系统硬件资源的视图方式。当然现在计算机系统的硬件配置都比较高,基本上不存在由于硬件配置偏低而使 Word 2010 运行遇到障碍的问题。

（6）视图的转换和设置

单击【视图】选项卡,然后单击【文档视图】设置组中的相应视图选项即可(默认情况下即为页面视图)。

①阅读版式视图的基本设置

阅读版式视图显示设置:单击【阅读版式视图】选项卡中的【视图选项】,然后在弹出的下拉菜单中选择需要设置的显示方式即可(默认情况下为双页显示)。

阅读版式视图翻页查看:单击视图页面正上方位置的箭头,也可进行翻页操作。

阅读版式视图的关闭:单击【阅读版式视图】选项卡中的【关闭】按钮,即可关闭阅读版式视图,而不会关闭整个文档文件。

阅读版式视图其他功能:在【阅读版式视图】的左上角处,可对文档进行保存、打印阅览、打印、工具和新建批注等操作。

②大纲视图的相关操作

大纲视图关闭:单击【关闭大纲视图】按钮,即可退出大纲视图,回到原先视图中。

大纲视图中文本的【折叠】和【展开】:在"大纲视图"中,文档的每个标题前均存在【+】和【-】图标,单击【+】或【-】即可对文档内容进行展开和隐藏。

5. 文档显示控制

Word 中有很多的显示控制功能,用于帮助用户快速进行文档的编辑和排版操作。接下来本节将介绍几个常用的显示控制功能的使用方法。

（1）标尺

　　标尺功能是为了更好地定位文档中对象的位置,并快捷地调节文档中对象位置;也可作为字体、图片大小的参考,以及行间距的参照等。标尺中存在明暗分界线,可快速调节边距、列表行列属性等。

　　用户可通过下述方法调整标尺。

　　①标尺的开关:打开任意 Word 文档;单击【视图】选项卡中的【显示】中【标尺】复选框,即可将标尺显示出来;取消【标尺】复选框的勾选,即可取消标尺显示。

　　②标尺的功能设置:打开【标尺】选项卡中的【视图】选项卡的【显示】组的【标尺】复选框,将光标定位在要设置的段落起始位置,用鼠标拖曳标尺左端的首行缩进游标到要缩进的位置,释放鼠标左键即可完成该段的首行缩进操作。用鼠标拖曳标尺左端的悬挂缩进游标到要缩进的位置,释放鼠标左键即可完成该段的悬挂缩进操作。同样,拖曳悬挂缩进游标下面的小矩形即左缩进游标和标尺右侧的右缩进游标,即可完成左缩进和右缩进操作。鼠标移动至【标尺】左侧制表符图标上,单击可变换需显示的效果。

　　(2)网格线

　　Word 中提供了网格线功能,用于对象对齐时提供参照,具体的操作方法如下。

　　①单击勾选【视图】选项卡中的【显示】设置组的【网格线】复选框,则在文档编辑区可查看到网格线;

　　②如需取消网格线,则取消勾选【网格线】复选框即可。

　　(3)导航窗格

　　导航窗格是由联机版本视图发展而来,此窗格中显示了各个文档标题,使得文档的文档结构一目了然,方使用户进行内容的定位。导航窗格中还添加了搜索框,用户可在此功能下快速查找需要的内容信息。导航窗格位于主编辑区域的左侧。接下来将就导航窗格的设置及使用进行详细的说明。

　　①导航窗格的开关:勾选【视图】选项卡中的【显示】设置组的【导航窗格】复选框,即可打开【导航窗格】。取消勾选,可关闭【导航窗格】。

　　②导航窗格中标题的移动:导航窗格中可直观地显示文档的整体结构。在此窗格下,用户可通过移动标题的位置,来调整文档整体的结构,极大地提高了文档修改的灵活性。具体操作步骤为:打开【导航窗格】,选中需要移动的标题项;按住鼠标左键,将标题拖动到目的位置;然后放开鼠标即可。

　　③导航窗格的浏览形式:导航窗格中提供了 3 种数据查看方式,其中包括:标题、页面、搜索结果查看。不同的查看形式所侧重的数据类型不同,同学们可自行调节。打开【导航窗格】,在搜索编辑框下方有三个表示导航浏览形式的图标,分别为【标题】形式(默认为此形式)、【页面】形式和【搜索结果查看】形式,单击图标即可切换为相应的浏览形式。

　　6.文本处理

　　(1)文档的输入

　　在 Word 中输入文本是创建一个完整文档的主要操作,通过输入文本来充实空白文档,赋予文档实际意义,这也是制作文档的第一步。启动 Word 2010,新建文档或打开已经创建好的文档,就可以直接在文档中输入内容了。

　　①插入模式和改写模式

　　Word 2010 提供了两种输入模式,分别是插入模式和改写模式。插入模式和改写模式的不同在于：在插入模式下输入的文本将在插入点左侧，插入点自动向后移，在改写模式下输入的文本将覆盖插入点后面的文本。

插入模式和改写模式显示在状态栏中，这两种模式间的切换可以通过单击鼠标左键或按键盘中 Insert 键进行。Word 2010 默认的模式为插入模式。

②输入文字

输入文本时，需要先将鼠标定位至需要输入文本处，然后直接使用键盘就可以输入文本。需要输入什么类型的文本，就把输入法调整到相应的状态。

（2）文档的编辑

在文档中输入文本之后，并不是完成任务了，如果想要移动文本，改变文本版式或发现操作错误等，还可以对文本进行编辑，以完善文档的内容。在 Word 文档中，文档最基本的编辑包括选定文本、删除文本、移动文本和复制文本。

选定文本是对文本进行编辑的第一步，也是必不可少的一步，下面具体介绍选定文本的方法。

①使用鼠标拖动选择文本

拖动鼠标可以灵活地选择文本，它是选择文本最基本的方法，该方法用于选择小范围内的连续文本，主要是通过鼠标左键拖动进行选择，释放鼠标即呈选中状态。

②使用鼠标点击选择文本

在文档的不同位置，通过单击、双击或连续单击可以进行不同的选择。将鼠标光标移到文档左侧选定区，鼠标光标会出现反键样式，此时，单击可选择一行文本；双击可选择一段文本；连续三次单击可选整篇文档，在文档内双击可选择文本插入点位置的一个文字或词语；连续三次可选择一段文本。表 3-1 列出了使用鼠标选定文本的操作方法。

表 3-1 使用鼠标选定文本的操作方法

选择内容	操作方法
任意数量的文字	拖动这些文字
一个单词	双击该单词
一行文字	单击该行最左端的选择条
多行文字	选定首行后向上或向下拖动鼠标
一个句子	按住 Ctrl 键后在该句的任何地方单击
一个段落	双击该段最左端的选择条，或三击该段的任何地方
多个段落	选定首段后向上或向下拖动鼠标
连续区域文字	单击所选内容的开始处，然后按住 Shift 键，最后单击所选内容的结束处
矩形区域文字	按住 Alt 键然后拖动鼠标
整篇文档	三击选择条中的任意位置或按住 Ctrl 键后单击选择条中的任意位置

③使用键盘配合鼠标选择文本

使用键盘上的特殊键配合鼠标可以进行更多样式的选择。

a.选择不相邻的多个文本。拖动鼠标选择一段文本，再按住【CTRL】键，将鼠标光标移动到下一段要选择的文本前继续拖动鼠标，即可选择不相邻的多个文本。

b.选择连续文本。将光标定位到要选择文本的起始位置，按住【SHIFT】键后单击结束位置,可选择其间的所有连续文本。

　　c.选择矩形文本区域。按住【ALT】键并拖动鼠标,可以选择矩形文本区域。通常在需要对一列文本进行编辑时使用。

　　使用键盘选择文本主要是使用一些快捷键进行操作,使用键盘选择时可以充分利用左右手之间的配合,提高工作效率。表 3-2 列出了使用键盘选定文本的操作方法。

表 3-2　使用键盘选定文本的操作方法

选择内容	组合键
选定插入点右边的一个字符或汉字	【Shift+→】
选定插入点左边的一个字符或汉字	【Shift+←】
选定到上一行同一位置之间的所有字符或汉字	【Shift+↑】
选定到下一行同一位置之间的所有字符或汉字	【Shift+↓】
从插入点选定到它所在行的开头	【Shift+Home】
从插入点选定到它所在行的末尾	【Shift+End】
从插入点选定到它所在段的开头	【Ctrl+Shift+↑】
从插入点选定到它所在段的末尾	【Ctrl+Shift+↓】
从插入点选定到文档末尾	【Ctrl+Shift+End】
选定整篇文档	【Ctrl+A】
整个表	【Alt+5】

　　(3)文本的复制

　　Word 2010 中提供了多种文本复制的方式,表 3-3 中列出了各种文本复制方式的操作方法。

表 3-3　文本复制的多种方式

编号	功能	简介	操作要点	操作
1	右键菜单	使用右键菜单中复制功能进行复制	右键菜单	①选取需要复制文本块; ②在选中文本块上方单击鼠标右键; ③选中【复制】选项
2	快捷键	使用快捷键进行文本的复制	Ctrl+C 组合	①选取需要复制文本块; ②按下组合键 Ctrl+C
3	拖曳复制	使用快捷键配合鼠标拖曳进行文本复制	Ctrl+鼠标拖曳	①选取需要复制的文本块; ②按住 Ctrl 键; ③按住鼠标左键进行拖曳,拖曳至目标位置; ④依次松开鼠标左键及 Ctrl 键即可(此方式相当于同时完成了文本的复制和粘贴)

　　(4)文本的剪切

　　Word 2010 中同样提供了多种文本剪切的方式,表 3-4 中列出了各种文本剪切方式的操作方法。

表 3-4　文本剪切的多种方式

编号	功能	简介	操作要点	操作
1	右键菜单	使用右键菜单中剪切功能进行剪切	右键菜单	①选取需要剪切文本块；②在选中文本块上方单击鼠标右键；③选中【剪切】选项
2	快捷键	使用快捷键进行文本的剪切	Ctrl＋X 组合键	①选取需要剪切文本块；②按下组合键 Ctrl＋X
3	拖曳剪切	使用鼠标拖曳进行文本剪切	鼠标拖曳	①选取需要复制的文本块；②按住鼠标左键进行拖曳，拖曳至目标位置；③松开鼠标左键即可（此方式相当于同时完成了文本的剪切和粘贴）

（5）文本的粘贴

文本粘贴的方式也有很多种，无论哪种粘贴方式，多次进行【粘贴】操作可重复进行粘贴。相应操作如表 3-5 所示。

表 3-5　文本粘贴的多种方式

编号	功能	简介	操作要点	操作
1	右键菜单	使用右键菜单中粘贴功能进行粘贴	右键菜单	①选取需要粘贴文本块；②在选中文本块上方单击鼠标右键；③选中【粘贴】选项
2	快捷键	使用快捷键进行文本的粘贴	Ctrl＋V 组合键	①选取需要粘贴文本块；②按下组合键 Ctrl＋V
3	拖曳粘贴	使用鼠标拖曳进行文本粘贴	鼠标拖曳	①选取需要粘贴的文本块；②按住鼠标左键进行拖曳，拖曳至目标位置；③松开鼠标左键即可（此方式相当于同时完成了文本的剪切和粘贴）

（6）撤销与重复键入

在 Word 2010 中，【撤销】与【重复键入】是【开始】选项卡的【剪贴板】设置组中两个非常有用的按钮。表 3-6 列出了两种功能的操作方法。

表 3-6　撤销和重复键入功能

编号	功能	简介	操作要点	操作
1	撤销	对错误操作进行撤销	撤销图标或组合键 Ctrl＋Z	①执行任意操作 A(输入文字或修改格式等); ②单击图标 或按下组合键 Ctrl＋Z; ③即可完成操作 A 的撤销(撤销的撤销即为恢复)
2	重复键入	再次执行最后一次操作	重复键入图标或组合键 Ctrl＋Y	情况一:最后一次操作为【撤销】 ①完成【撤销】操作; ②单击图标 或按下组合键 Ctrl＋Y; ③撤销操作被取消,恢复到撤销前状态。 情况二:最后一次操作不为【撤销】 ①完成任意操作 A,如输入字符"1"; ②单击图标 或按下组合键 Ctrl＋Y; ③输入字符操作被再次执行,再次进行字符"1"输入

7. 保存已有文档及另存操作

在文档进行了保存操作后,再次进行保存操作则不会弹出任何的提示框,同时新文档内容会覆盖旧文档内容,达到数据更新的目的。

如果不想进行原文档的覆盖操作,用户则可按照下列方法对已经修改过的文档进行保存,不改变原文档的数据。具体的操作步骤如下:

①打开上一节所保存文件。

②进行文件的修改操作,任意修改或添加字符即可。

③单击【文件】选项卡中的【另存为】按钮。

④在弹出的【另存为】对话框中选择文件需要保存的路径。

⑤单击【保存】按钮,完成对修改过的文档的另存操作。

完成上述操作后,打开原文件和另存文件进行比较,即可发现原文件数据没有变化,说明另存为操作不会对原文件数据进行覆盖保存。

保存文档的操作也存在相应的快捷键操作方式,即使用 Ctrl＋S 组合键进行保存。

8. 文档的自动保存

"文档的自动保存"功能能够通过设置文档的【自动保存时间间隔】来最大化地减少由于误操作、计算机死机或断电重启而引起的数据丢失。一般情况下,Word 2010 的默认保存格式为"Word 文档(＊.docx)",默认的自动保存时间间隔为"10 分钟",如图 3-21 所示。设置文档的"自动保存时间间隔"的具体步骤如下:

①打开 Word 2010 文档。

②在菜单栏单击【文件】选项卡中的【选项】按钮。

③在弹出的【Word 选项】对话框中单击【保存】选项。

④在【保存文档】设置组中,选中【保存自动恢复信息时间间隔】单选框,根据需要把"时

图 3-21　【Word 选项】对话框

间间隔"设置为合适的时间（如 5 分钟）。

　　⑤依次设置【自动恢复文件位置】和【默认文件位置】。

　　⑥单击【确定】按钮完成设置。

　　当文档出现非正常关闭时，可以在已设置的【自动恢复文件位置】的位置找到最近一次自动保存的文档。

　　9. 关闭文档

　　关闭文档还有多种方法，具体说明如下：

　　方法 1：使用【文件】列表中关闭功能。

　　（1）单击【文件】选项卡，在弹出的下拉菜单中单击【关闭】选项；

　　（2）文档自动关闭，如文档关闭前存在修改未保存情况，则会弹出【关闭保存】提示框。

　　方法 2：在标题栏中单击鼠标右键，在弹出的控制菜单中选择【关闭】。如图 3-22 所示。

图 3-22　右击标题栏控制菜单

　　方法 3：标题栏【关闭】按钮关闭法。

　　10. 打开 Word 的其他方法

　　在 Word 2010 中打开文档的方法有很多种，常用的打开方法如下：

　　方法 1：左键双击法。

　　"左键双击法"是操作最简单快捷的打开方法，只需使用鼠标左键连续单击需要打开的 Word 文档图标即可。

方法 2：文件选项卡打开法。

有时候我们在编辑文档时，需要查看其他文档内容，即可通过下述方法打开。

(1)单击【文件】选项卡中的【打开】按钮；

(2)在弹出的【打开】对话框中，根据文件目录找到需打开的文档；

(3)选中文档，单击【打开】按钮即可（也可直接双击需打开的文档），此时将重新打开一个 Word 文档，对当前打开的文档并无任何影响。

方法 3：鼠标右键法。

选中需要打开的文件，然后单击鼠标右键，在弹出的菜单中选择【打开】命令，即可完成打开文档操作。

11. 设置页边距

设置页边距，包括调整上、下、左、右边距，一级页眉和页脚到页边界的距离，使用这种方法设置页边距十分精确。具体操作步骤如下：

使用 Word 2010 打开已新建并完成内容输入的"企业产品说明书"文档，然后单击【页面布局】选项卡中的【页边距】按钮，如果在弹出的下拉列表中有合适的页边距，单击即可完成文档页边距的调整，否则，单击【页边距】选项中的【自定义边距】按钮，设定需要调整的页边距大小。

单击【自定义边距】按钮后弹出【页面设置】对话框（图 3-23）。在【页码范围】选项组的【多页】下拉列表框中可以选择一种处理多页的方式。例如选择【普通】视图，这是 Word 的默认设置，一般情况下都选择此选项。这里以【对称页边距】选项为例。

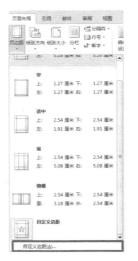

图 3-23 【页面设置】对话框

在【预览】选项组中【应用于】的下拉列表框中可以选择页面设置后的应用范围。选择【整篇文档】选项，表示设置的效果将用于整篇文档。

最后，单击【确定】按钮，完成页边距的设置。

12. 设置纸张

默认情况下，Word 创建的文档是纵向排列的，用户可以根据需要调整纸张的大小和方向。具体的操作步骤如下：

打开 Word 2010 文档,然后单击【页面布局】选项卡中的【纸张方向】按钮。

在【纸张方向】下拉列表中单击【纵向】按钮。单击【纵向】按钮,Word 可将文本排版为平行于纸张短边的形式;单击【横向】按钮,Word 可将文本排版为平行于纸张长边的形式。一般系统默认为纵向排列。也可以单击【页边距】选项中的【自定义页边距】按钮,在【方向】选项组中单击【纵向】或【横向】两个按钮来设置纸张打印的方向。如图 3-24 所示。

单击【页面布局】选项卡的【页面设置】选项卡中的【纸张大小】按钮,在【纸张大小】下拉列表中选择系统自带的一些标准的纸张尺寸,这些尺寸取决于当前使用的打印机类型。选择默认情况下的【A4】选项,Word 将在【宽度】和【高度】微调框中显示相应的尺寸,微调纸张的宽度和高度,则 Word 将在【纸张大小】下拉列表框中显示【其他页面大小】选项。设置结果可以在预览框中查看。

图 3-24 设置纸张方向

13.设置字符间距

在【页面布局】选项卡中的【页面设置】组中不仅可以设置字体、字形和字号,还可以对字符缩放比例以及字符位置等进行调整。

打开 Word 2010 文档,选中需要调节字符间距的文本。然后单击【开始】选项卡中的【字体】组右下角的按钮,弹出【字体】选项卡中的【高级】选项卡(图 3-25)。在【字符间距】下拉列表框中选择【缩放】下拉列表框中可以选择显示文本的比例。设置了某一段字符的缩放之后,新输入的文本也会使用这种比例。但是如果想使新输入的文本恢复正常比例,只需选择【缩放】选项卡中的【100%】显示比例即可。用户还可以通过状态栏中的【显示比例】滑块,来进行字符缩放比例的选择。

在【间距】下拉列表框中可以选择字符间距的类型。用户可以通过其后的【磅值】微调框右边的微调按钮来微调字符间距,也可以在【磅值】微调框中直接输入字符间距的大小。

图 3-25 字体设置操作

14.字体格式的设置

设置字符格式主要指设置文字的字体、字形、字号、颜色、下划线、上标、下标以及动态效果等。Word 2010 中，设置字符格式主要有两种方法，一种是在【开始】选项卡中的【字体】组中设置字符的格式；另外一种是在【字体】对话框中设置字符的格式。

在【开始】选项卡中的【字体】组中设置字符的格式，主要设置字体、字号、字形、颜色，还可以给文字加下划线、边框、底纹等。如图 3-26 所示。

图 3-26　【开始】选项卡中的【字体】设置组

关于【字体】组中各主要对象的用法请参照表 3-7。

表 3-7　【字体】组各按钮名称和功能

按钮	名称	功能
Calibri	字体	更改字体
小四	字号	更改文字大小
A˄	增大字体	增加文字大小
A˅	缩小字体	缩小文字大小
Aa˅	更改大小写	更改选中文字的大小写
	清除格式	清除选中文字的格式
变	拼音指南	显示拼音字符并明确发音
A	字符边框	在一组字符周围应用边框
B	加粗	使选定文字加粗
I	倾斜	使选定文字倾斜
U	下划线	在选定文字下方绘制一条线
abc	删除线	绘制穿过选定文字中间的线
x₂ x²	下标和上标	分别创建上下标
ab	文字突出显示颜色	荧光笔标记
A	字体颜色	更改字体颜色

工具栏更改大小写法：使用【开始】选项卡中的【字体】设置组中工具栏的"更改大小写"功能可以将选中字母更改为多种不同的大小写方式，如图 3-27 所示。此外，在【字体】对话框中也可以对字母的大小写进行设置，此内容将在下面的【效果选择】组进行讲述。

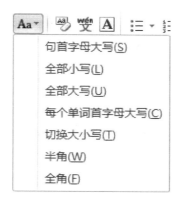

图 3-27　更改大小写选项框

15.中文特殊版式的设置

在编辑文本时,经常会遇到一些中文特有版式,如给文字加注拼音,给数字或文字添加圆圈或双行合一等。使用 Word 2010 编辑这些特殊版式其实很简单。

拼音指南:选中要标注拼音的文本,然后单击【开始】选项卡中的【字体】选项卡中的【拼音指南】图标按钮,弹出【拼音指南】对话框,设置对齐方式、偏移量、字体、字号,最后单击【确定】即可。

带圈字符:为了突显某单字或某些单字的显示效果或特殊意义,需要给这些单字加上特殊的格式边框。Word 2010 提供了圆圈、方形、三角形和菱形等 4 种格式边框。给字符设置带圈文字时,首选要将鼠标放在要放置带圈文字的地方或选中要加圈的字符或文字,单击【开始】选项卡中的【字体】设置组的图标,弹出【带圈字符】对话框,然后选择加圈的样式,输入圈中文字,并选择圈号,最后单击确定即可。

字体突显:选中主标题下第一段文字中"以学生为中心",在【开始】选项卡中的【字体】设置组中,将选中内容设置为以绿色突出显示,如图 3-28 所示。

图 3-28　设置突出显示操作

设置删除线:在【字体】设置组中,点击【删除线】按钮给选中文字添加删除线,如图 3-29所示。

16.字体设置

【字体】设置组的工具栏设置区还可以对文本的外观效果、文字颜色、突出颜色、字符边框、底纹等进行设置,如图 3-30 所示。

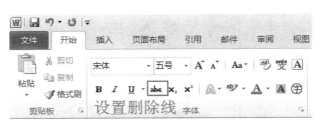

图 3-29　设置删除线

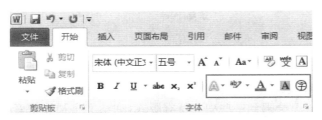

图 3-30　【字体】设置组字体效果设置模块

　　①文本效果的工具栏设置：选择需要设置文本效果的文本，然后单击【开始】选项卡的【字体】选项卡的【文本效果】图标，在下拉菜单中可以设置字符的轮廓样式、阴影样式、映像变体和发光变体。

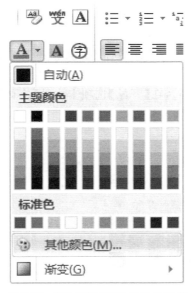

图 3-31　【字体颜色】的工具栏设置

　　②文本的突出显示：选中需要突出显示的文本，单击【开始】选项卡的【字体】选项卡中的【以不同颜色突出显示文本】图标，然后在下拉菜单中选择要进行突出显示的颜色即可完成设置。进行文本突出显示设置后，将鼠标移动到文档中，鼠标将变成画笔的形状，按住鼠标左键，用画笔选中哪些文本，这些文本将变成之前设置的突出显示颜色，完成突出显示的设置后，只需在【以不同颜色突出显示文本】选项卡中的【停止突出显示】选项即可。需要取消文本的突出显示时，首先选中要取消突出显示的文本，然后在【以不同颜色突出显示文本】下拉菜单中单击【无颜色】选项。

　　③字体颜色的工具栏设置：字符的默认字体颜色为黑色，若需改变字体颜色，选中需要设置字体颜色的文本，单击【开始】选项卡中的【字体】选项卡中的【字体颜色】图标 **A** ，在下拉框（图 3-31）中选择要设置的颜色即可。

　　此外，选中需要设置字体格式的文本，文本右侧也会出现一个可以对文本进行简单的字体和段落格式设置的工具栏，如图 3-32 所示。此工具栏也可以进行字体和段落格式的设置。

　　④字体格式的对话框设置法：选择要设置字体的文本，打开【字体】选项卡中的【字体】选项卡（图 3-33），在【中文字体】、【西文字体】下拉列表框中选择相应的中文字体和西文字体，即可对文本的中文字体和西文字体分别进行设置。在【字形】和【字号】下拉列表框中也可以

图 3-32　【字体】和【段落】格式设置工具栏

用同样方式对文本的字形和字号进行设置。选择需要设置的文本,在【所有文字】选择组中单击【字体颜色】、【下划线线型】和【着重号】下拉列表框右侧的下拉箭头按钮,选择需要设置的选项,即可对文本的颜色、下划线以及着重号等进行设置。选择需要设置的文本,在【效果】选项组中给相应显示效果前面的复选框打勾,可以为文本设置相应的显示效果。设置完后,单击确定即可完成设置。

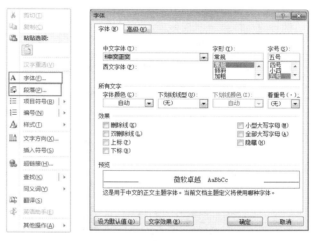

图 3-33　字体格式对话框

⑤文本效果的对话框设置:打开【设置文本效果格式】对话框(图 3-34)的方式有两种:一种为单击【字体】选项卡的【文字效果】按钮,打开【设置文本效果格式】对话框;另一种为单击【开始】选项卡中的【字体】选项卡中的【文本效果】图标,将鼠标移至下拉菜单的【阴影】、【映像】或【发光】选项,然后单击下拉菜单的【阴影选项】、【映像选项】或【发光选项】均可以打开【设置文本效果格式】对话框。选中需要设置文本效果的文本,打开【设置文本效果格式】对话框,需要设置哪一项只需单击该项进行设置,设置完成后单击【关闭】按钮即可完成设置操作。

17. 清除格式

选择需要清除格式的文本,单击【开始】选项卡的【字体】选项卡中的【清除格式】图标,即可清除所选内容的所有格式,只留下纯文本。

18. 段落格式的设置

常用的设置段落格式功能在【开始】选项卡中的【段落】设置组均可找到(图 3-35)。若要对某一段落格式进行更详细的设置,则需要通过打开【段落】对话框进行设置。常用的打开【段落】对话框的方式有:单击【开始】选项卡中的【段落】设置组右下角按钮;在文档文本中单击右键,然后单击【右键菜单】选项卡中的【段落】选项。【段落】对话框如图 3-36 所示。

图 3-34　【设置文本效果格式】对话框

图 3-35　【开始】选项卡中【段落】设置组

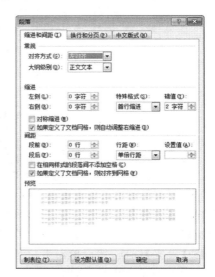

图 3-36　【段落】对话框

（1）对齐方式的设置

Word 2010 的段落格式命令适用于整个段落，将光标置于段落的任一位置都可以选定段落。Word 2010 提供的段落对齐方式主要有左对齐、居中、右对齐、两端对齐和分散对齐等 5 种。

左对齐方式是指一段中所有的行都从页的左边距处起始；两端对齐方式是指每行的首尾对齐，但对未输满的行则保持左对齐；居中对齐方式是指段落的每一行距页面的左右距离相同；分散对齐方式和两端对齐方式相似，二者的区别在于：两端对齐方式中，未输满的行是左对齐，而分散对齐方式中，未输满时，这一段的所有行首尾将对齐，且字与字的间距相等。设置文本对齐方式的方法有两种：

工具栏方法：在【开始】选项卡的【段落】设置组中，第二行从左到右分别为【左对齐】、【居中对齐】、【右对齐】、【两端对齐】和【分散对齐】图标按钮,如图 3-37 所示。设置对齐方式时,先将鼠标定位在需要设置对齐方式的文本段落中(若需设置多个段落的对齐方式,可以选中需要设置的文本段落),然后单击相应的图标按钮即可。

图 3-37　【段落】设置组中的【对齐方式】组

对话框方法:将鼠标定位在需要设置对齐方式的文本段落中(若需设置多个段落的对齐方式,可以选中需要设置的文本段落),然后在【段落】选项卡中的【常规】组对齐方式下拉菜单中,选择相应的对齐方式,最后单击【确定】按钮将对齐方式应用于相应段落并关闭对话框。

(2)段落缩进的设置

段落缩进指段落的首行缩进、悬挂缩进和段落文本的左右边界缩进等。

首行缩进:指第一行相对于段落的左边界缩进,如最常见的文本段落格式就是首行缩进两个汉字的。

悬挂缩进是指段落的第一行顶格(即悬挂),其余行则相对缩进相应设置的宽度;段落的左右边界缩进是指段落的左边界和右边界相对于左页边距和右页边距进行缩进。

段落缩进的设置方法有很多,有使用【Tab】键或工具栏进行的简单设置、通过移动标尺进行的快捷设置,还有使用【开始】选项卡中的【段落】对话框进行的精确设置等。

Tab 键设置法:将光标定位在要设置的段落任何一行起始位置,在键盘上单击【Tab】键,即可将该段进行相应的左缩进,连续单击可以连续增加缩进量。

标尺设置法:单击选中【视图】选项卡的【显示】选项卡中的【标尺】复选框,将光标定位在要设置的段落起始位置,用鼠标拖曳标尺左端的首行缩进游标到要缩进的位置,释放鼠标左键即可完成该段的首行缩进操作。用鼠标拖曳标尺左端的悬挂缩进游标到要缩进的位置,释放鼠标左键即可完成该段的悬挂缩进操作。同样,拖曳悬挂缩进游标下面的小矩形即左缩进游标和标尺右侧的右缩进游标,即可完成左缩进和右缩进操作。

工具栏设置法:将鼠标定位在需要设置段落缩进的文本段落中(若需设置多个段的段落缩进,可以选中所有需要设置的文本段落),单击【开始】选项卡中的【段落】设置组中的【减少缩进量】按钮或【增加缩进量】,进行快速的缩进设置,连续单击可以连续减少或增加缩进量,见图 3-38。

图 3-38　【段落】设置组中的【减少缩进量】和【增加缩进量】

对话框设置法:将鼠标定位在需要设置段落缩进的文本段落中(若需设置多个段的段落

缩进,可以选中所有需要设置的文本段落),然后打开【开始】选项卡的【段落】选项卡中的【缩进和间距】选项卡,在【缩进】选项中设置左右缩进值,最后单击【确定】即可。

（3）段落间距与行间距的设置

段落间距是指两个段落之间的距离,在 Word 2010 中,段落间距有段前间距和段后间距两种。行间距也称行距,是指段落中行与行之间的距离。设置段落间距的方式大体分为两种:一种是工具栏方式;另一种为对话框方式。其中工具栏方式分为简单设置和精确设置两种。

工具栏简单设置方式:将鼠标定位在需要设置段落间距的文本段落中(若需设置多个段的段落间距,可以选中所有需要设置的文本段落),然后单击【开始】选项卡中的【段落】设置组按钮,在弹出的下拉菜单中选择【增加段前间距】或【增加段后间距】即可完成段落间距的简单设置。如图 3-39 所示。

工具栏精确设置方式:将鼠标定位在需要设置段落间距的文本段落中,将选项卡切换到【页面布局】,在【段落】选项卡中的【间距】组设置精确的段前、段后间距即可。如图 3-40 所示。

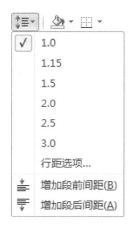

图 3-39　行和段落间距下拉菜单　　　　图 3-40　【页面布局】选项卡中的【段落】设置组

对话框方式:将鼠标定位在需要设置段落间距的文本段落中,打开【开始】选项卡的【段落】选项卡,在【缩进和间距】选项卡中的【间距】组中设置相应的段前、段后间距,最后单击【确定】完成设置。

行间距的设置方式主要有工具栏选项方式和对话框方式两种。

工具栏选项方式:将鼠标定位在需要设置行距文本段落中,然后单击【开始】选项卡中的【段落】设置组按钮,在弹出的下拉菜单中选择需要设置的行距值即可完成设置。若选项中没有目标行距选项,则单击【行距选项】,打开【段落】对话框,使用对话框方式进行设置。

对话框方式:将鼠标定位在需要设置行距文本段落中(若需设置多个段的行距,可以选中所有需要设置的文本段落),打开【开始】选项卡的【段落】选项卡,在【缩进和间距】选项卡中的【间距】组中设置相应的行距,最后单击【确定】完成设置。

19. 格式刷

Word 2010 提供了快速复制文本段落排版格式的格式刷功能,可以将一个文本段落的排版格式迅速地复制到另一个文本段落中。

　　格式刷的使用：选中复制格式的原文本段落，然后单击【开始】选项卡中的【剪贴板】设置组按钮，最后使用已变成格式刷的形状的鼠标选择要改变的文本段落即可完成设置。若只希望复制段落的段落格式，只需将已变成格式刷的形状的鼠标单击目标文本段落的任意位置即可。

　　20.打印设置

　　文档文字处理编排完成之后最后通常需要将其打印出来。Word 2010 提供了很多种文档的打印方式，如打印全文，打印选中文本，打印当前页、奇数页、指定页，缩印等。见图 3-41。

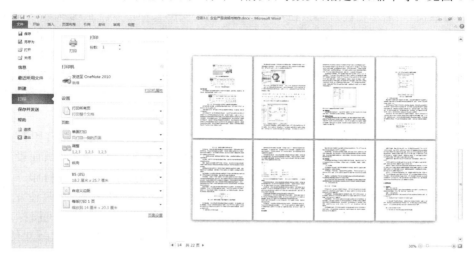

图 3-41　打印设置

　　（1）打印预览

　　打印预览功能可以让用户在打印前查看实际打印的效果，避免打印后才发现编排或设置错误而浪费时间和资源。

　　①打开预览区（打印对话框）

　　预览区的打开方式有两种，一种为单击【文件】选项卡中的【打印】选项；另一种为在需打印文档打开的情况下按【Ctrl＋F2】组合快捷键。

　　②缩放预览

　　找到预览区右下角的显示比例图标，通过单击⊕、⊖图标或移动预览区中的滑块可以改变预览页面的缩放比例，对打印内容进行查看。

　　另外打印预览区左下角显示页码编辑区，单击翻页按钮可以对预览页面进行翻页查看，在页码编辑框中填写需要预览的页码，预览窗口即可显示出所填页码文本的预览效果。

　　（2）打印文档部分内容

　　打印选中内容：选中文档中需要打印的文本，单击【打印】选项卡的【设置】选项卡中的【打印所有页】弹出下拉菜单，单击【文档】选项卡的【打印所选内容】选项卡的【打印】按钮即可。

　　打印当前页面：将光标定位于需要打印的页面任何位置，打开【打印】对话框，单击【设置】选项卡的【打印所有页】选项卡的【文档】选项卡中的【打印当前页面】，然后单击【打印】按钮即可。

　　打印指定页面：单击【打印】选项卡的【设置】选项卡中的【打印所有页】弹出下拉菜单，在

【文档】选项卡中的【打印自定义范围】，在下面的【页数】编辑框里输入需要打印的页码或页码范围，用逗号隔开，页码范围格式为"起始页码－终止页码"，如需打印 3,5,6,7,10 页，则输入"3,5－7,10"，完成后单击【打印】按钮即可。

打印奇数或偶数页：单击【打印】选项卡的【设置】选项卡中的【打印所有页】弹出下拉菜单，勾选【文档属性】选项卡中的【仅打印奇数页】或【仅打印偶数页】，然后单击【打印】按钮即可。

设置打印数量：Word 2010 默认打印 1 份，若需要打印的文档多于一份，则单击【打印】对话框，单击【打印】选项卡的【份数】调节按钮设置打印的份数或直接在【份数】编辑框中输入需要打印的份数值，最后单击【打印】按钮即可打印出所需要的文档份数。系统默认设置为【逐份打印】即【调整】选项，若需在打印时打印完前一页的多份后，再接着打印第二页、第三页的多份文档，则单击【设置】选项卡中的【调整】选项组，在下拉菜单中选择【取消排序】按钮。

设置打印方向：Word 2010 默认的打印方向为纵向，若需要使用横向打印，则打开【打印】选项卡中的【设置】选项卡中的【纵向】，在下拉菜单中选择【横向】选项，最后单击【打印】按钮即可将文档横向打印。

缩放打印：缩放打印是指将编排好的文档缩小或放大进行打印。打开【打印】选项卡中的【设置】设置组设置页边距或打开【设置】选项卡的【页面设置】选项卡中的【页面设置】对话框，根据要求设置完后，设置每版打印的页数，最后单击【打印】按钮即可完成打印。

取消打印：打印过程中若发现文档有问题，需要取消正在打印的任务，有两种方式：一种是在键盘上按【Esc】键取消打印任务；另一种则是双击任务栏右下角的打印机图标，在弹出的快捷菜单中选择打印机，打开打印机操作的对话框，然后右键单击正在打印文件的文件名，在弹出的快捷菜单中选择【取消】命令，最后在系统弹出的打印机信息提示框上单击【是】按钮，取消本次任务。

任务 3.2 制作应聘人员登记表

每到大、中专院校学生毕业季,企事业单位都会招聘大量毕业生,通知应聘人员登记相关表格,对他们的毕业信息、特长、爱好及其他有关情况进行登记和收集。应聘人员登记表是企事业单位人力资源部门制作的一种规范化、逻辑化的书面文档,是单位了解应聘者的重要信息载体。本任务以制作应聘人员登记表为例,介绍 Word 强大的表格处理能力,包括表格的制作和表格的修饰和美化等功能。

任务目标

1. 熟练掌握绘制表格的方法;
2. 掌握表格对象的选择、插入和删除方法;
3. 掌握合并与拆分单元格;
4. 掌握表格边框的设置方法;
5. 熟悉掌握设置单元格底纹;
6. 熟悉掌握自动套用表格样式;
7. 掌握表格文字和数据的输入及格式设置。

任务描述

某公司是一家中小型民营企业,根据公司业务发展需要,面向大学校园和社会计划招聘应届、往届毕业生 30 名,小张所在人力资源部门主管决定将制作应聘登记表这一任务交给小张来完成。小张对任务进行分析后,决定利用 Word 2010 软件编辑和设计带有公司 logo 标志的应聘人员登记表,顺利完成了主管交办的任务。

任务分析

应聘人员登记表的作用是有序地组织和收集应聘人员个人信息,包括姓名、年龄、户籍、联系电话、薪资要求、毕业学校、专业、学历学位、工作经历等数据,表格中文本内容既要突出重要信息登记,又要体现结构布局合理、直观明了。在编辑门类较多的文档时,使用表格来整理文本可以清晰地表现出数据内容,让读者很轻松地就能读懂文档所表达的内容。为了使应聘人员登记表更加美观,还需要对表格进行详细设置。应聘人员登记表如图 3-42 所示。

任务实施

1. 新建文件

新建一个 Word 文档,单击【文件】选项卡中【另存为】按钮,弹出如图 3-43 所示对话框,命名为"应聘人员登记表",单击"确定"按钮。

图 3-42　应聘人员登记表

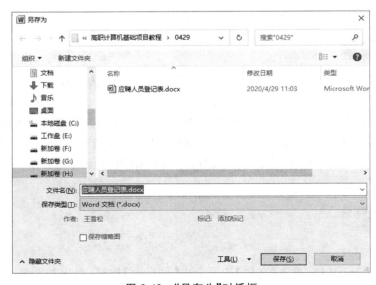

图 3-43　"另存为"对话框

2. 页面设置

单击【页面布局】菜单，进入【页面设置】，如图 3-44 所示，设置纸张大小、纸张方向、页边距等。纸张大小、方向采用默认值，自定义设置页边距如图 3-45 所示。

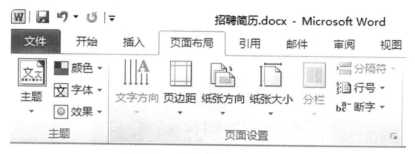

图 3-44　进入页面设置对话框

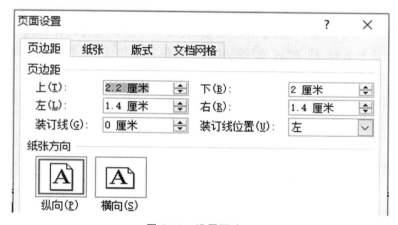

图 3-45　设置页边距

3. 设计页眉

进入页眉编辑状态，插入素材文件夹中的"LOGO. png"图片文件，缩放图片至合适大小，设置图片左对齐。如图 3-46 所示。

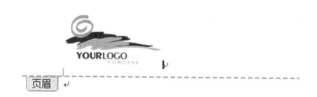

图 3-46　设计页眉

4. 设计正文内容

（1）按效果图所示，输入表头内容。

（2）依次单击【插入】菜单、【表格】、【插入表格】选项，弹出如图 3-47 所示"插入表格"对话框，在行和列中分别输入 20 和 4，单击"确定"按钮，得到 20 行 ＊ 4 列空表格。

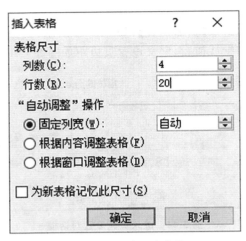

图 3-47　自动生成表格

（3）按照从上到下原则，利用如图 3-48 所示【表格工具】中的【设计】与【布局】选项中的"单元格合并"、绘制表格、线条"擦除"等功能，通过拖动表格线，调整表格和每行的宽度，填写表格内容，完成如图 3-49 所示表格设计。

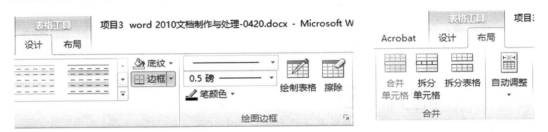

图 3-48　绘制表格

姓名:		性别:	年龄:		健康状况:	
住址:			联系电话:		婚否:	
户口所在地:			到位日期:			
薪资要求:		要求面试时间:				
学历（按照时间顺序，仅填写高中及以上学习经历）						
年月		学校名称	专业		学位/学历	
起	止					
工作经历（按照时间顺序填写，不包括兼职经历）						
年月		工作单位名称	职位		薪金	
起	止					
1.请描述使用计算机办公软件的经历及使用水平自我评价:						
2.请描述产品开发经历、所使用的软硬件开发工具及使用水平自我评价:						
3.请描述产品市场开发推广经历、与客户交流情况及销售工作的自我评价:						
4.请描述英语阅读、翻译、写作及口语的实践经历和水平:						

图 3-49　完成表格

（4）设置表格行高、列宽、文字字体、对齐方式。行高为 0.9 厘米，字大小为五号字，垂直居中，效果如图 3-50 所示。

图 3-50 设置表格效果

（5）设置表格框和表格底纹，外边框线为 1.5 磅，底纹颜色为浅灰色，如图 3-51 所示。

图 3-51 完成表格效果

（6）添加填表说明文字，如图 3-52 所示，至此完成应聘人员登记表制作。

工作经历（按照时间顺序填写，不包括兼职经历）				
年月		工作单位名称	职位	薪金
起	止			
1.请描述使用计算机办公软件的经历及使用水平自我评价：				
2.请描述产品开发经历、所使用的软硬件开发工具及使用水平自我评价：				
3.请描述产品市场开发推广经历、与客户交流情况及销售工作的自我评价：				
4.请描述英语阅读、翻译、写作及口语的实践经历和水平：				

请应聘者注意：1.公司要求应聘者填写所有栏目。应聘者有权拒绝，但会影响招聘工作的安排和结果。2.公司会通过此登记表，了解应聘者的行文能力和严谨程度。望慎重对待。

图 3-52　添加说明文字

拓展知识

1.绘制表格

创建简历表格，首先要有一个基础表格。表格由水平的行和垂直的列组成，行和列交叉形成的方框为单元格。下面就介绍表格绘制过程的一些技巧。

绘制这个基础表格可以通过【插入】选项卡中的【表格】组来实现，在这个组里只提供一个【表格】按钮，单击此按钮打开的下拉菜单如图 3-53 所示，在此菜单中提供了绘制表格的方法，下面就逐一介绍。

（1）通过网格创建表格

使用网格创建表格是最简单的方法。下面将详细介绍使用网格创建一个 4 列 4 行表格的具体操作步骤。

在图 3-53 所示的菜单上方整齐地排列着 8 行 10 列小方格，这里的每一个小方格所代表的就是表格的一个单元格。将鼠标指针移动到这些小方格上，会看到鼠标指针所在位置与左上角的小方格之间所形成的矩形区域内的所有小方格都被选中了，如图 3-54 所示。

选中所需的行数和列数后单击鼠标，就能在文档中光标所在位置，插入一个菜单提示行上所显示行列数的均排表格。如图 3-54 所示，单击鼠标后将在当前光标所在位置插入一个 4 行 4 列的均排表格。

图 3-53　表格菜单图　　　　　　　　图 3-54　插入表格

（2）通过对话框创建表格

使用【插入表格】命令创建表格，其行数和列数是没有限制的，用户可以根据自己的具体需要进行设置，下面将详细介绍其具体操作方法。

将光标定位到要插入表格的位置，单击【插入】选项卡的【表格】组中的【表格】下拉按钮，在弹出的下拉菜单中选择【插入表格】选项，如图 3-55 所示。

在弹出的"插入表格"对话框，在"列数"和"行数"数值框中分别输入 4，并选中【根据窗口调整表格】单选按钮，如图 3-55 所示。单击【确定】按钮，将表格插入到文档中。

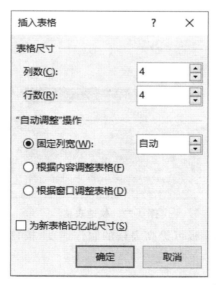

图 3-55　【插入表格】对话框

（3）通过绘制表格创建表格

在图 3-53 所示的菜单中，单击【绘制表格】命令后鼠标变成 形状，将鼠标指针移动到文档中空白位置，按下鼠标左键不放，移动鼠标指针将看到鼠标所过之处留下了一个虚框，如

图 3-56 所示,松开鼠标左键后此虚框将变成一个表格单元格。

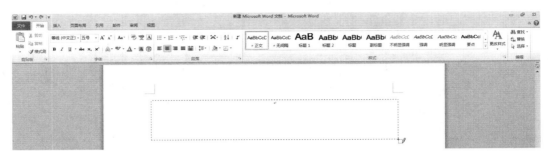

图 3-56　绘制表格外框

用此方法逐个绘制出表格的单元格即可完成表格的绘制,在绘制同一行内的单元格时,Word 会自动对齐单元格的行高,而列宽则由用户自己通过鼠标的拖曳来完成。

(4)快速生成带样式的表格

在图 3-53 所示的菜单中有一个【快速表格】命令,将鼠标指针移动到此命令上打开二级菜单,在二级菜单中列出了 Word 内置的快速表格库中的所有表格模板,单击任意表格模板将在文档中当前光标所在位置生成一个表格模板中的表格,用户只需对表格稍作修改就能快速构建出一个符合自己需要的精美表格,如图 3-57 所示。

图 3-57　快速表格

充分利用 Word 内置的模板可提高表格的制作速度,按自己的需要绘制好一个常用表格后,可单击表格左上方。

2.编辑表格

一旦有了基础表格,接下来就是根据需要对基础表格进行修改、美化,而且随着对表格要求的改变,要掌握不同的编辑法以满足要求。

(1)选择表格中的对象

选择表格中的对象是编辑表格的最基本操作,下面将详细介绍几种选择方法。

①选择单个单元格

将鼠标指针置于要选择的单元格左侧，当鼠标指针变成█形状时单击即可。如图 3-58 所示。

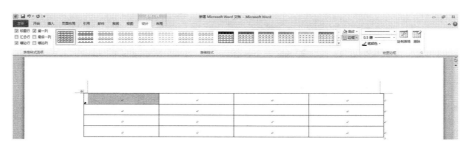

图 3-58　选择单个单元格

②选择整行单元格

将鼠标指针移至要选择的整行单元格左侧，当鼠标指针变成█形状时单击即可。如图 3-59 所示。

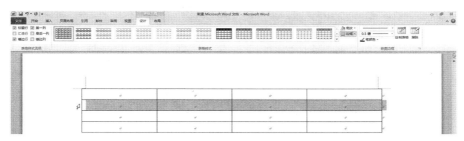

图 3-59　选择整行单元格

③选择整列单元格

将鼠标指针移至要选择的整列单元格上侧，当鼠标指针变成█形状时单击即可。如图 3-60 所示。

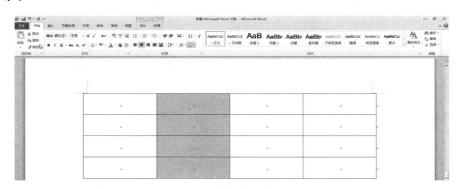

图 3-60　选择整列单元格

④选择整个表格

将鼠标指针移至文档左上角的图标上，当鼠标指针变成█形状时单击即可。如图 3-61 所示。

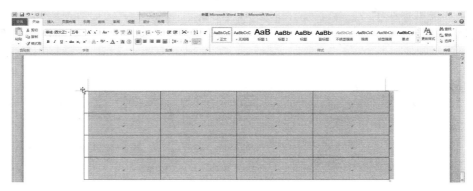

图 3-61　选择整个表格

⑤选择连续的单元格区域

将光标定位到要选择单元格区域的起始单元格上,然后拖动鼠标即可选择鼠标经过的单元格区域。如图 3-62 所示。

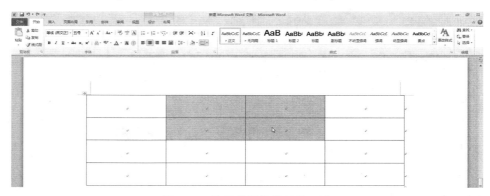

图 3-62　选择连续的单元格区域

⑥选择不连续的单元格

选择要选择的第一个单元格,然后在按住键盘【Ctrl】键的同时,点击鼠标左键选择其他单元格。如图 3-63 所示。

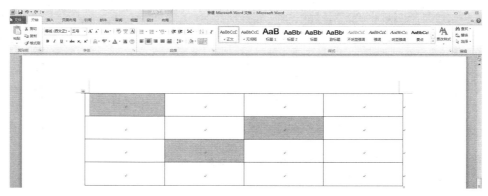

图 3-63　选择不连续的单元格

（2）插入表格对象

在制作表格的过程中，可以根据需要在表格内插入单元格、行和列，甚至可以在表格内再插入一张表格。

①插入行

将光标置于要插入行处的单元格中，单击【布局】选项卡下【行和列】组中的【在上方插入】按钮，如图 3-64 所示。此时，在表格的上方插入一行空白单元格。如果要在选中的单元格下面添加一行，则在【行和列】组中，单击【在下方插入】按钮。

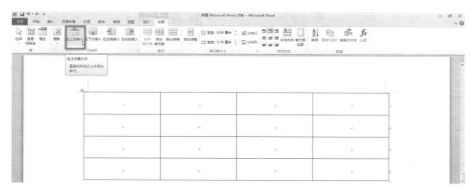

图 3-64　单击【在上方插入】按钮插入行

②插入列

将光标置于要插入列处的单元格中，单击【布局】选项卡下【行和列】组中的【在左侧插入】按钮，如图 3-65 所示。此时，在表格的左侧插入一列空白单元格。如果要在选中的单元格右侧添加一列，则在【行和列】组中，单击【在右侧插入】按钮。

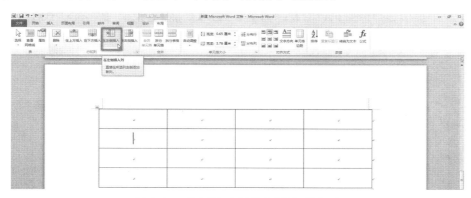

图 3-65　单击【在左侧插入】按钮插入列

③插入单元格

将光标置于要插入单元格处的右侧或上方单元格，单击【布局】选项卡下【行和列】组右下角的【行和列】对话框启动器 ，打开【插入单元格】对话框，如图 3-66 所示。在【插入单元格】对话框中单击其中一项，单击【确定】按钮。选择【插入单元格】对话框中的选项，执行的操作如表 3-8 所示。

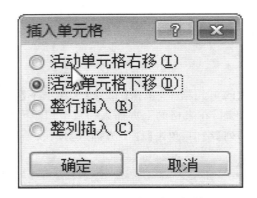

图 3-66　【插入单元格】对话框

表 3-8　【插入单元格】对话框执行操作

选项	执行的操作
活动单元格右移	插入单元格,并将该行中所有其他的单元格右移,该选项可能会导致该行的单元格比其他行的多
活动单元格下移	插入单元格,并将该列中剩余的现有单元格每个下移一行,该表格底部会添加一个新行以包含最后一个现有单元格
整行插入	在单击的单元格上方插入一行
整列插入	在单击的单元格右侧插入一列

(3)删除表格对象

将光标置于需要删除的单元格中,单击【布局】选项卡中【删除】下拉按钮(图 3-67),在弹出的下拉菜单中选择需要执行的删除命令。选择【删除】下拉框(图 3-68)中的选项,执行的操作如表 3-9 所示。

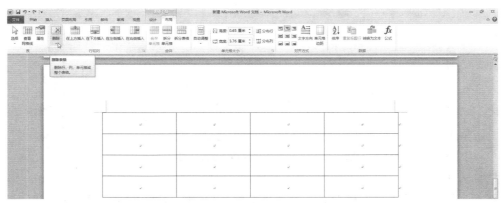

图 3-67　【删除表格】选项

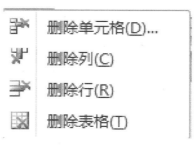

图 3-68　【删除】下拉菜单

表 3-9　【删除】下拉菜单执行操作

选项	执行的操作
删除单元格	删除光标所在单元格
删除列	删除光标所在列
删除行	删除光标所在行
删除表格	删除光标所在表格

（4）合并与拆分单元格

合并单元格是指将相邻的两个或多个单元格合并成一个大的单元格，而拆分单元格是指将一个单元格拆分成两个或多个小单元格。

①合并单元格

需要合并单元格时，可以使用两种方法来实现。

第一种：选定要合并的单元格后，单击【布局】选项卡【合并】组里的【合并单元格】按钮，即可将选定的单元格合并成一个单元格。

第二种：在【设计】选项卡【绘制边框】组里单击【擦除】按钮，将鼠标指针移动到需要擦除的单元格表线上，单击鼠标左键即可擦除该表线。若要擦除的表线是多个单元格的连续表线，可将鼠标移动到表线上按住鼠标左键不放，移动鼠标指针即可将鼠标指针所过之处的表线都擦除掉。当完成擦除后，再次单击【擦除】按钮或按下【Esc】键即可退出擦除状态。

有时候需要将表格的某一行或某一列中的多个单元格合并为一个单元格，如果使用橡皮擦把多余的线条擦除，速度很慢。而使用【合并单元格】命令可以快速清除多余的线条，将多个单元格合并成一个单元格。

②拆分单元格、行和列

当需要将一个单元格拆分成几个单元格时，将光标定位在单元格里，单击【布局】选项卡【合并】组里的【拆分单元格】按钮打开【拆分单元格】对话框，在此对话框的微调框内输入拆分后的行、列数后，单击"确定"按钮即可将当期光标所在的单元格拆分开。

若需要拆分的是多行或多列，先要选中所有待拆分的行或列，然后再打开【拆分单元格】对话框，此时，若选定的是多行，则对话框的"行数"里显示的将是选定的行数，若选定的是多列，则对话框的"列数"里显示的将是选定的列数，同时"拆分前合并单元格"选项也将被激活，并自动处于选中状态。同样在对话框中输入要拆分的行、列数后，单击"确定"按钮就完成了对多行或多列的拆分。

（5）调整行高和列宽

在 Word 文档中插入的表格，不同的行可以有不同的高度，但同一行的所有单元格必须具有相同的高度。

①使用功能区调整

选中整个表格，单击【布局】选项卡下【单元格大小】组中的【自动调整】下拉框，弹出如图3-69所示的下拉菜单。在下拉菜单中有【根据内容自动调整表格】、【根据窗口自动调整表格】和【固定列宽】三个选项，执行的操作如表3-10所示。

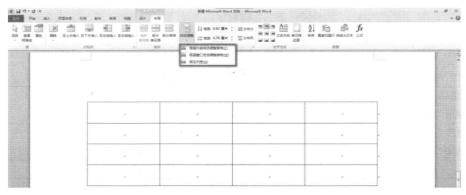

图 3-69　【自动调整】下拉菜单

表 3-10　【自动调整】下拉菜单执行操作

选项	执行的操作
根据内容自动调整表格	选中该命令，则表格按每一列的文本内容重新调整列宽，调整后的表格看上去更加紧凑、整洁
根据窗口自动调整表格	选择该命令，则表格中每一列的宽度将按照相同的比例扩大，调整后的表格宽度与正文区宽度相同
固定列宽	选中该命令，则使用当前光标所在的列的宽度为固定高度，当单元格内文本超出该单元格长度时（如在某个单元格中添加内容），将自动切换到下一行

②使用【表格属性】调整

右击表格左上角的⊞形状，在弹出的快捷键菜单中单击【表格属性】命令，如图3-70所示，在弹出的【表格属性】对话框，切换到【单元格】选项卡下，单击【指定宽度】按钮，设置单元格宽度，如图3-71所示。

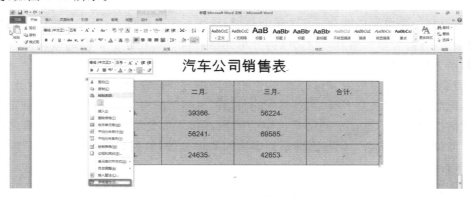

图 3-70　【表格属性】命令

图 3-71　【表格属性】对话框(一)

同时还可以设置单元格中文字的位置,如图 3-71 所示。单元格内文字有三种位置,分别是位于单元格上方、位于单元格中间和位于单元格底部。

③使用鼠标调整

选定想要调整列宽的单元格,将鼠标指针移到单元格边框线上,当鼠标指针变成中间为平行线时,按住鼠标左键,出现一条垂直的虚线表示改变单元格的大小,再按住鼠标左键向左或向右拖动,即可改变表格列宽。

④逐行、逐列精确控制

在【布局】选项卡的【单元格大小】组里,可看到一组数据控制微调框,如图 3-72 所示。这两项数值控制微调框中显示的数值,就是当前光标所在行的行高值和列宽值。当需要调整某行的行高或某列的列宽时,即将光标定位在此行或此列的任意单元格里,然后修改如图 3-72 所示的微调框中的数值即可。

图 3-72　控制行、列数值

(6)设置表格的尺寸和对齐

在进行表格的绘制时,对于整个表格在尺寸、内容的对齐方面,有时受文档页面、表格内容、整体布局等方面的限制和影响,会对表格做出一些具体的数值要求。对于这种比较精确的表格,在 Word 里也能非常方便地进行控制。

①控制表格的宽度

当对表格有具体的宽度数值要求时,可先插入一个均排表格,然后再来指定此表格的宽度。右击表格左上角的⊞形状,在弹出的快捷键菜单中单击【表格属性】命令,如图 3-73 所示,在弹出的【表格属性】对话框中切换到【表格】选项卡下,勾选【指定宽度】选项,并在其后的微调框里指定表格的宽度。

图 3-73　【表格属性】对话框(二)

②表格对齐和环绕

在表格属性对话框中,还可以设置表格的对齐方式,如 3-73 所示。表格对齐方式分三种,分别为"左对齐"、"居中"和"右对齐"。文字环绕方式分两种,分别为"无"和"环绕"。

3.设置表格边框

(1)通过【绘制边框】命令设置

表格边框可以分为整个表格的边框和表格内单元格的边框,用户可对表格边框的颜色、线型、线宽等进行设置,下面将详细介绍设置方法。

单击【设计】选项卡下【绘图边框】组中【表样式】下拉列表框右侧的下拉按钮,弹出如图 3-74 所示的下拉列表框,然后选择边框样式。

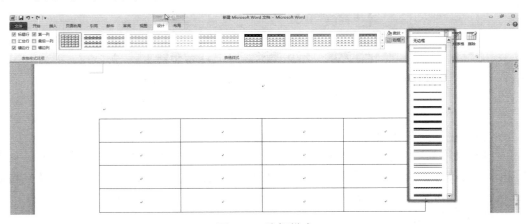

图 3-74　边框样式

单击【画笔粗细】下拉列表框右侧的下拉按钮,在弹出的下拉列表框中选择边框粗细。如图 3-75 所示。

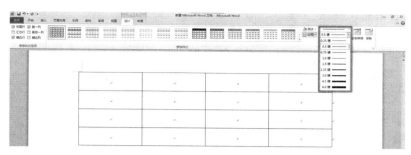

图 3-75　边框粗细

单击【表样式】组中【边框】按钮右侧的下拉按钮,在弹出的下拉列表框中选择【外侧框线】选项,如图 3-76 所示。

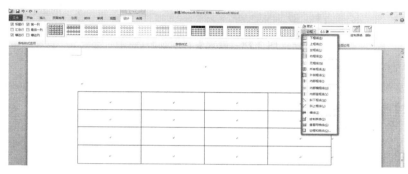

图 3-76　选择边框

(2)通过【表格属性】命令设置

右击表格左上角的 ⊞ 形状,在弹出的快捷键菜单中单击【表格属性】命令,如图 3-73 所示,在弹出的【表格属性】对话框中切换到【表格】选项卡,单击【边框和底纹】按钮,弹出【边框和底纹】对话框。左边的"设置"区域,可以设置表格的边框形式,右边的"样式"区域可以设置边框的样式,"颜色"和"宽度"区域分别设置边框的颜色和宽度。如图 3-77 所示。

图 3-77　【边框和底纹】对话框(一)

4.设置单元格底纹

设置单元格底纹,实际上就是为单元格添加背景颜色,这样可以使表格中的内容更醒目。

（1）设置表格底纹颜色

选择需要设置底纹的单元格，并选择【设计】选项卡，单击【表样式】组中的【底纹】下拉按钮，在弹出的调色板中单击如图 3-78 所示的色板。

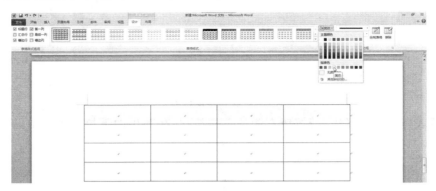

图 3-78　设置表格底纹颜色

（2）设置表格填充效果

选择需要设置底纹的单元格，然后单击【边框】的下拉按钮，在弹出的下拉列表框中选择【边框和底纹】选项，如图 3-79 所示。填充图案效果如图 3-80 所示。

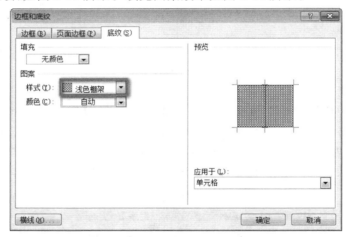

图 3-79　【边框和底纹】对话框（二）

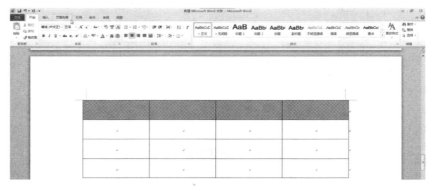

图 3-80　填充图案效果

5.自动套用表格样式

Word 2010 中内置了多种表格样式,用户可根据需要方便地套用这些样式。下面详细介绍具体操作。

(1)将光标置于表格的任一单元格中,单击【设计】选项卡下【表样式】组中【样式列表】右侧的下拉按钮,并选择【选择表的外观样式】选项,如图 3-81 所示。

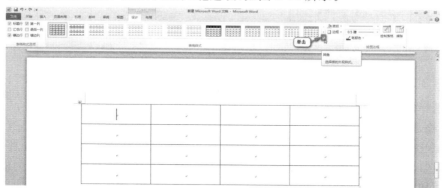

图 3-81　选择表的外观样式

(2)在弹出的下拉面板中选择需要的样式,如图 3-82 所示。

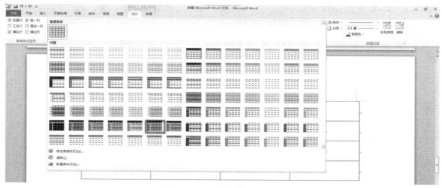

图 3-82　选择表格样式

返回文档编辑区,此时所选的样式已经套用到表格中,效果如图 3-83 所示。

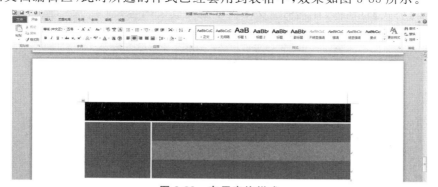

图 3-83　套用表格样式

6.数据输入及格式设置

表格是由若干个单元格组成的,在表格中输入和编辑数据,实际上就是在单元格中输入和编辑数据。下面介绍数据插入及格式设置的操作方法。

（1）将光标移至需要插入数据的单元格，并输入相应文本。如图 3-84 所示。

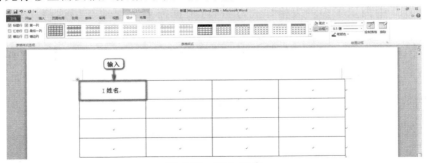

图 3-84　插入文字

（2）选择需要设置格式的单元格，在【开始】选项卡中设置相应格式。

7. 表格数据计算

Word 中提供了对文档或表格中的数据进行一些简单或复杂运算的功能。利用表格的计算功能还可以对表格中的数据执行一些简单的运算，如求和、求平均值、求最大值等，并可以方便、快捷地得到计算结果。

（1）将光标定位在需要放置计算结果的单元格内，单击【布局】选项卡，单击【数据】组中的【公式】按钮。如图 3-85 所示。

图 3-85　【布局】选项卡

（2）弹出【公式】对话框，在"公式"文本框中删除其余内容，输入"＝"，然后单击【粘贴函数】下三角按钮，在展开的下拉列表中选择相应函数。如图 3-86 所示。

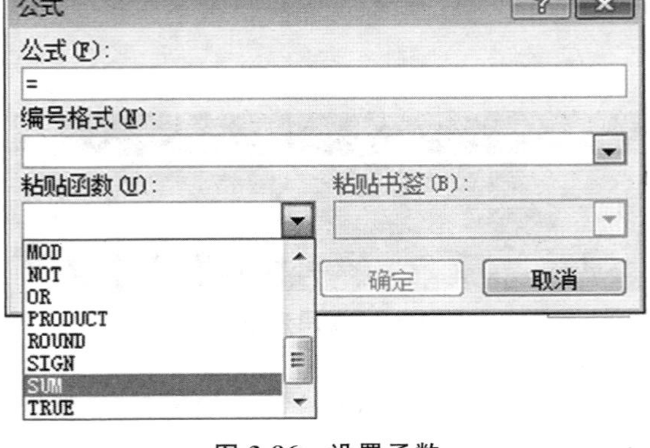

图 3-86　设置函数

（3）选择需要使用的函数后，在"公式"文本框中，函数的后面会出现一个括号，在括号内输入要引用的数据范围，然后单击【编号格式】下三角按钮，在展开的下拉列表中选择相应选项，如图 3-87 所示，最后单击【确定】按钮。

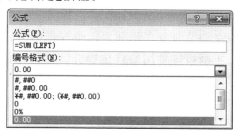

图 3-87　设置引用的方向和编号格式

8.表格数据排序

在 Word 中，可以按照递减或递增的顺序把表格内容按笔画、数字、拼音或日期进行排序，下面详细介绍其操作方法。

（1）选择【布局】选项卡，单机【数据】组中的【排序】按钮，弹出【排序】对话框，如图 3-88 所示。

（2）在弹出的【排序】对话框中，单击【主要关键字】下的三角按钮，在展开的下拉列表中可以选择表格中的一列作为主要关键字，见图 3-89。单击【类型】下的三角按钮，在展开的下拉列表中可以选择排序类型和排序方式，分别如图 3-90、图 3-91 所示。

图 3-88　【排序】对话框

图 3-89　设置"主要关键字"

（3）设置了排序的主要关键字和排序类型后，单击右侧【升序】或【降序】按钮，然后单击【确定】按钮即可完成排序。

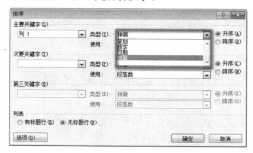

图 3-90　设置排序类型

图 3-91　设置排序方式

任务 3.3　制作电子板报

　　主题活动和具有重要意义的节日是工作和生活中五彩斑斓的点缀，为了吸引眼球、凝聚力量，往往需要借助黑板报、手画报等常用的宣传媒介。在当今信息化时代，电子宣传报的使用成为趋势，独创性的设计和便捷性，让宣传事半功倍。

任务目标

　　1.掌握页面设置中纸张大小、纸张方向和页边距的设置；
　　2.掌握艺术字的插入和艺术字格式的设置；
　　3.掌握文本框的应用；
　　4.掌握图片的插入、编辑和美化；
　　5.掌握 SmartArt 图形的应用；
　　6.掌握首字下沉设置。

任务描述

　　某社区最近准备开展环保宣传，需要制作环保宣传板报。小王平时在公司上班，业余时间他还是企业所在社区义务宣传员，因此，制作宣传板报任务自然交给小王来负责完成。

任务分析

　　本任务主要完成电子报的页面设置，包括页边距、纸张大小及方向的调整，插入艺术字样式的标题，并设计个性化标题。在设置完成艺术字标题的基础上，本任务主要完成电子报内容的排版，包括将首字下沉，添加 SmartArt 图形，插入文本框并编辑等，以美化电子报的视觉效果。
　　电子宣传报的制作主要分为两大部分：制作特色宣传标题和创意性电子报排版，下面将以图 3-92 所示的"沙漠成因宣传电子报"为例，详细阐述电子报的基本制作过程。

任务实施

　　1.页面设置
　　（1）单击【页面布局】选项卡中的【页面设置】功能组区域右下方的小箭头，弹出【页面设置】对话框。
　　（2）【页面设置】对话框【页边距】选项卡中设置上、下、左、右页边距均为"3 厘米"，纸张方向为纵向；在【纸张】选项卡中设置纸张大小为"A4"；其他设置为默认设置。
　　2.打开宣传素材文件
　　打开含沙漠成因宣传素材的 Word 文档。未经任何排版美化的沙漠成因宣传资料如图 3-93所示。

图 3-92 "沙漠成因"宣传板报整体效果图

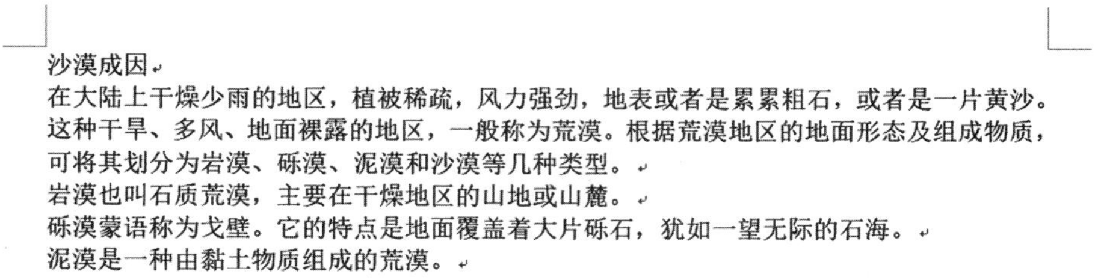

沙漠成因
在大陆上干燥少雨的地区，植被稀疏，风力强劲，地表或者是累累粗石，或者是一片黄沙。
这种干旱、多风、地面裸露的地区，一般称为荒漠。根据荒漠地区的地面形态及组成物质，
可将其划分为岩漠、砾漠、泥漠和沙漠等几种类型。
岩漠也叫石质荒漠，主要在干燥地区的山地或山麓。
砾漠蒙语称为戈壁。它的特点是地面覆盖着大片砾石，犹如一望无际的石海。
泥漠是一种由黏土物质组成的荒漠。

图 3-93 沙漠成因宣传资料

3.制作艺术字标题

(1)选中"沙漠成因"，单击【插入】选项卡中【文本】功能组的【艺术字】按钮，在弹出的下拉菜单中选择艺术字库第 3 行第 5 列样式，如图 3-94 所示，将其变为艺术字，效果如图 3-95所示。

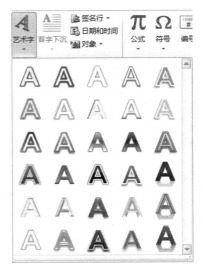

图 3-94　【艺术字】下拉列表

图 3-95　艺术字效果

（2）选中"沙漠成因"，在【开始】选项卡中【字体】功能组中，设置字号为"小初"，中文字体为"黑体"，加粗。

（3）选中艺术字标题，选择【绘图工具—格式】选项卡中【艺术字样式】功能组中【文本效果】按钮。在下拉菜单中设置"映像"为"半映像，接触"，如图 3-96（a）所示；"发光"为"红色，5pt 发光，强调文字颜色 2"，如图 3-96（b）所示；"转换"为"朝鲜鼓"，如图 3-96（c）所示。

（a）【映像】列表

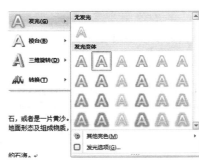

（b）【发光】列表

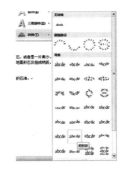

（c）【转换】列表

图 3-96　"文本效果"设置

（4）选中艺术字标题，在【绘图工具—格式】选项卡中【排列】功能组中，单击【自动换行】按钮，在下拉菜单中选择【上下型环绕】，如图 3-97（a）所示；单击【对齐方式】按钮，在弹出的下拉菜单中选择"左右居中"，如图 3-97（b）所示。

"沙漠成因"宣传电子报标题设置完成后效果如图 3-98 所示。

(a)　　　　　　　　　(b)

图 3-97　【排列】功能组

图 3-98　艺术字设置效果

4．页面背景设置

单击【页面布局】选项卡中的【页面背景】功能组【页面颜色】按钮，在下拉菜单中选择【填充效果】，如图 3-99 所示，弹出"填充效果"对话框，如图 3-100 所示，在【纹理】选项卡中设置页面填充效果为"信纸"。

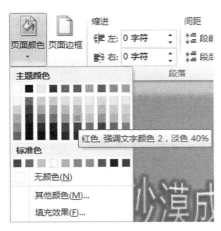

图 3-99　【页面颜色】列表

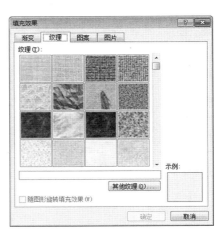

图 3-100　【填充效果】对话框

5.设计排版电子报第一、二段文本

（1）选中电子报第一、二段文本，在【开始】选项卡中的【字体】功能组中，设置字体为"华文彩云"，字号为"四号"，文本效果为"渐变填充—橙色，强调文字颜色6，内部阴影"，如图3-101所示。

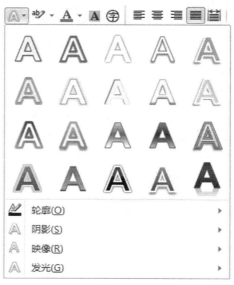

图 3-101　文本效果设置

（2）在【页面布局】选项卡的【页面设置】功能组中，选择【分栏】按钮下拉菜单中的【更多分栏】，在【分栏】对话框中，将文本设置为三栏，无分隔线，如图3-102所示。

（3）在【插入】选项卡的【文本】功能组中，单击【首字下沉】按钮，设置电子报第一段文本首字为"下沉"效果，如图3-103所示。

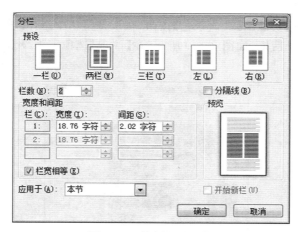

图 3-102　【分栏】对话框

图 3-103　【首字下沉】下拉菜单

以上设置完成后，沙漠成因宣传电子报第一、二段文本效果如图 3-104 所示。

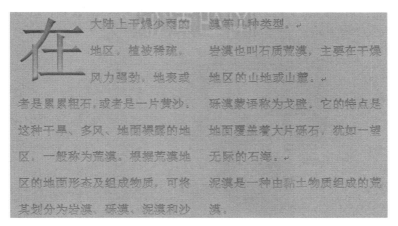

图 3-104　"沙漠成因"宣传电子报效果(一)

6. 设计排版电子报并列的四段文本

(1)在【插入】选项卡中的【插图】功能组中单击【SmartArt】按钮，弹出【选择 SmartArt 图形】对话框，如图 3-105 所示，选择"列表—垂直重点列表"。

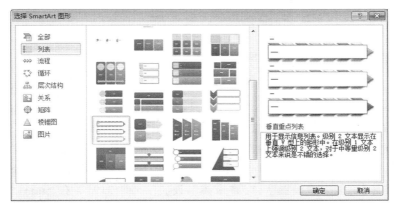

图 3-105　【选择 SmartArt 图形】对话框

(2)选中 SmartArt 图形，在【SmartArt 工具—设计】选项卡的【创建图形】功能组中，单击【添加形状】按钮，在下拉菜单中选择【在后面添加形状】，如图 3-106 所示。光标定位于新添加的形状处，单击【添加项目符号】按钮，调整 SmartArt 列表为四项，效果如图 3-107 所示。

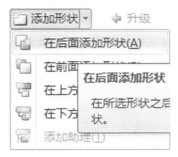

图 3-106　【添加形状】按钮

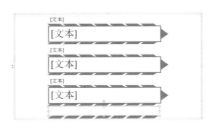

图 3-107　SmartArt 列表效果图

（3）选中 SmartArt 图形，在【SmartArt 工具—设计】选项卡的【SmartArt 样式】功能组中，单击【更改颜色】按钮，在下拉列表中选择 SmartArt 快速样式【彩色范围—强调文字颜色 2 至 3】，如图 3-108 所示。

图 3-108 SmartArt 图形【更改颜色】按钮

（4）选中 SmartArt 图形，在【SmartArt 工具—格式】选项卡的【排列】功能组中，单击【自动换行】按钮，在弹出的下拉菜单中选择【上下型环绕】。

（5）在沙漠成因宣传资料中添加四小段文字"（一）不合理的农垦。（二）过度放牧。（三）不合理的樵采。（四）干旱和风。"并分别录入 SmartArt 列表的"项目"文本条中，在【开始】选项卡中的【字体】功能组中设置字体为"宋体"，设置字号为"19"。在 SmartArt 列表的"符号"文本条中，输入空格。

（6）选中 SmartArt 图形，在【SmartArt 工具—格式】选项卡中的【大小】功能组中，设置 SmartArt 列表整体高度为"7 厘米"，宽度为"11 厘米"，如图 3-109 所示。类似地，设置"形状"文本条高度为"0.1 厘米"，宽度为"8 厘米"；设置"项目"文本条高度为"1.25 厘米"，宽度为"3.5 厘米"。

图 3-109 SmartArt 列表整体大小调整

7.编辑和美化图片

(1)在【插入】选项卡中的【插图】功能组中单击"图片"按钮,弹出【插入图片】对话框,如图 3-110 所示,选择电子报中所需的宣传图片"沙漠成因电子报插图.jpg",单击右下方的【插入】按钮,便可将图片插入文档中。

(2)选中图片,在【图片工具—格式】选项卡的【排列】功能组中,单击【自动换行】按钮,在下拉菜单中选择【上下型环绕】。

(3)选中图片,在【图片工具—格式】选项卡的【调整】功能组中,单击【颜色】按钮,将图片重新着色为"橄榄色,强调文字颜色 3,浅色",颜色饱和度为"200%",色调为"7200k",如图 3-111 所示。

图 3-110　【插入图片】对话框

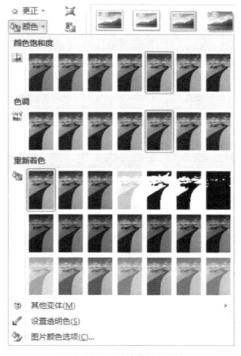

图 3-111　图片颜色调整

（4）选中图片，在【图片工具格式】选项卡的【图片样式】功能组中，更改图片样式为"金属框架"。

（5）选中图片，拖动鼠标，调整图片位置，将其置于 SmartArt 列表右侧。

步骤 6 和 7 设置完成后，效果如图 3-112 所示。

图 3-112　"沙漠成因"宣传电子报效果（二）

8.绘制文本框

（1）单击【插入】选项卡的【文本】功能组中【文本框】按钮，在下拉菜单中选择【绘制文本框】，如图 3-113 所示，在电子报"SmartArt 列表和图片"下方绘制文本框。

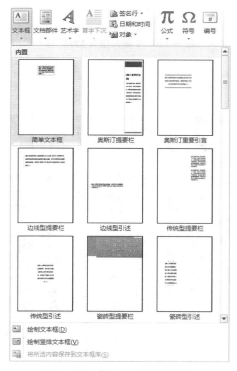

图 3-113　【文本框】下拉菜单

（2）在文本框中键入文本"亲们，咱一起保护环境吧！"选中输入的文本，在【开始】选项卡中的【字体】功能组中设置字体为"华文彩云"，字号为"小初"；在【开始】选项卡中的【段落】功能组中设置文本为"居中"。

（3）选中文本框中文本，在【绘图工具—格式】选项卡中的【艺术字样式】功能组中，设置"艺术字样式"为"填充—橙色，强调文字颜色 6，暖色粗糙棱台"，如图 3-114 所示；单击【文本效果】按钮，在下拉菜单中设置"三维旋转"为"左右对比透视"，如图 3-115 所示。

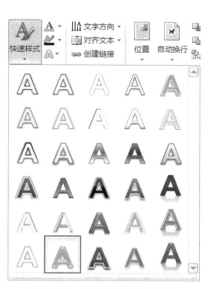

图 3-114　【艺术字样式】列表

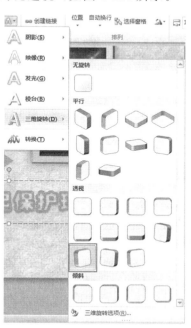

图 3-115　【三维旋转】列表

（4）选中文本框中文本，在【绘图工具—格式】选项卡中的【形状样式】功能组中，单击【形状填充】按钮，在下拉菜单中选择【无填充颜色】，如图 3-116 所示；单击【形状轮廓】按钮，在下拉菜单中选择【无轮廓】，如图 3-117 所示。

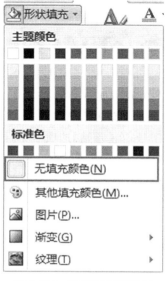

图 3-116　【形状填充】列表

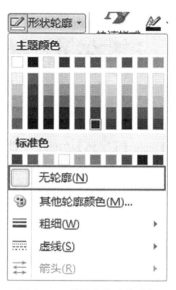

图 3-117　【形状轮廓】列表

此步骤完成后,"亲们,咱一起保护环境吧!"呼吁口号在电子报中的效果如图 3-118 所示。

图 3-118　呼吁口号效果图

至此,沙漠成因宣传电子板报设计完成。

拓展知识

1.插入艺术字

艺术字是经过专业的字体设计师艺术加工的变形字体,具有美观有趣、易认易识、醒目张扬等特性,是一种有艺术性的变形字体。艺术字广泛应用于宣传、广告、商标、标语、黑板报、企业名称、会场布置、展览会,以及商品包装和装潢,各类广告、报纸杂志和书籍的装帧上,越来越受大众青睐。Word 2010 中艺术字模块为制作个性化标题增添不少色彩。

下面详细介绍插入艺术字标题的操作步骤。

(1)将光标插入点定位在电子报的标题行,单击【插入】选项卡【文本】功能组中的【艺术字】按钮。

(2)单击【艺术字】按钮后,弹出【艺术字】下拉列表,如图 3-94 所示。在【艺术字】列表中选择所需的个性化艺术字外观即可。

(3)弹出"请在此放置您的文字"占位符,如图 3-119 所示。

图 3-119　"请在此放置您的文字"占位符

(4)在"请在此放置您的文字"占位符中输入文本即可完成艺术字的插入,可根据个性化需求,在【开始】选项卡【字体】功能组中设置字体和字号,在【开始】选项卡中【段落】功能组中设置文本对齐方式,例如设置为"黑体"、"36"、"加粗",艺术字效果如图 3-120 所示。

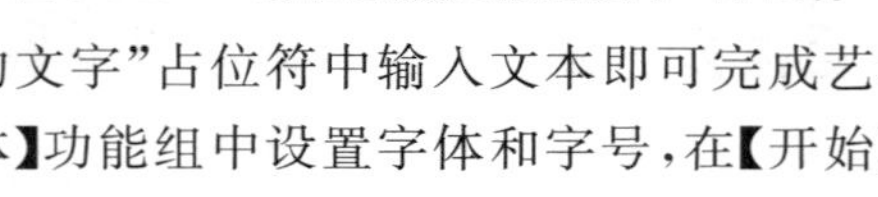

沙漠成因

图 3-120　艺术字效果

2.编辑艺术字

在插入艺术字的基础上,如何制作个性化艺术字标题等尤为关键,下面对如何编辑艺术字进行详细介绍。

选中艺术字,在【格式】临时选项卡中有六组功能组,分别是:【插入形状】、【形状样式】、【艺术字样式】、【文本】、【排列】和【大小】功能组,如图 3-121 所示。在 Word 2010 中,这六组功能组便可完成艺术字的个性化编辑。

图 3-121　艺术字编辑【格式】选项卡

(1)【形状样式】功能组是指针对艺术字边框、填充和形状效果的操作,单击左侧样式区下拉菜单,弹出艺术字填充和边框的多种快速样式,如图 3-122 所示,可根据个性化需求选择所需的形状样式。如果形状快速样式仍不能满足需求,则可通过此功能组右侧选项【形状填充】、【形状轮廓】和【形状效果】对已有的艺术字形状样式进行调整。

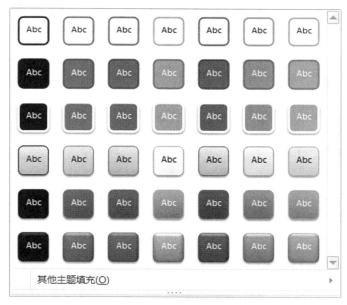

图 3-122　形状快速样式

(2)【艺术字样式】功能组主要是针对艺术字本身的样式设计,此功能组左侧设有艺术字快速样式,可以更改现有艺术字外观样式,在此基础上还可以通过【文字填充】、【文字轮廓】和【文本效果】下拉菜单对艺术字样式进行调整。

(3)【插入形状】功能组不仅能单击左侧形状区,选择相关形状,在艺术字上面及其周边插入文本框、矩形、椭圆、箭头、曲线等形状,还可以单击【编辑形状】按钮下拉菜单中【更改形状】,来修改当前艺术字形状外观,如图 3-123 所示。

(4)【文本】功能组可以调整艺术字的文字方向和文本对齐方式,单击【文字方向】和【对齐文本】选项下拉菜单相关选项即可,如图 3-124 和图 3-125 所示。

图 3-123　艺术字【编辑形状】选项

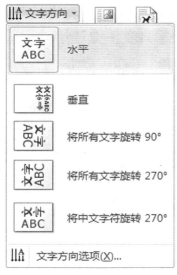

图 3-124　【文字方向】选项

图 3-125　【对齐文本】选项

（5）【排列】功能组主要用于设置艺术字在文档中的"位置"，包括文字环绕方式、艺术字在文中布局方式、艺术字在文中所处的图层、在文档中的对齐方式和艺术字旋转设置等，具体如图 3-126 所示。

（6）【大小】功能组用于设置艺术字形状的"高度"和"宽度"，单位为"厘米"，可以单击上下箭头按钮进行调整，也可直接输入数字进行调整。

3.插入文本框

Word 2010 中，文本框是指一种可移动、可调大小的文字或图形容器。使用文本框，可

图 3-126　艺术字功能组

以在单页面上放置数个文字块,或使文字按与文档中其他文字不同的方向排列等,体现了文本框对文档排版的重要意义。

在【插入】选项卡的【文本】功能组中,单击【文本框】按钮,弹出文本框列表如图 3-113 所示。"文本框"下拉列表中包含内置文本框样式,如简单文本框、奥斯汀提要栏、奥斯汀重要引言等,可以根据所需文本框功能选择相关快速样式。当然,也可单击【文本框】下拉列表中的【绘制文本框】和【绘制竖排文本框】选项,此时鼠标变成"十"字形,拖曳鼠标即可绘制横排或竖排矩形文本框,在文本框中编辑文字即可。

选中文本框,出现【格式】选项卡,利用该选项卡下的功能组完成对文本框的编辑,具体操作方法和功能效果见相关知识点 2"编辑艺术字"。

4. 插入图片

图形处理是 Word 的主要功能之一,在 Word 文档中可插入各式各样的图片,如剪辑库中的图片、图形形状、自选图形等,可实现图文混排。Word 2010 还具备了屏幕截图、图片效果、SmartArt 等强大图形功能。

在 Word 中插入图片,一般通过【插入】选项卡中的【插图】功能组来实现,如图 3-127 所示。在插入图片或图形之前,首先将光标定位于插入的位置,然后完成插入操作。一般在Word 文档中使用的图片有以下类型:

①计算机中存储的图片文件。

②剪辑库中包含的剪贴画。

③选择【插入】选项卡的【插图】功能组中【形状】下拉菜单中的各种图形对象。

④截取的屏幕图像或界面图标,包括扩展名 bmp、wmf、jpg 等各种图形文件。

图 3-127　【插入】选项卡中的【插图】功能组

下面分别介绍常用图片的插入方法。

(1)插入图片文件

将光标定位于插入位置,在【插入】选项卡的【插图】功能组中单击【图片】按钮,打开【插入图片】对话框,如图 3-110 所示。选中需插入的图片文件,单击【插入】即可实现图片文件的插入。

(2)插入剪贴画

将光标定位于插入位置,在【插入】选项卡的【插图】功能组中单击【剪贴画】按钮,打开【剪贴画】窗格,如图 3-128 所示。单击相应剪贴画即可插入文档中。

(3)插入形状

将光标定位于插入位置,在【插入】选项卡中的【插图】功能组中单击【形状】按钮,弹出【形状】下拉菜单,如图 3-129 所示。在【形状】下拉列表中选择想要绘制的图形,在需要绘制的开始位置按住鼠标左键拖动鼠标,调整图形到合适大小时,释放鼠标左键。此外,还可在【形状】下拉列表中单击【新建绘图画布】,在需要绘制画布的位置按住鼠标左键拖动鼠标,新建画布,然后在画布上进行图形绘制即可。

图 3-128 【剪贴画】对话框

图 3-129 【形状】下拉列表

(4)插入屏幕截图

Word 2010 提供了屏幕截图功能,用户可以方便地将某个程序窗口或某区域图像插入到文档中。

Word 2010 提供的屏幕截图相关操作在【插入】选项卡的【插图】功能组【屏幕截图】按钮中,有两大功能,一是截取程序窗口图像,二是自定义截取图像,如图 3-130 所示。下面对插入这两类屏幕截图操作分别进行详细介绍。

①截取程序窗口图像:定位插入点,在【插入】选项卡的【插图】功能组中单击【屏幕截图】

按钮,在弹出的下拉列表"可用视窗"中单击需要截取的窗口即可。

②自定义截取图像:定位插入点,在【插入】选项卡的【插图】功能组中单击【屏幕截图】按钮,在弹出的下拉列表中单击【屏幕剪辑】,此时文档窗口最小化,屏幕画面变成半透明状态,鼠标指针变成"十"字形状。按住鼠标左键拖动,待选定截图区域后,释放鼠标左键,即可插入自定义大小的截屏图像。

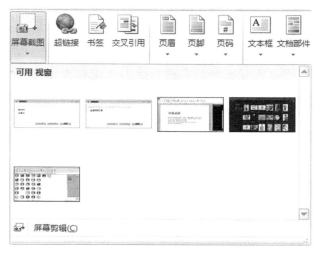

图 3-130　【屏幕截图】下拉菜单

5.编辑图片

在 Word 文档中插入图片后,需要根据实际需求对插入的图片进行编辑,主要操作包括选取、移动、复制和删除。

图片的选取:单击图片,则图片周围将出现 8 个控点,表示已经选取了该图片。

图片的移动和复制:操作方法同文本的移动和复制。

除了对图片的简单编辑功能外,Word 还提供了丰富的图片美化功能,用户可对插入文档的图片进行美化和编辑,以满足文档艺术美感需求。

选取图片,Word 文档便会出现【图片工具—格式】选项卡,包括【调整】、【图片样式】、【排列】和【大小】四个功能组,如图 3-131 所示,基于四个功能组中按钮可完成对文档中图片的各种格式设置和美化,下面将详细介绍相关操作步骤。

图 3-131　【图片工具—格式】选项卡

(1)【调整】功能组:包括【删除背景】、【更正】、【颜色】、【艺术效果】、【压缩图片】、【更改图片】和【重设图片】这七大功能按钮。

①【删除背景】:选中图片,单击【删除背景】按钮,出现【背景消除】选项卡,如图 3-132(a)所示。调整图片周围的控点,调整删除的背景范围。单击【标记要保留的区域】按钮或【标记要删除的区域】按钮,在图片中的特殊位置进行标记,对要删除的背景做细化调整。单击【保留更改】按钮,即可完成图片背景删除,效果如图 3-132(c)所示。

(a)【背景消除】选项卡　　　　　　(b) 删除背景前　　　　　　(c) 删除背景后

图 3-132　"删除背景"效果

②【更正】：此按钮可完成对图片的不同程度的锐化和柔化，同时还能对图片的亮度和对比度进行调整，如图 3-133(a)所示。例如：锐化 50%，亮度$+20\%$，对比度$+40\%$，效果见图 3-134。如需对图片"锐化"程度、"柔化"程度、"亮度"和"对比度"进行微调，则可单击【更正】下拉菜单中的【图片更正选项】，弹出【设置图片格式】对话框，在此对话框中左右调节比例按钮，或者上下调整比例数字，或者直接输入调整比例，即可完成对图片的微调，如图 3-133(b)所示。

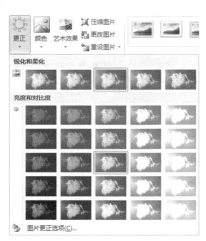

(a)【更正】按钮　　　　　　　　　(b)【设置图片格式】对话框

图 3-133　图片【更正】按钮功能

(a) 图片"更正"前　　　　　　　　(b) 图片"更正"后

图 3-134　图片"更正"效果图

③【颜色】：此按钮的功能包括调整图片的"颜色饱和度"、"色调"、"重新着色"、"设置透

明色"等,如图 3-135 所示,可完成对图片颜色的调整,也可通过单击【颜色】下拉菜单中的
【图片颜色选项】,在弹出的【设置图片格式】对话框中对图片的颜色进行微调。

④【艺术效果】:单击此按钮下拉菜单中所示效果图,可完成相应艺术效果设计,包括粉
笔素描、水彩海绵、蜡笔平滑、发光散射和铅笔灰度等艺术效果,也可通过【艺术效果选项】设
置图片个性化艺术效果,如图 3-136 所示。

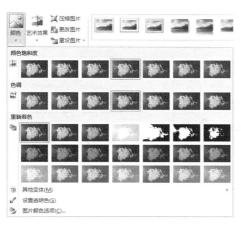
图 3-135　【颜色】下拉菜单

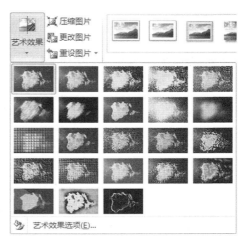
图 3-136　【艺术效果】下拉菜单

⑤【更改图片】:选中图片,单击【更改图片】按钮,弹出【插入图片】对话框,插入所需的图
片即可更改原图片。

⑥【重设图片】:此按钮下拉菜单包含【重设图片】和【重设图片和大小】,可清除之前对图
片的设置。

(2)【图片样式】功能组:包括【快速图片样式】、【图片边框】、【图片效果】和【图片版式】功
能按钮。

①【快速图片样式】下拉菜单提供多种图片样式,如"棱台亚光,白色"、"映像右透视"、
"棱台透视"、"旋转,白色"和"双框架,黑色"等,如图 3-137 所示。对图片进行快速样式"金
属框架"设置后,效果如图 3-138 所示。

图 3-137　【快速图片样式】下拉菜单

图 3-138　设置快速样式后效果

②【图片边框】、【图片效果】和【图片版式】下拉菜单分别见图 3-139(a)、(b)、(c)。【图片
边框】按钮可以完成对图片边框的设置,包括设置边框颜色、粗细和实虚线,也可以通过下拉
菜单中的【无轮廓】选项消除图片的边框。【图片效果】下拉菜单提供了阴影、映像、发光、柔
化边缘、棱台、三维旋转等效果,其中"三维旋转"可实现图片的平行旋转、透视旋转和倾斜旋

转。【图片版式】按钮完成图片设置与 SmartArt 结合,后文 SmartArt 部分会详细说明。

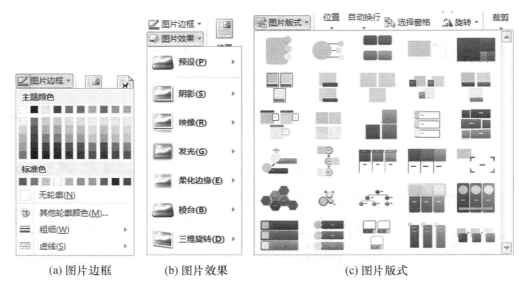

(a) 图片边框　　　　　(b) 图片效果　　　　　　　(c) 图片版式

图 3-139　【图片样式】功能组

(3)【排列】功能组:包括【位置】、【自动换行】、【旋转】、【对齐】、【上移一层】、【下移一层】和【组合】等功能按钮。

①【位置】按钮设置图片的文字环绕方式;【自动换行】按钮设置图片在文中的布局方式;【对齐】按钮设置图片在文中的对齐方式,如左对齐、左右居中等;【旋转】按钮可实现图片向右旋转 90°、向左旋转 90°、垂直旋转、水平旋转和任意角度旋转等,即图片旋转角度的精确调整,此外还可实现图片角度的粗略调整:选取图片,图片上方出现绿色圆点型控点,鼠标指向此控点,鼠标指针变成圆弧形箭头,拖曳鼠标即可改变图片角度。

②【上移一层】和【下移一层】按钮可实现图片的图层设置,上层的图片可覆盖下层的图片,也就是说,上下层图片重合部分只显示上层图片。

③【组合】:当图片或图形数量较多时,同时复制或者移动时显得很不方便,此时可利用【组合】功能将多张图片合成一个操作对象,当需要对其中某个图形进行编辑时还可取消组合。按住【Shift】或者【Ctrl】选定多个图片,单击【组合】按钮,完成多张图片的合成。同理,选取合成后图片,单击【取消组合】按钮取消图片的组合。

(4)【大小】功能组:包括【裁剪】、【高度】、【宽度】等功能按钮。

①【裁剪】功能可实现普通裁剪和裁剪为不同形状。

普通裁剪:选定图片,单击【裁剪】按钮,图片四周出现黑色控点,将鼠标移动到图片下方控制点上,待鼠标变成黑色"T"形后,按住鼠标左键并向上拖动,便可将图片下方裁剪掉,其余三个方向类似,裁剪完成之后,单击文档的其他位置即可,效果如图 3-140(a)所示。

裁剪为不同形状:选取图片,单击【裁剪】按钮,在弹出的下拉菜单中单击【裁剪为形状】,在弹出的列表中选择需要的形状即可,效果如图 3-140(b)所示。

②在【高度】和【宽度】中输入精确数值或者调整相应上下按钮可完成对图片大小的精确调整。此外,还可实现粗略调整图片大小:选取图片,图片周围出现句柄,鼠标指向图片四周的句柄,鼠标指针变为双向箭头,拖曳鼠标即可,但会改变图片长宽比例;鼠标拖曳图片四个

角上的控点,则改变图片大小,图片比例不变。

(a) 普通裁剪　　　　　　　　　　　(b) 裁剪为不同形状

图 3-140　图片裁剪效果

6.SmartArt 图形

SmartArt 图形是信息和观点的视觉表现形式,主要用于表示流程、层次结构、循环、关系等,可在不同情境中创建合适的 SmartArt 图形,从而快速、轻松、有效地传递信息。

Word 提供的 SmartArt 图形类型包括"列表"、"流程"、"循环"、"层次结构"、"关系"、"矩阵"、"棱锥图"和"图片",各类型的 SmartArt 图形都有各自的特点和适用背景。

(1)插入 SmartArt 图形

定位 SmartArt 图形在文档中的插入点,选择【插入】选项卡中的【插图】功能组中的【SmartArt】按钮,打开【选择 SmartArt 图形】对话框,如图 3-105 所示。

在对话框左侧窗格中选择一种 SmartArt 图形类型,然后在对话框中间窗格中选择该类型中的一种布局,单击【确定】按钮。

单击插入的 SmartArt 图形中的图框,即可输入文本文字;或在"在此键入文字"框中也可输入文字,来完成对 SmartArt 图形的编辑和完善,如图 3-141 所示。

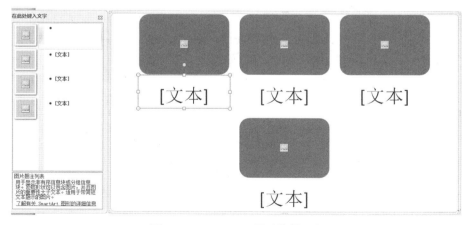

图 3-141　SmartArt 图形编辑示例

选取文档中的 SmartArt 图形,会出现【SmartArt 工具—设计】和【SmartArt 工具—格式】选项卡。【SmartArt 工具—设计】选项卡可设置 SmartArt 图形的布局,也可调整 SmartArt 样式,同样【SmartArt 样式】功能组提供了强烈效果、优雅、嵌入、卡通、景和景等快速样式,此外还可通过【更改颜色】对 SmartArt 图形的颜色进行设置。【SmartArt 工具—

格式】选项卡所提供的对 SmartArt 图形的设置功能与【图片工具—格式】选项卡类似，详见图片的编辑与美化。

（2）将图片转换为 SmartArt 图形

定位插入点，选择【插入】选项卡中的【插图】功能组中的【SmartArt】按钮，打开【选择 SmartArt 图形】对话框，如图 3-105 所示。

在对话框左侧窗格中选择【图片】选项，在中间窗格中选择一种布局方式，单击【确定】按钮。

单击插入的 SmartArt 图形中 ▢ 即可插入图片；文本插入方式与普通 SmartArt 图形相同，效果如图 3-142 所示。

图 3-142   带图片的 SmartArt 图形

将图片转换成 SmartArt 图形，还可通过如下方式：选取图片，在【图片工具格式】选项卡【图片样式】功能组中单击【图片版式】按钮，选择所需 SmartArt 图形类型，即可完成将该图片转换成 SmartArt 图形。

7. 首字下沉

在报刊文章上，经常看到某段文字的第一个字特别大，特别抢眼，这就是使用了"首字下沉"的格式设置，有"下沉"和"悬挂"两种效果，如图 3-143 所示。

首字下沉应用于文档的开头，用该方法修饰文档，可以将段落开头的第一个或者若干个字母、文字变为大号字体，并以下沉或悬挂方式改变文档的版面样式。

> **在**大陆上干燥少雨的地区，植被稀疏，风力强劲，地表或者是累累粗石，或者是一片黄沙。这种干旱、多风、地面裸露的地区，一般称为荒漠。根据荒漠地区的地面形态及组成物质，可将其划分为岩漠、砾漠、泥漠和沙漠等几种类型。
> 岩漠也叫石质荒漠，主要在干燥地区的山地或山麓。
> 砾漠蒙语称为戈壁。它的特点是地面覆盖着大片砾石，犹如一望无际的石海。
> 泥漠是一种由黏土物质组成的荒漠。

图 3-143   首字下沉效果图

选择要设置首字下沉的段落，单击【插入】选项卡中的【文本】功能组中的【首字下沉】按钮，在弹出的下拉菜单中选择需要的首字下沉方式，有"无"、"下沉"和"悬挂"3 种方式。也可以在【首字下沉】下拉菜单中选择【首字下沉选项】，打开【首字下沉】对话框，选择下沉方式，对话框中还可以具体设置字体、下沉行数、距正文距离等参数。

任务 3.4　年度工作报告排版与制作

制作专业的文档除了使用常规的页面编辑和美化操作之外,还需注重文档的结构设计和排版方式。Word 2010 提供了诸多简便的功能,如快速样式的使用、自动生成目录等,有利于长文档的编辑、排版、阅读和管理等。

任务目标

1. 掌握页面设置中纸张大小、纸张方向和页边距的设置;
2. 掌握快速样式的创建和应用方法;
3. 掌握脚注和尾注的设置;
4. 掌握论文封面制作方法;
5. 掌握创建和编辑目录的操作技巧;
6. 掌握页眉和页脚的设置。

任务描述

年终将至,某集团公司董事局准备召开年度工作总结会,总结过去的成绩与不足,并对新的年度提出工作计划和思路。小王作为公司行政部门员工,部门主管将工作报告排版和制作安排给他来完成。小王加班加点,基本完成主管交办的任务。排版后的年度工作报告效果如图 3-144 所示。

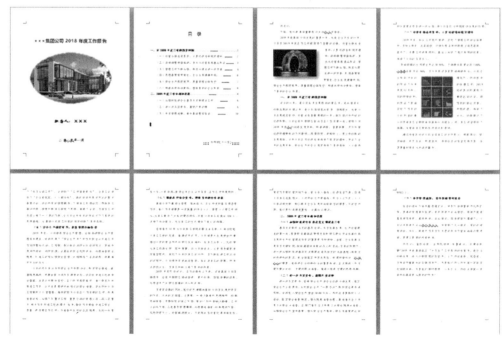

图 3-144　集团工作报告效果图

■■■ 任务分析 ■■■

本任务主要完成"年度工作报告"的页面设置,包括页边距、封面制作、纸张大小及方向的调整;根据文档的格式要求创建标题、正文样式、添加页眉和页脚等,并应用快速样式,完成年度工作报告的排版。

长文档的排版大致可分为两部分:一是应用样式快速调整文档格式,二是制作目录及页眉、页脚等。下面以"年度工作报告"的排版为例,详细阐述长文档排版的相关知识与操作技巧。

■■■ 任务实施 ■■■

1. 页面设置

(1)选择【页面布局】选项卡中的【页面设置】功能组区域右下方的小箭头,弹出"页面设置"对话框。

(2)在"页面设置"对话框中,【页边距】选项卡中设置上、下页边距调整为 3 厘米,左右页边距调整为 2.5 厘米,左侧装订线为 0.5 厘米,纸张方向为纵向,如图 3-145(a)所示;【纸张】选项卡中设置纸张大小为 A4;【版式】选项卡中设置页眉为 1.5 厘米,如图 3-145(b)所示;【文档网格】选项卡中,在"网格"区选择"指定行和字符网格"单选按钮,将字符数调整为每行 41 字符,行数调整为每页 43 行,如图 3-145(c)所示;其他设置为默认设置。

(a)"页边距"设置　　　　(b)"版式"设置　　　　(c)"文档网格"设置

图 3-145　"年度工作报告"页面设置

2. 打开集团年度工作报告全文文本

(1)打开含有集团年度工作报告全文文本的 Word 文档。

(2)选择【文件】选项卡下的"另存为"命令,将新文档存在硬盘中,文件命名为"某集团年度工作报告.docx"。

3. 创建一级标题样式

(1)单击【开始】选项卡中的【样式】功能组区域右下角的组按钮,打开"样式"任务窗格,如图 3-146 所示,单击左下角的"新建样式"按钮,打开"根据格式设置创建新样式"对话框,如图 3-147 所示。

图 3-146　"样式"任务窗格

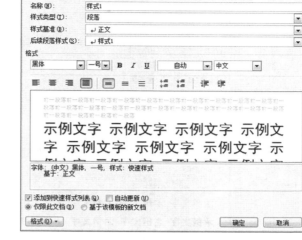

图 3-147　"根据格式设置创建新样式"对话框

（2）在"根据格式设置创建新样式"对话框中，在"属性"区设置：名称为"一级标题"，样式类型为"段落"，样式基准为"标题 1"，后续段落样式为"正文"，中文字体为"仿宋体"，字号为"小三"，加粗，左对齐。同时，勾选"添加到快速样式列表"和"自动更新"单选框。

（3）单击"根据格式设置创建新样式"对话框左下角的"格式"按钮，如图 3-148 所示，选择下拉菜单中"段落"选项，在弹出的"段落"对话框中"间距"区设置段前和段后间距均为 6 磅，行距为"1.5 倍行距"，如图 3-148 所示，单击"确定"按钮。

图 3-148　一级标题段落设置

（4）"修改样式"对话框，中部窗格会显示设置后文本格式的视图，以供参考；同时，在中部窗格下方显示该样式的具体格式设置，以便核对，如图 3-149 所示。

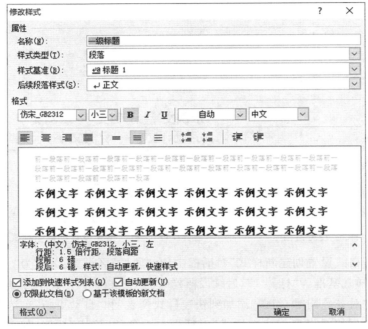

图 3-149　创建"一级标题"样式

4. 创建二级标题样式

（1）参照步骤 3"创建一级标题样式"，创建二级标题样式。

（2）在"根据格式设置创建新样式"对话框中，在"属性"区设置：名称为"二级标题"，样式类型为"段落"，样式基准为"标题 2"，后续段落样式为"正文"，中文字体为"黑体"，西文字体为"宋"，字号为"四号"，黑色，非加粗，左对齐。同时，勾选"添加到快速样式列表"和"自动更新"单选框。

（3）单击"根据格式设置创建新样式"对话框左下角的"格式"按钮，在下拉菜单中选择"段落"选项，在弹出的"段落"对话框中"间距"区设置段前和段后间距均为 0.5 行，行距为"单倍行距"。创建二级标题样式具体设置如图 3-150 所示。

5. 创建文档正文样式

（1）参照步骤 3"创建一级标题样式"，创建文档正文样式。

（2）在"根据格式设置创建新样式"对话框中，在"属性"区设置：名称为"文档正文"，样式类型为"链接段落和字符"，样式基准为"正文"，后续段落样式为"文档正文"，中文字体为"仿宋"，西文字体为"Times New Roman"，字号为"小三"，黑色。同时，勾选"添加到快速样式列表"和"自动更新"单选框。

（3）单击"根据格式设置创建新样式"对话框左下角的"格式"按钮，在下拉菜单中选择"段落"选项，在弹出的"段落"对话框中"间距"区设置段前和段后间距均为 0.5 行，行距为"固定值 20 磅"；在"缩进"区设置"特殊格式"为"首行缩进 2 字符"。创建文档正文样式具体设置如图 3-151 所示。

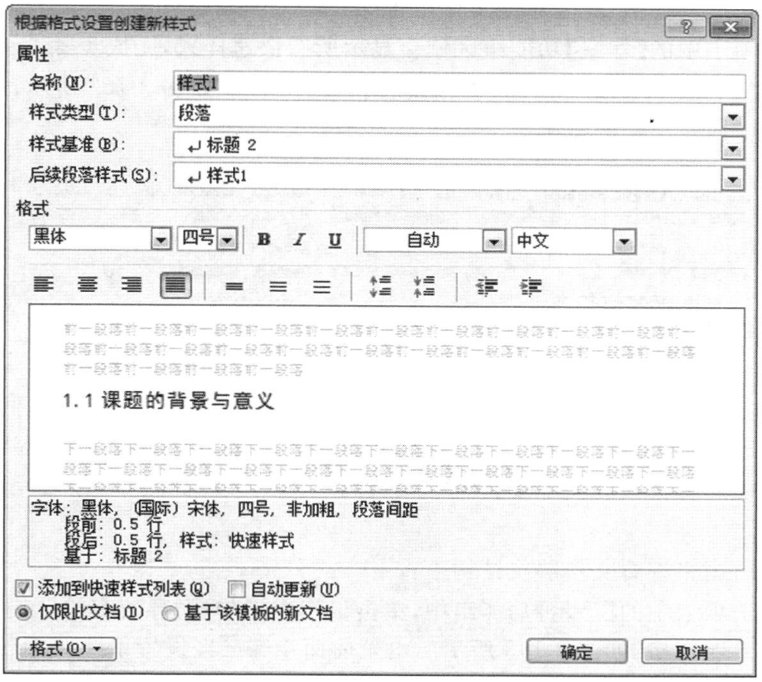

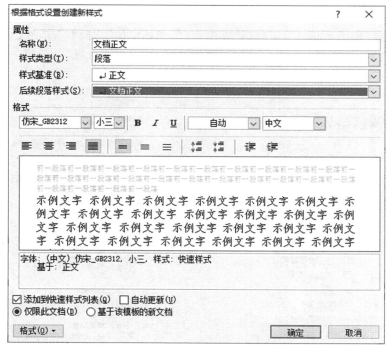

图 3-150　创建"二级标题"样式

图 3-151　创建"文档正文"样式

在创建文档正文样式时,"样式类型"选为"链接段落和字符",则当光标定位于段落中时,即可将创建的样式应用于整段文本,无须需选中段落的全部文字。

6.应用快速样式排版"集团年度工作报告.docx"

【开始】选项卡中的【样式】功能组区域会显示所有快速样式,完成步骤 3~6 后,"一级标题"、"二级标题"、"文档正文"等样式会出现在快速样式区,如图 3-152 所示,应用这些快速样式可高效地完成长文档的排版。

图 3-152　"快速样式"区

按"Ctrl+A"全选所有文本,应用"文档正文"样式;选中一级标题内容,单击"一级标题"快速样式,便可将选中的文本设置为"一级标题"样式。以此类推,便可完成全部文档文本格式调整。

7.利用导航窗格查看文档层次结构

在【视图】选项卡中的【显示】功能组中,单击鼠标左键勾选"导航窗格",则 Word 文档窗口左侧会出现导航窗格,如图 3-153 所示。由于前面步骤已经设置了一级标题、二级标题和三级标题,鼠标左键单击【浏览您的文档中的标题】选项卡,如图 3-153 所示,即可查看整个文档的各级标题,使得文章结构一目了然。

8.制作报告封面

(1)在"摘要"前插入新一节,制作论文封面:将光标定位于"摘要"前,在【页面布局】选项卡中的【页面设置】功能组中单击"分隔符"按钮,在下拉菜单中选择"分节符—奇数页",即插入分节符并在下一奇数页上开始新节,如图 3-154 所示。

图 3-153　某集团年度报告层次结构

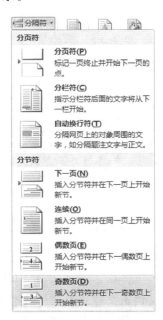

图 3-154　"分隔符"下拉菜单

（2）在文件封面页输入如图 3-155 所示信息。利用【开始】选项卡中的【字体】功能组，设置工作报告封面信息的字体和字号，要求如下：主标题字体为"微软雅黑"、小一、加粗、居中、蓝色；"报告人"格式：字体为"华文新魏"、小一、加粗；"日期"格式：字体为"楷体"、小二。

×××集团公司 2018 年度工作报告

报告人：×××

二〇一九年一月

图 3-155　工作报告封面

（3）标题后插入图片，在【插入】选项卡中的【插图】功能组中单击"图片"按钮，在弹出的"插入图片"对话框中选择"年度工作报告.jpg"文件，单击对话框右下方"插入"按钮，完成封面图片插入，如图 3-156 所示。

（5）选中封面图片，在【图片工具格式】选项卡中的【大小】功能组中保持图片高宽比不变，设置图片高度为"5 厘米"；【开始】/【段落】功能组中选择"居中"对齐方式。封面制作效果如图 3-157 所示。

×××集团公司 2018 年度工作报告

报告人：×××

二〇一九年一月

图 3-156　报告封面图片　　　　　　　　　图 3-157　报告封面效果

9.在正文中插入图片

在正文中合适位置插入图片、图表等素材,缩放图片至合适大小,设置图片文字环绕方式"四周型"环绕,如图 3-158 所示。

同志们:

下面,我代表集团董事局向大会作工作报告。

2018 年是集团公司发展的重要一年,也是企业丰收的一年,公司在 2018 年度各项工作都取得了显著的成绩,经营业绩总体良好,主要经济指标稳定增长;结构调整持续推进,多元化经营格局基本形成;管理工作不断加强,制度化建设进一步完善;思想教育有声有色,企业发展健康平稳;安全生产规范有序,质量管理全面受控;积极承担社会责任,塑造了良好的企业形象。

图 3-158　正文图片

10.设置页眉/页脚

(1)将年度工作报告中的"封面"、"目录"、"正文"设置为不同节:光标定位于每节内容结束处,在【页面布局】/【页面设置】功能组中单击"分隔符"按钮,在下拉菜单中选择"分节符—奇数页",插入分节符,并在下一奇数页开始新节,即文档打印时,每章节都开始于奇数页。

(2)封面部分,不设置页眉和页脚;目录部分,单独设置页眉和页脚。

(3)将光标定位于"正文"首页处,单击【插入】选项卡中的【页眉和页脚】功能组中"页眉"按钮,在下拉菜单中选择"编辑页眉"选项,进入页眉和页脚编辑状态。

(4)在临时选项卡【页眉和页脚工具—设计】中,勾选【选项】功能组中"奇偶页不同",在【导航】功能组中取消"链接到前一条页眉",使其不突显,如图 3-159 所示。设置完成后,则本节的页脚可单独设置,且每节的奇数页、偶数页的页脚也可单独设置。

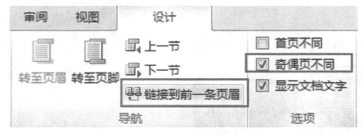

图 3-159　【页眉和页脚工具—设计】选项卡

11.设置页码

(1)将光标定位于"正文"起始页,在【插入】选项卡中的【页眉和页脚】功能组中单击

"页码"按钮,单击"设置页码格式",弹出"页码格式"对话框,设置编号格式、页码编号,如图 3-160、图 3-161 所示。

图 3-160 "页码"按钮选项卡

图 3-161 页码格式设置

(2)单击"页码"按钮,在下拉菜单中选择"页面底端",如图 3-162 所示,并在右侧弹出的菜单中选择"普通数字 2"。

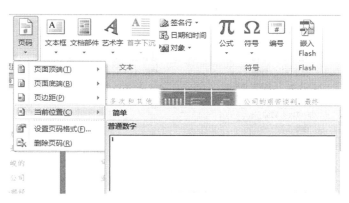

图 3-162 页脚处插入页码

(3)将光标定位于"目录"所在页,参照正文部分,设置页脚页码为Ⅰ、Ⅱ……。

12.添加目录

(1)在"目录"插入分节符,制作报告目录:在【页面布局】选项卡中的【页面设置】功能组中单击"分隔符"按钮,在下拉菜单中选择"分节符—奇数页"。

(2)将光标定位于目录页,点击【引用】选项卡中的【插入目录】,在目录对话框中进行如图 3-163 所示设置。

(3)在生成的目录中,选中"目录"两个字,在【开始】选项卡中的【字体】和【段落】功能组中将其设置为"黑体、三号、黑色、粗体、居中"。

(4)在【开始】选项卡中的【字体】和【段落】功能组中,设置目录内容文本格式为:中文字体为"宋体",字号为"四号",字体颜色为"黑色",对齐方式为"两端对齐",行间距"1.5 倍行距"。设置目录文本字符间距"紧缩 1 磅",如图 3-164 所示。

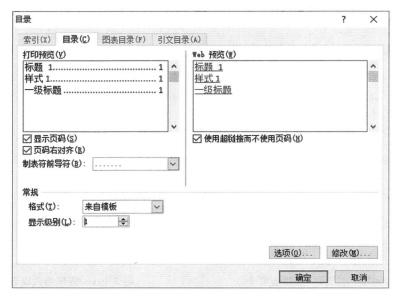

图 3-163　"目录"对话框

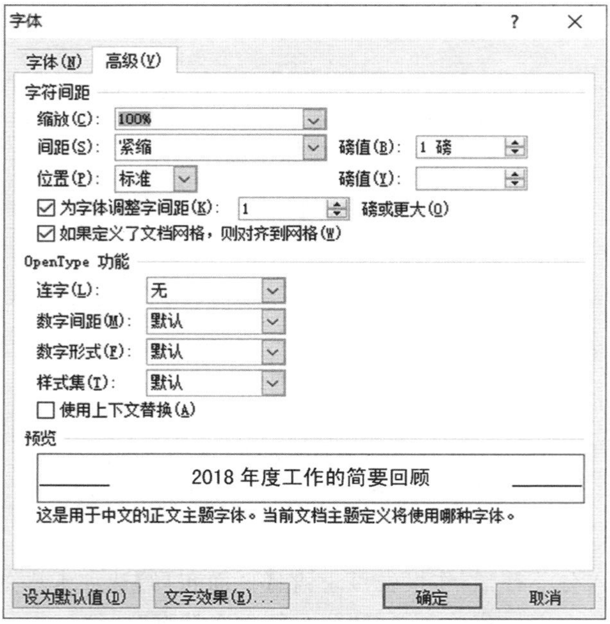

图 3-164　目录文本"字符间距"设置

（5）目录生成后，当文档改动时，鼠标右键单击目录区域，在弹出的菜单中选择"更新域"即可方便实现目录的更新；按住"Ctrl"键，鼠标左键单击目录中任意标题，即可快速跳转至相应内容处。

步骤 12　设置完成后，生成的目录效果如图 3-165 所示。

目　录

一、对 2018 年度工作的简要回顾……………………………………1

（一）经营业绩总体良好，主要经济指标稳定增长………2

（二）结构调整持续推进，多元化经营格局基本形成……3

（三）管理工作不断加强，制度化建设进一步完善………4

（四）思想教育有声有色，企业发展健康平稳。…………6

（五）安全生产规范有序，质量管理全面受控……………7

（六）积极承担社会责任，塑造良好的企业形象…………8

二、2019 年度工作计划和思路……………………………………9

（一）加强和改进企业基层党支部建设工作………………9

（二）进一步压实责任，履职尽责过硬……………………9

（三）科学管理施策，提升集团整体效益…………………10

图 3-165　年度工作报告目录

至此，集团年度工作报告文档完成制作。

拓展知识

1. 创建或编辑样式

对 Word 文档进行排版时，一般会有格式要求，不同文本或段落有相同的格式要求。一般情况下，需要对每部分文本进行重复设置格式，但这样的排版操作重复性太高。然而，Word 文档快速样式的应用成功解决了这一问题，为长文档的排版带来不少便利。

样式是指一系列字符和段落格式的集合，它作为一组排版格式整体使用。样式可分为字符样式和段落样式：字符样式保存了字符的格式，如字体、字号、颜色、字符间距等格式，可应用于选取的文本；段落样式保存了字符和段落的格式，一般应用于当前段落或选取的多个段落，也可将其中的文本格式应用于选取的文本。

创建标题和正文等样式的方法已在本任务“项目实施”中详细阐述，这里不再赘述。下面对编辑或修改已有的快速样式的方法进行介绍。

【开始】选项卡中的【样式】功能组提供了多种快速样式，将鼠标置于快速样式上，单击鼠标右键，在弹出的下拉菜单中单击【修改】选项，弹出【修改样式】对话框，如图 3-166 所示，在此对话框中可以依据文档格式要求完成对该快速样式的修改和编辑，具体参见“创建样式”。此外，鼠标右键单击快速样式，在弹出的下拉菜单中单击【重命名】选项，弹出【重命名样式】对话框，在文本框中输入文本即可完成对快速样式的重命名，从而更准确地表达快速样式的适用范围。

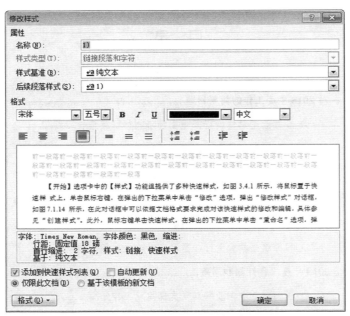

图 3-166　【修改样式】对话框

2.创建多级列表

在【开始】选项卡【段落】功能组中单击【多级列表】按钮,下拉列表中选择【定义新的多级列表】,如图 3-167 所示,打开【定义新多级列表】对话框,如图 3-168 所示。

图 3-167　【多级列表】下拉菜单

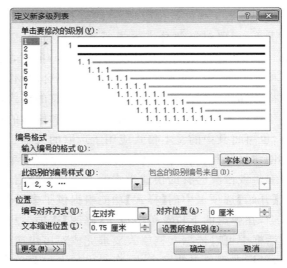

图 3-168　【定义新多级列表】对话框

(1)添加一级列表。在【定义新多级列表】对话框中单击对话框左下角的【更多】按钮,如

图 3-168 所示,将显示完整的对话框选项,同时该按钮变为【更少】。在【单击要修改的级别】列表中选择"1"(确定为一级列表);在【将级别链接到样式】下拉列表中选择一级标题(使得一级标题对应 1 级列表);在【此级别的编号样式】下拉列表中选择"一、二、三(简)…"(设置一级标题的编号类型);"输入编号的格式"文本框会出现字符"一",在后面输入顿号"、";单击【设置所有级别】按钮出现"设置所有级别"对话框,按要求设置"第一级的项目符号选项卡中的编号位置"、"第一级的文字位置"、"第一级的附加缩进量"(例如,一级标题中这 3 个数据均为"0 厘米");在【编号之后】下拉列表中选择"不特别标注"(使列表编号之后紧跟标号名称);设置完成后,可成功创建一级列表,相应的设置范例如图 3-169 所示。

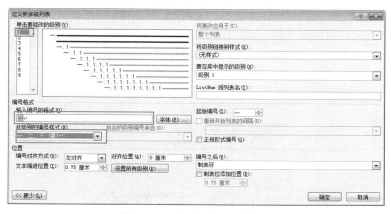

图 3-169　创建一级列表范例

(2)添加二、三级列表等。按照"添加一级列表"方法设置二、三级列表等,设置范例如图 3-170(a)、(b)所示。

3.脚注和尾注

脚注和尾注用于为文档中的文本提供注释、批注以及相关的参考资料。其中,脚注是对文档内容进行注释说明,一般位于页面的底部;尾注说明引文的出处,一般位于文档的末尾。脚注或尾注均由两个互相链接的部分组成:注释引用标记和其对应的注释文本。

选择【引用】选项卡中的【脚注】功能组中的【插入脚注】或者【插入尾注】按钮,即可完成脚注或尾注的插入操作,光标会自动跳转至需要补充的注释文本处,输入相关注释即可。

单击【引用】选项卡中的【脚注】功能组区域右下方按钮,打开【脚注和尾注】对话框,如图 3-171 所示,在"位置"区左键单击选择【脚注】或【尾注】,即可完成相应设置。脚注的编号方式有"连续"、"每页重新编号"、"每节重新编号",尾注的编号方式有"连续"和"每节重新编号";此外,编号格式也有多种选择。

4.编排目录

使用 Word 编辑长文档时,一般都需要编制目录,以便全面反映文档的主要内容和层次结构,增加可读性。要生成目录,必须对文档的各级标题进行统一格式化,通常统一应用前文所述的快速样式,便于长文档、多人协作编辑文档格式的统一。目录一般分为 3 级,使用相应的"一级标题"、"二级标题"和"三级标题"样式来格式化,也可以使用其他几级标题甚至自己创建的标题样式。

(1)编制自动目录:将光标定位于目录页,单击【引用】选项卡中的【目录】功能组中"目

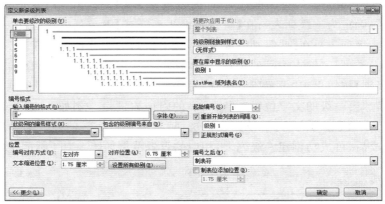

(a) 创建二级列表

(b) 创建三级列表

图 3-170　创建多级列表

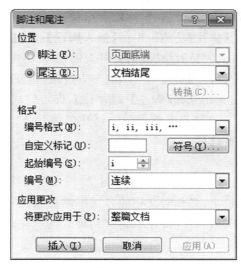

图 3-171　【脚注和尾注】对话框

录"按钮,在弹出的下拉菜单中选择一种自动目录样式,如图 3-172 所示,即可快速生成该文档的目录。

(2)利用自定义样式生成目录:将光标定位于目录页,单击【引用】选项卡中的【目录】功能组中【目录】按钮,在弹出的下拉菜单中选择【插入目录】选项,打开【目录】对话框,如图 3-172 所示。在【目录】对话框"常规"区,按要求选择格式"来自模板"、"古典"、"流行"、"正式"、"简单"等,并调整显示级别;单击【选项】按钮,打开【目录选项】对话框,进行不同级别标题的选择,如图 3-173 所示。

图 3-172 【目录】对话框

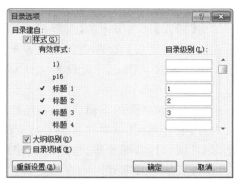

图 3-173 【目录选项】对话框

(3)更新目录:生成目录后,如需再进行文档编辑,可能会造成目录的变动,此时需要对生成的目录进行更新。在生成的目录区域,单击鼠标右键,在弹出的菜单中单击【更新域】,如图 3-174 所示,弹出【更新目录】对话框,可以选择【只更新页码】或【更新整个目录】,从而保持目录与文档的一致性。

(4)目录跳转:生成的目录与文档内容是相互链接的,在目录中,按住【Ctrl】键,鼠标指针便会变成一个小于的形状,此时鼠标左键单击目录中某一标题,便可直接跳转至相应内容处。

5.页眉页脚的设置

页眉和页脚是指在每一页顶部和底部加入的信息,这些信息可以是文字或者图形,内容可以是文件名、标题名、日期、页码、文章的标题或书籍的章节标题、单位名、单位徽标等。页眉和页脚的内容还可以是用来生成各种文本的域代码,如页码、日期等,系统可以自动更新域的内容。例如,生成日期的域代码是根据打开文档时计算机的当前日期更新其内容;同样,页码也是根据文档的实际页数自动更新其页码的显示。

Word 的页眉和页脚是按照节来显示的,同一节使用相同格式的页眉和页脚。"节"是文档格式化的最大单位,或者说是一种排版格式的范围,而"分节符"是一个"节"结束的标识符。"分节符"中储存了"节"的格式设置信息,只能控制其前面文档的格式。Word 默认将整个文档视为一"节",故对文档的页面设置是应用于整篇文档。若需要在

图 3-174 【目录】右键弹出菜单

一页之内或者多页之间采用不同的版面布局,只需插入"分节符"将文档分成几"节",根据格式需求,分别设置每节的格式即可。

插入"分节符"的方法在"项目实施"环节的步骤 10 中有详细说明,将光标置于需要分节的位置,在【页面布局】选项卡中的【页面设置】功能组中单击"分隔符"按钮,选择所需的分节符,如插入分节符并在下一页上开始新节、插入分节符并在同一页上开始新节、插入分节符并在下一偶数页上开始新节等。

（1）添加页眉

①添加普通页眉

单击【插入】选项卡中的【页眉和页码】功能组中【页眉】按钮,在下拉菜单中选择一种页眉格式或【编辑页眉】选项,进入页眉和页脚编辑状态。也可通过鼠标左键双击页眉处,进入页眉和页脚编辑状态。页眉设置完成后,鼠标左键双击文档编辑区,即可退出页眉编辑状态。

进入页眉和页脚的编辑状态后,文档自动显示【页眉和页脚工具—设计】选项卡。输入页眉内容,或者利用【页眉和页脚工具—设计】选项卡中的【插入】功能组来插入一些特殊的信息,如日期、时间、图片等;特别地,单击【日期和时间】按钮,在弹出的【日期与时间】对话框中,可设置页眉中日期和时间自动更新。页眉样式为"空白"的范例如图 3-175 所示。

[键入文字]

图 3-175　页眉设置"空白"范例

②添加奇偶页不同页眉

有时依据文档需要,需在奇偶页添加不同页眉,比如在奇数页页眉添加学校信息,在偶数页页眉添加"毕业论文"标识,需用页眉设置"奇偶页不同"的功能,具体设置方法如下。

进入页眉和页脚的编辑状态后,在【页眉和页脚工具—设计】选项卡中的【选项】功能组中,勾选"奇偶页不同",如图 3-176 所示。文档页眉处便会显示"奇数页页眉"和"偶数页页眉",便可对奇偶页页眉分别进行设置,效果如图 3-176 所示。

图 3-176　页眉设置

③添加各节不同页眉

依据文档内容和格式要求,有时需在不同章节设置不同页眉,比如在每节的奇数页页眉标明本章节标题,在每节的偶数页页眉标明"佛山职业技术学院",这就需要在添加奇偶页不同页眉的基础上,利用分节符进行各节不同页眉的设置。

在每节结束位置添加"分节符",进入页眉和页脚的编辑状态后,在【页眉和页脚工具—

设计】选项卡中的【选项】功能组中,勾选【奇偶页不同】复选框,并取消【链接到前一条页眉】按钮,即此按钮不突显,取消与前面节的链接,如图 3-177 所示。

图 3-177　【选项】功能组设置前后对比

以上设置完成后,文档页眉处便会显示"奇数页页眉—第 X 节"和"偶数页页眉—第×节",键入文本或者插入特殊信息,便可实现不同章节设置不同页眉,效果如图 3-178 所示。

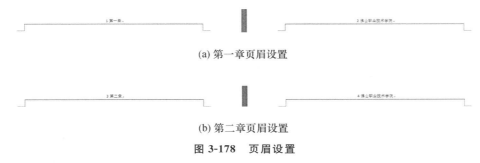

(a) 第一章页眉设置

(b) 第二章页眉设置

图 3-178　页眉设置

(2)添加页码

页脚与页眉对应,设置在页面的底部,在【插入】选项卡中的【页眉和页脚】功能组中便可完成设置,设置方法与页眉设置类似,这里不再赘述。一般情况,页码设置在页面的底部,也就是页脚区,接下来详细阐述页码的相关设置。

①添加普通页码

单击【插入】选项卡中的【页眉和页脚】功能组中【页码】按钮,在弹出的下拉菜单中选择页码出现的位置,若选择【页面底端】,在弹出的子菜单中选择一种页码格式即可插入页码。

完成页码插入后,如需对页码的格式进行修改,可单击【插入】选项卡中的【页眉和页脚】功能组中【页码】按钮,在下拉菜单中选择【设置页码格式】,弹出【页码格式】对话框。在【页码格式】对话框可设置编号格式以及起始页码等。

如需对页码数字的字体和字号进行修改,只需鼠标左键双击页脚区,选中页码文本,在【开始】选项卡中的【字体】功能组中进行相关设置即可,前文已详细说明,这里不再赘述。页码设置完成后,鼠标左键双击文本编辑区,退出页脚编辑。

②添加不同格式页码

论文文档的封面、目录、摘要等一般不需要添加页码,因此页码一般从正文的第一页开始编号,此时需要在整个文档中设置不同的页码。这部分操作与"添加奇偶页不同页眉"和"添加各节不同页眉"类似,以下操作建立在前文页眉设置的基础上。

在奇偶页设置不同格式页码:在添加普通页码的基础上,进入页眉和页脚的编辑状态后,在【页眉和页脚工具—设计】选项卡中的【选项】功能组中勾选【奇偶页不同】;光标定位于需要编制页码的起始页页脚区,单击【插入】选项卡中的【页眉和页脚】功能组中【页码】按钮,选择【页面底端】,在弹出子菜单中选择【普通数字 2】,完成奇数页页码设置(页码在页面底端居中位置);光标定位于需要编制页码的第二页页脚区,在【页码】菜单中选择【页面底端】,并选择【普通数字 3】,完成偶数页页码设置(页码在页面底端居中)。

在不同章节设置页码：设置分节符后，文档被分为不同章节，如无特殊要求，每节连续编页码，单击【插入】选项卡中的【页眉和页脚】功能组中【页码】按钮，在弹出的下拉菜单中选择【设置页码格式】，弹出【页码格式】对话框，在【页码编号】区选择【续前节】单选按钮，单击【确定】按钮。

若各章节需要各自重新编号，则可单击【插入】选项卡中的【页眉和页脚】功能组中"页码"按钮，在弹出的下拉菜单中选择"设置页码格式"，弹出"页码格式"对话框，在"页码编号"区选择"起始页码"单选按钮，从页码"1"重新编号。

任务 3.5   企业邀请函制作

　　在生活和工作中,人们常常要处理如信件、标签、邀请函、通知书等这类内容格式相对固定,极个别信息又不相同的文档。例如:在通知书这个例子中,人名、地址等信息在每个通知书中是不一样的,其他信息则基本一样。这类文书一般制作的数量较多,如果用常规的方法制作会比较烦琐。Word 准备了一个利器——邮件合并,利用它可轻松完成这类文档的制作。邮件合并可完成的文档类型有:信函、电子邮件、信封和标签等。

任务目标

　　1.掌握邀请函文书内容与格式要求;

　　2.掌握图片插入和图片格式设置;

　　3.掌握纸张大小、方向和页边距设置;

　　4.掌握 Excel 数据表的录入、编辑和保存;

　　5.熟悉主文档及数据源;

　　6.掌握邮件合并工具及使用;

　　7.掌握邮件合并后主文档的打开以及数据源表的再编辑;

　　8.掌握邮件合并中规则的使用。

任务描述

　　某公司是一家中小型民营企业,近期准备举办公司年会,对企业一年来的运营情况进行总结和表彰,同时也对企业新老客户进行答谢,小张最近已由人力资源部门转岗企业行政部门,制作企业年会邀请函这一任务自然交给小张来完成。小张完成的最终效果图如图 3-179 所示。

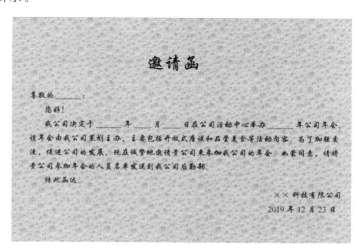

图 3-179   主文档效果

任务分析

Word 中的邮件合并可以用来批量制作准考证、请柬、工资条、成绩单、证书等。制作过程需要完成两个文件制作,一个是 Word 的主文档,一个是数据源的 Excel 表或 Access 数据库。分别制作后再将数据源中的数据合并到主文档中即可。企业邀请函,也是属于批量制作范畴,小张经过分析后,决定利用 Word 2010 软件中的邮件合并功能来完成,最终又快又好地完成了任务。

任务实施

1. 新建一空 Word 文档

如图 3-180 所示,在空白文档中输入以下内容。

邀请函

尊敬的_____先生/女士:

　　您好!

　　我公司决定于_____年_____月_____日在公司活动中心举办_____年公司年会,该年会由我公司策划主办,主要包括开放式座谈和品尝美食等活动内容。为了加强交流,促进公司的发展,现在诚挚地邀请贵公司来参加我公司的年会。如蒙同意,请将贵公司同意参加年会的人员名单发送到我公司后勤部。

　　特此函达。

××× 科技有限公司

2019 年 12 月 23 日

图 3-180　主文档内容

2. 按要求进行排版

(1)设置纸张大小:在【页面布局】选项卡上单击【纸张大小】按钮,选择【Executive】。如图 3-181 所示。

(2)设置纸张方向和页边距:在【页面布局】选项卡上单击【纸张方向】按钮,选择【横向】。单击【页边距】按钮,选择【适中】。

(3)设置页面颜色:在【设计】选项卡上单击【页面颜色】按钮,选择【填充效果】,在弹出的【填充效果】对话框中选择【纹理】选项卡中的"水滴"纹理,然后单击【确定】按钮。如图 3-182 所示。

(4)设置"邀请函"为"华文行楷,初号,居中";其余文字设置为"华文行楷,小二,单倍行距"。完成后以"晚会邀请函.docx"为文件名保存。

3. 输入联系人信息

打开 Excel 2010(将在下章学习),新建一空 Excel 表。在表 Sheel1 中输入图 3-183 所示内容,并以"晚会邀请人信息表.xlsx"为文件名保存。

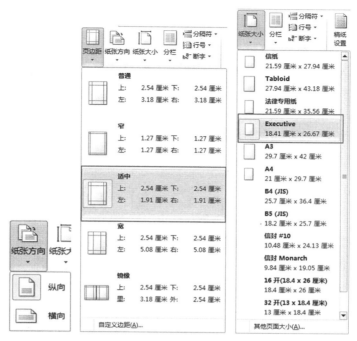

图 3-181　纸张大小、纸张方向和页边距设置

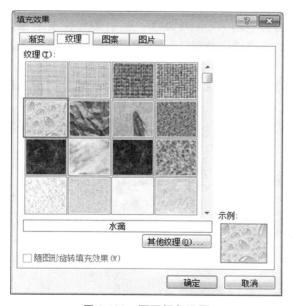

图 3-182　页面颜色设置

▲	A	B	C
1	姓名	称呼	性别
2	陈晓霖	市场部总监	女
3	宋文广	销售部总监	男
4	姜晨	财务部总监	女
5	王雪松	技术总监	男
6	刘武平	公关部总监	男

图 3-183　邀请人信息表

其中第一行为各列的列名称，数据从第二行开始，每个数据一格，每个人员的数据一行。

4.邮件合并

打开前面完成的主文档"晚会邀请函.docx"。本例中将使用到【邮件】选项卡的部分工具，如图 3-184 所示。【邮件】选项卡中包括了邮件合并所需的所有工具，其分为五大栏目，分别是：【创建】、【开始邮件合并】、【编写和插入域】、【预览结果】和【完成】等。

图 3-184 邮件合并工具

具体操作如下。

步骤 1：选择"数据源"。

(1)在【邮件】选项卡上单击【选择收件人】按钮，在下拉菜单中选择【使用现有列表(E)…】，如图 3-185 所示。

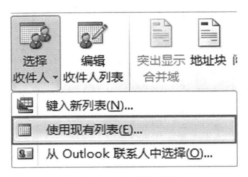

图 3-185 指定数据源

关于"选择收件人"的说明：

本例中由于已经创建数据源表，故这里选择"使用现有列表(E)…"。若操作前未创建数据源，可选择这里的"键入新列表(N)…"来手动键入收件人的基本信息。或者也可以选择"从 Outlook 联系人中选择(O)…"来从电子邮件中提取联系人的信息。

(2)在弹出的【选择数据源】对话框中定位好数据源表的位置，鼠标选择"晚会邀请人信息表.xlsx"文件，然后单击【打开】按钮。

(3)在随后出现的【选择表格】对话框中，选择"Sheet1＄"，单击【确定】按钮完成数据源的选择操作。如图 3-186 所示。

图 3-186 【选择表格】对话框

步骤 2：将"数据源"中的数据插入到主文档中。

(1)将文档光标定位在要插入数据的位置，这里定位在主文档中的"尊敬的"右边。然后在【邮件】选项卡中选择【插入合并域】。

(2)在随后出现的【插入合并域】对话框中，分别选择【姓名】、【称呼】，并单击【插入】按钮,插入数据域到文档当前位置,完成后单击【关闭】按钮关闭对话框。插入数据域操作及其效果如图 3-187 所示。

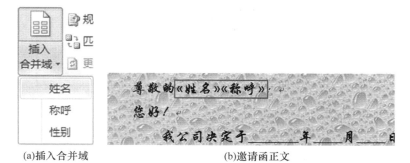

(a)插入合并域　　　　　　　　　(b)邀请函正文

图 3-187　插入合并域操作

步骤 3:预览或完成邮件合并。

(1)通过【邮件】选项中的【预览结果】和【完成】栏,可即时查看邮件合并的结果以及将邮件合并结果生成新文档以打印输出。如图 3-188 所示。

其各项功能说明如下:

单击【预览结果】按钮,可在当前主文档中显示或隐藏合并的结果,如图 3-189 所示。

单击中的按钮可前后逐一显示每个人员的信息。

图 3-188　预览结果及完成合并工具

图 3-189　预览结果

单击【查找收件人】按钮,将弹出如图 3-190 所示对话框,可在所有域或指定域中查找到具有某值的条目信息。

单击【自动检查错误】按钮,将弹出如图 3-191 所示对话框。在这里可以进行模拟合并或完成合并,以检查并报告合并过程中的各类错误。

图 3-190　查找条目

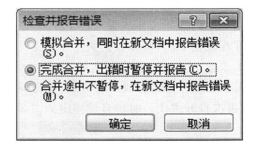

图 3-191　检查合并错误

(2)在【邮件】选项中单击【完成并合并】按钮,在下拉菜单中选择【编辑单个文档(E)…】,在弹出的【合并到新文档】对话框中,选择合并记录【全部】,然后单击【确定】按钮即可。如图 3-192 所示。效果如图 3-193 所示。

(a)【完成并合并】下拉菜单　　　　　(b)【合并到新文档】对话框

图 3-192　完成邮件合并操作

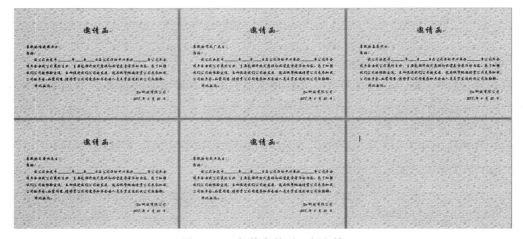

图 3-193　邮件合并到一新文档

如果没有任何错误,将看到结果合并到一个新文档中,每一页将显示不同人员的信息。新生成的文档可保存以备以后打印。至此完成了邀请函的整个制作。

【完成并合并】按钮不仅可将邮件合并后的结果生成到一个新的文档中,也可以直接打印或通过电子邮件发送给其他人,这里省略具体操作。

拓展知识

具体的邮件合并步骤查看任务实施,这里不再赘述。下面讲述当邮件合并后的主文件保存在硬盘中后,对源数据文件和主文件的操作。

步骤 1:启动邮件合并后的主文件。

主文档一旦进行邮件合并后,其将与数据源表进行一种数据链接。因此在保存主文档后,再次打开主文档时将自动弹出如图 3-194 所示的对话框。

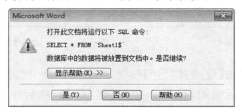

图 3-194　主文档再次打开时的提示框

这时选择【是】表示打开主文档同时保持与数据源表的数据链接，而选择【否】则只打开主文档但断开与数据源表的数据链接。

这里需要说明的是：数据源表的文件名称和存储位置一般不要改变，如果改变，则在打开时将出现如图 3-195 所示的无法找到数据源表错误，并且会显示【数据链接属性】对话框，如图3-196所示。

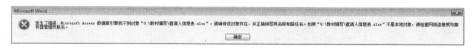

图 3-195　数据源表出错的提示

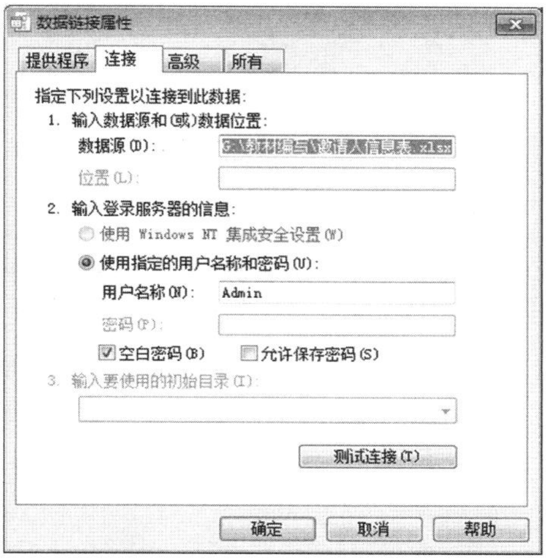

图 3-196　【数据链接属性】对话框

这种情况下一种比较简单的解决办法是：打开主文档时要选择【否】，然后在打开的主文档中重新指定新的数据源表即可。

步骤 2：再次编辑数据源表。

(1)直接打开数据源表编辑

在主文档未打开时，可以自由打开数据源表来进行编辑。不同的编辑对主文档的再次打开会有不同的影响。

①加新的人员

例如在原数据源表末尾添加新的人员信息，如图 3-197 所示。

	A	B	C
1	姓名	称呼	性别
2	陈晓霖	女士	女
3	宋文广	先生	男
4	姜晨	女士	女
5	王雪松	先生	男
6	刘武平	先生	男
7	张文清	女士	女
8	曾绍稳	男士	男

图 3-197　在数据源表中添加新人员信息

新的人员信息不会影响到主文档的正常打开,而且主文档中可正常显示新添加的人员。其添加后的结果如图 3-198 所示。

图 3-198　【邮件合并收件人】对话框中查看新增结果

②加新的数据列

例如在原数据源表右边添加新的列,如图 3-199 所示。新的添加的数据列也不会影响到主文档的正常打开,而且主文档中可通过【邮件】选项卡中的【插入合并域】按钮查看到新添加的数据列,并能将其插入主文档中,如图 3-200 所示。

	A	B	C	D
1	姓名	称呼	性别	电话
2	陈晓霖	女士	女	13225321254
3	宋文广	先生	男	13225321255
4	姜晨	女士	女	13225321256
5	王雪松	先生	男	13225321257
6	刘武平	先生	男	13225321258
7	张文清	女士	女	13225321259
8	曾绍稳	男士	男	13225321260

图 3-199　添加新的数据列　　　　图 3-200　插入新的合并域

③改原数据列的列名

例如修改原数据源表第 1 行第 B 列中的"称呼"为"身份"。当再次打开主文档时不会立即报错,而当单击【预览结果】或【完成并合并】按钮时,则会弹出【无效的合并域】对话框。如图 3-201 所示。

其主要原因便是前面合并域为"称呼"而现在已被改为了"身份"。解决的办法是重新指定新的合并域来替换,即用"身份"替换原来的"称呼",操作如图 3-202 所示。一般建议不要随意修改数据列的列名,以免造成邮件合并时出错。

④删除原数据列

一旦删除原数据源表中的数据列,则在主文档中引用该数据列作为合并的域将无法正

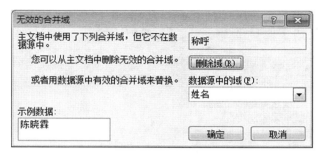

图 3-201　数据列名称被修改后的错误

图 3-202　数据列名称错误的处理

常预览和合并生成。当单击【预览结果】或【完成并合并】按钮时,也会弹出如图 3-201 所示的【无效的合并域】对话框。解决的办法是直接单击对话框中的【删除域】按钮,从主文档中删除此无效的合并域。

（2）在主文档中编辑数据源表

如果打开主文档的同时保持了对数据源表的链接,这时数据源表将不能直接打开编辑。若强制打开,则会弹出如图 3-203 所示的对话框,这时只能以"只读"方式打开,不能进行编辑。

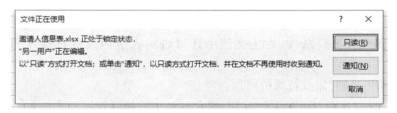

图 3-203　数据源表正被主文档使用中

此时可在主文档中利用【邮件】选项卡中的【编辑收件人列表】功能对原数据源表进行编辑。单击【编辑收件人列表】按钮将弹出【邮件合并收件人】对话框,如图 3-204 所示。

在这里可以添加新的人员,具体操作如下:

在【邮件合并收件人】对话框中,单击【数据源】列表框的【晚会邀请人信息表】选项,然后单击其下方的【编辑（E）…】按钮,将弹出【编辑数据源】对话框,如图 3-205 所示。

单击对话框中【新建条目（N）】按钮,将在人员列表添加一个新的记录,输入新的人员信息然后单击【确定】即可完成。在本窗口中可多次添加新的人员或修改现有人员的信息数据。

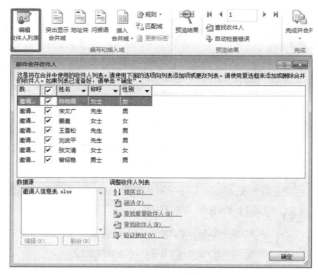

图 3-204　在主文档中编辑数据源表

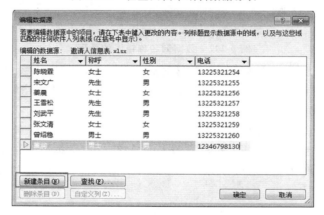

图 3-205　添加新的人员信息

　　除添加和修改人员信息外,在主文档中还可以对人员列表进行排序和筛选,具体操作略。

　　步骤 3:运用"规则"完成特殊的邮件合并。

　　邮件合并中的"规则"提供了 9 种对邮件合并过程的特殊控制。通过运用"规则"可以灵活地完成各种特殊的邮件合并。例如在邀请函这个例子中,对于老师和同学不同身份的人可使用不同的问候语,如尊敬的×××老师,亲爱的×××同学。下面以其中的"如果…那么…否则(Ⅰ)…"规则来完成这个例子。

　　(1)首先打开主文档"企业邀请函.docx",将第一段的"尊敬的"问候语部分删除。

　　(2)将插入点光标放在"《姓名》"域的左边,在【邮件】选项卡中单击【规则】下拉菜单,选择【如果…那么…否则(Ⅰ)…】规则。在弹出的【插入 Word 域:IF】对话框中进行设置:将"域名"项选定为"称呼","比较条件"选定为"等于","比较对象"文本框中输入"老师","则插入此文字"中输入"尊敬的","否则插入此文字"中输入"亲爱的",完成后单击【确定】按钮即可。如图 3-206 所示。

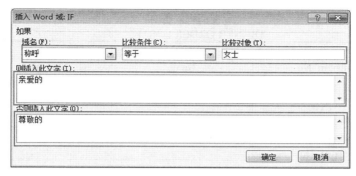

图 3-206　IF 规则设置

（3）利用格式刷将新添加域的文本格式设置成一致即可。

（4）通过【预览结果】按钮预览合并后的结果，此时对于"老师"将显示"尊敬的"，而对于"同学"将显示"亲爱的"。如图 3-207 所示。

图 3-207　IF 规则应用后效果

其他"规则"功能的使用方法一样。

拓展训练

一、请制作如下表格。

自荐应聘心得交流会评分表

序号	发言标题	内容	观点	材料	语言	姿态	总分
		2	2	2	2	2	
综合评价							

二、请制作如下表格。

散客定餐单
DINNER ORDER FORM   NO.

房号 Room No.	姓名 Name	国籍 Nationality
酒家 Name of restaurant		
用膳日期时间 Date&Time		
人数 Persons		台数 Tables	
每人（台）标准 Price for each Person(table)			
有何特殊要求 Special Preferences Price			
处理情况	酒家承办人：		

经手人：

年　月　日

三、按要求完成下列项目。

办公设备管理制度

（一）目的与定性

为了更有效地管理和使用公司的计算机、打印机等办公设备,使现代办公设备在本公司生产和管理中充分发挥作用,提高办公设备的使用效率和使用寿命,确保办公设备安全、可靠、稳定地运行,特制定本制度。

公司办公设备,包括计算机及附属设备、网络设施、电话机、传真机、打印机、监控、投影仪等专用于公司办公、开会及培训所用的资讯设备。

（二）各部门对办公设备的管理职责

1.行政处是公司办公设备统一归口管理部门。

2.行政处负责公司办公设备配置计划及调整方案的制定。

3.行政处负责公司办公设备采购审核工作。

4.行政处负责公司办公设备报修、网络故障排除及统一对外联系工作。

5.行政处负责公司办公设备登记造册和日常检查工作。

6.财务部负责公司办公设备进账、折旧及报废工作,做到账物相符,同时负责闲置办公设备的保管工作。

7.采购部负责根据经审核批准的办公设备采购申请单对外比价采购。

8.采购部负责公司办公设备相关耗材,如纸张、墨盒、硒鼓等采购工作。

9.办公设备使用部门负责设备的日常维护,并按本规定的要求正确使用。

10.办公设备(计算机、电话等)使用人负责该设备的日常维护与保养,按本规定的要求正确使用。

11.个人或部门领取办公设备须到行政处填写办公用品领用单,行政处做好备案。

项目要求:

新建一个 Word 2010 文档,输入文字,并按要求进行设置:

1.设置标题:字体为宋体,字号为二号,加粗,颜色为黑色。

2.设置正文文字:字体为宋体,字号为小四号,颜色为黑色。

3.将正文部分的段落格式设置为首行缩进两个字符,并设置行距为"1.5 倍行距"。

4.给文本添加项目符号,并设置这几段文字为"绿色"、"加粗"。

5.给文本"计算机"添加着重号。

6.为最后一段添加双下划线,并设置颜色为红色。

7.保存文档,保存名称为:办公设备管理制度。

四、按要求完成下列项目。

办公软件

　　通过 Office 管理器的自定义功能,可以根据日常工作的需要,将计算机中常用软件的图标(例如:文件管理器、MS-DOS 提示符、计算器、游戏或图形处理软件等)加到工具栏,使操作更加便捷。

　　Microsoft Office 管理器在屏幕上显示一个工具栏。工具栏包含 Office 各主要成员的图标。单击相应的图标,可以迅速启动需要的应用程序或在已启动的应用程序间进行切换;或者启动当前应用程序的第二个实例;或者在屏幕平铺、排列两个应用程序。

　　最终结果如下:

要求如下:

1.将全文字体设为小四号,浅蓝色。页面设置:A4 纵向,左边距 2.5 厘米,右、上、下边距 2 厘米。

2.将标题转换为艺术字,使用艺术字库第 3 行第 5 列样式,字体为华文新魏,字号 48 号,加粗,环绕方式为四周型。

3.在文档中相应位置插入剪贴画中的图形,大小缩放 50%,紧密型环绕方式,旋转 330 度,冲蚀图片。给文档添加背景水印,文字为"办公软件"。(注:在 Word 2002 中设置尺寸为 105),隶书,蓝色,水平。

4.在文档最后另起一段录入文字"办公软件",并将其复制粘贴 5 次,成为一个段落。再将该段落复制一遍,粘贴为另一段。

五、按要求完成以下项目。

毕业前需要毕业生完成一篇本专业的论文,请你按照所学专业完成一篇相关论文,并按要求设置论文。

1.设置论文的格式。

2.为论文添加目录。

3.为论文添加页眉和页脚,要求奇数页的页眉为论文题目,偶数页的页眉为学校名称。

项目 4　Excel 2010 表格处理与分析

Excel 2010 是美国微软公司发布的 Office 2010 办公套装软件中的一个重要组成部分,它不仅具有一般电子表格软件所包括的处理数据、制表和图形等功能,还具有智能化的计算和数据管理、数据分析等能力,它界面友好、操作方便、功能强大、易学易会,深受广大用户的喜爱,是一款优秀的电子表格制作软件。

本单元通过 4 个典型任务介绍 Excel 2010 的使用方法,包括基本操作,编辑数据与设置格式的方法和技巧,公式和函数的使用,图表的制作与美化,数据的排序、筛选与分类汇总以及数据透视表、数据透视图的创建等内容。

任务 4.1　创建学生信息表

学生信息表包含学生的学号、姓名、性别、联系方式等,便于教师掌握学生的基本信息,更好地管理学生。本任务以创建学生信息表为例,介绍了 Excel 的窗口、数据的输入与编辑、单元格的编辑、表格的格式化操作以及表格的打印等内容。

任务目标

1.掌握启动、退出 Excel 的方法;

2.了解 Excel 窗口的组成;

3.掌握单元格、工作表、工作簿的概念;

4.掌握数据的输入和编辑;

5.掌握单元格的编辑;

6.熟悉表格的格式化操作;

7.熟悉表格的打印。

任务描述

踏入新的学校,组建了新的班级,为了使同学们更好更快地相互熟悉,也方便老师和班干部掌握同学们的基本情况从而开展工作,班长对班内同学的基本信息进行统计,并以"学生信息表"为文件名进行保存并打印交给老师。结果如图 4-1 所示。

	学号	姓名	性别	出生日期	政治面貌	生源地
				学生信息表		
3	201211301	李国涛	男	1994-2-11	团员	江西南昌
4	201211302	李琪健	男	1994-6-6	团员	广东中山
5	201211303	魏浩峰	男	1994-8-1	团员	广东肇庆
6	201211304	吴锡宁	男	1995-2-14	团员	山东济南
7	201211305	张浩	男	1994-5-5	团员	江西南昌
8	201211306	邓菲儿	女	1995-1-16	团员	湖北荆州
9	201211307	陈琪敏	女	1994-9-17	团员	河南南阳
10	201211308	徐紫萱	女	1994-11-18	群众	广东珠海
11	201211309	何茵嫦	女	1995-2-9	团员	广东深圳
12	201211310	黄晓志	男	1994-2-20	团员	广东珠海
13	201211311	何妙婷	女	1994-4-21	团员	湖北武汉
14	201211312	吴丽琼	女	1994-10-5	团员	四川成都
15	201211313	何丽春	女	1994-7-23	团员	广东佛山
16	201211314	邝伟雄	男	1994-9-2	群众	广西百色
17	201211315	谭凤莲	女	1994-1-25	团员	广东佛山
18	201211316	吴连英	女	1995-1-2	团员	湖北宜昌
19	201211317	陈玉娟	女	1994-2-27	团员	广东深圳
20	201211318	温桂雄	男	1994-3-8	团员	广东广州
21	201211319	吴淑琼	女	1994-3-1	团员	广东汕头
22	201211320	李智友	男	1994-7-11	团员	广东佛山
23	201211321	何翠霞	女	1994-9-19	团员	四川重庆
24	201211322	吴海营	男	1994-12-4	群众	广东惠州
25	201211323	张秀娟	女	1994-3-5	团员	广东佛山
26	201211324	赵婷	女	1995-3-18	团员	海南三亚
27	201211325	赵丽萍	女	1994-3-7	团员	广西桂林
28	201211326	梁嘉盈	女	1994-5-8	团员	海南海口
29	201211327	赖雅莹	女	1994-8-19	团员	广东汕头
30	201211328	杨晓华	男	1994-3-10	团员	广东佛山
31	201211329	张洁珊	女	1994-12-11	团员	海南三亚
32	201211330	程超健	男	1994-8-19	团员	广西北海

图 4-1　学生信息表

任务分析

· 通过 Excel 提供的自动填充功能，可以自动生成序号。
· 通过"开始"选项卡中的按钮，可以设置单元格数据的格式、字体、对齐方式等。
· 通过"删除"对话框，可以实现数据的删除、相邻单元格数据的移动。
· 通过对"数据有效性"对话框进行设置，可以保证输入的数据在指定的界限内。
· 通过"新建格式规则"对话框，可以将指定单元格区域的数据按要求格式进行显示。

任务实施

一、新建"学生信息表"工作簿

单击【开始】→【程序】→【Microsoft Office】→【Microsoft Excel 2010】命令，打开 Excel 2010，自动创建一个新的工作簿。

二、输入表格数据

在 Excel 2010 工作表中的单元格和 Word 一样，可以输入文本、数字以及特殊符号等，数据类型也各不相同。Excel 2010 的数据类型包括文本型数据、数值型数据、日期时间型数据,不同数据类型输入的方法是不同的,所以在电子表格输入数据之前,我们首先要了解所输入数据的类型。

要在单元格中输入数据首先要定位单元格,可以采用以下方法:

方法一:单击输入数据的单元格,直接输入数据,按下 Enter 键确认。

方法二:双击单元格,单元格内出现插入光标,将插入光标移到适当位置后开始输入,这种方法常用于对单元格内容的修改。

方法三:单击单元格,然后单击编辑栏,并在其中输入或编辑单元格中的数据,输入的内容将同时出现在单元格和编辑栏上,通过单击输入按钮确认输入。如果发现输入有误,可以利用退格键 Delete 删除字符,也可用 ESC 键或单击取消按钮取消输入。

1.输入文本型数据

文本可以是任何字符串或数字与字符串的组合。在单元格中文本自动左对齐。一个单元格中最多可输入 3200 个字符。当输入的文本长度超过单元格列宽且右边单元格没有数据时,允许覆盖相邻单元格显示。如果相邻的单元格中已有数据,则输入的数据在超出部分处截断显示。默认单元格中的数据显示方式为"常规",其代表的意思是如果输入的是字符,则按文本类型显示;如果输入的是日期格式,则按日期格式显示;如果输入的是 0~9 的数据,则按数值型数据显示。

点击 A1 单元格,输入"学生信息表",按回车结束输入,按同样的方法输入各信息列的名称。如图 4-2 所示。

图 4-2　输入文本型数据

如果要将数字作为文本输入,一般采用以下两种方法:

方法一:应在数字前面加上一个英文单引号"'",如"001"。

方法二:选定单元格,在"开始"选项卡下,单击【单元格】组中的【格式】,在弹出的下拉菜单中选择设置单元格格式,如图 4-3 所示。选择【数字】选项卡中的【文本】项,单击【确定】按钮,则该单元格输入的数字将作为文本处理。

点击学号下面的单元格,输入学号,如"201211301",这时会看到单元格的左上角有绿色的小三角,表示这是文本形式的数字。

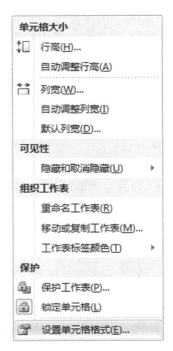

图 4-3　【格式】下拉菜单

在 Excel 表格的制作过程中,对于相同数据或者有规律的数据,Excel 自动填充功能可以快速地对表格数据进行录入,从而减少重复操作所造成的时间浪费,提高用户的工作效率。由于学号是连续的,我们可以利用自动填充功能输入所有同学的学号。

使用填充序列有三种方法:

方法一:通过控制柄填充数据。

Excel 2010 中,选择单元格后,出现在单元格右下角的黑色小方块就是控制柄。

操作方法如下:

①选定起始单元格或单元格区域。如"学生信息表"中的已输入学号的单元格"201211301"。

②光标指向单元格右下方的控制柄。

③按住鼠标左键拖动控制柄到向下填充所有目标单元格后释放鼠标左键。效果如图 4-4 所示。

方法二:通过对话框填充序列数据。

在 Excel 2010 中,像等差、等比、日期等有规律的序列数据,我们也可以通过序列对话框来填充,具体操作方法如下:

①首先在一个目标单元格中(如 A3)输入内容"201211301",此时 201211301 被当成数值而不是文本,然后选定要填充数值的所有目标单元格(如 A3～A12)。

②在"开始"选项卡的【编辑】组中单击【填充】,在弹出的下拉菜单中选择【系列】命令打开【序列】对话框,如图 4-5 所示。

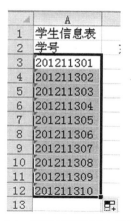

图 4-4　利用控制柄填充学号

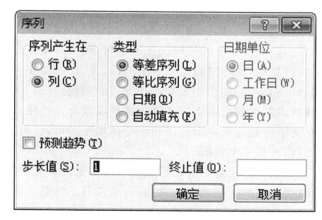

图 4-5　【序列】对话框

③在对话框中进行相应的设置：在【序列产生在】选项中选择"列"；在【类型】选项中选择"等差数列"；"步长值"设定为 1。

④单击"确定"，则在 A1：A12 区域填好一个以 201211301 开始的等差序列。如图 4-6 所示。

方法三：利用"自动填充"功能填充单元格。

"自动填充"功能是根据被选中起始单元格区域中数据的结构特点，确定数据的填充方式。这种方式也常用于输入数值型数据。如果选定的多个单元格的值不存在等差或等比关系，则在目标单元格区域填充相同的数值；如果选定了多个单元格且各单元格的值存在等差或等比关系，则在目标单元格区域填充一组等差或等比序列。

方法如下：

①在工作表中输入数据序列，如分别在 A1 单元格输入 1，在 A2 单元格输入 3。

②选择已经输入的数据序列，拖动控制柄向下选择要填充的目标单元格区域，松开鼠标完成序列填充，可以看到下面的单元格已经填上步长为 2 的等差数列。如图 4-7 所示。

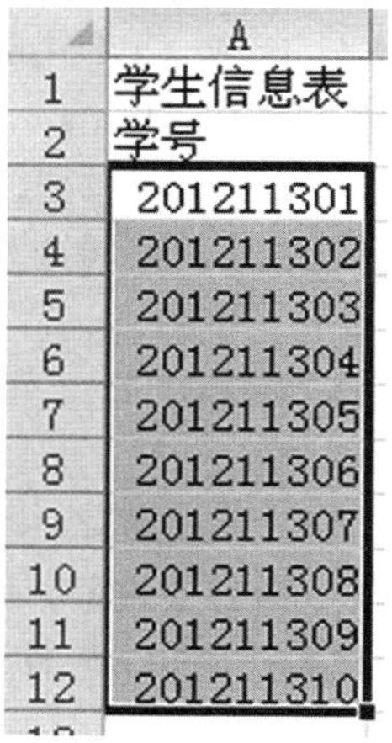

图 4-6　利用对话框填充数值序列 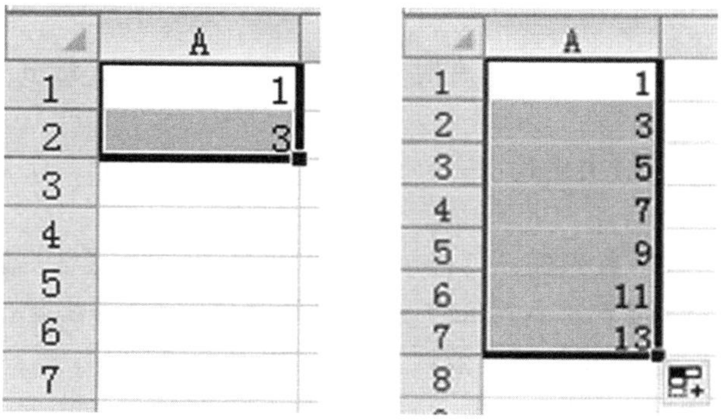　　　　　　图 4-7　自动填充序列

如果 Microsoft Excel 在单元格中显示＃＃＃＃＃，则可能是输入的内容比较长，单元

格不够宽,无法显示该数据。若要扩展列宽,请双击包含出现＃＃＃＃＃错误的单元格的列的右边界。这样可以自动调整列的大小,使其适应数字。也可以拖动右边界,直至列达到所需的大小。另外当单元格的宽度不够时,还可以设置自动换行,也可以缩小字体填充。如果需要换行显示,在【开始】选项卡下的【对齐方式】组中,单击【自动换行】即可,还可以利用组合键 Alt＋Enter;如果需要缩小填充,选择目标单元格,单击【开始】选项卡下的【单元格】组中的【格式】,在弹出的下拉菜单中选择设置单元格格式,在打开的对话框中选择【对齐】选项卡,在文本控制复选框中选择缩小字体填充即可,也可以复选自动换行进行换行显示。

2.输入数字型数据

数字型数据也是 Excel 工作表中最常见的数据类型。数字型数据自动右对齐,如果输入的数字超过单元格宽度,系统将自动以科学计数法表示。若单元格中填满了"＃"符号,说明该单元格所在列没有足够的宽度显示这个数字。此时,需要改变单元格列的宽度。

在单元格中输入数字时需注意下面几点:

(1)输入负数时,在数字前面加上一个减号"－"或将其放在括号内,输入正数时,正号"＋"可以忽略。

(2)输入分数时,应先输入一个 0 加一个空格,如输入 0 3/5,表示五分之三。否则,系统会将其作为日期型数据处理。

(3)输入百分数时,先输入数字,再输入百分号,则该单元格将应用百分比格式。

3.输入日期型数据

Excel 把日期和时间作为特殊类型的数据。这些数据的特点是采用了日期或时间的格式。在单元格中输入可识别的时间和日期数据时,单元格的格式自动从"通用"转换为相应的"日期"或者"时间"格式,而不需要去设定该单元格为"日期"或者"时间"格式。输入的日期和时间自动右对齐,如果输入的时间和日期数据系统不可识别,则系统视为文本处理。

按照上述方法输入学生信息表中的"出生日期"列的数据,如在 D3 单元格输入"1994-2-11"或"1994/2/11"都可以。如图 4-8 所示。

系统默认时间用 24 小时制的方式表示,若要用 12 小时制表示,可以在时间后面加空格,然后输入 AM 或 PM,用来表示上午或下午。

可以利用快捷键快速输入当前的系统日期和时间,具体操作如下:按 Ctrl＋;键可以在当前光标处输入当前日期;按 Ctrl＋Shift＋;可以在当前光标处输入当前时间。

4.设置数据有效性

人工输入数据有时难免会出错,我们可以利用 Excel 的数据有效性功能检查输入的数据的有效性。

如对出生日期一列设定只能输入 1994 年 1 月 1 日到 1995 年 12 月 31 日之间的日期。操作如下:

(1)首先选择目标单元格 D3～D32,打开【数据】选项卡,单击【数据工具】组中的【数据有效性】下的小三角形,在弹出的菜单中选择【数据有效性】,打开【数据有效性】对话框。

(2)在【数据有效性】对话框中,【设置】选项卡下单击【允许】的下拉菜单,在展开的下拉菜单中选择【日期】。

(3)单击【数据】的下拉菜单,在展开的下拉菜单中选择【介于】。在开始日期文本框中输入 1994-1-1,在结束日期文本框中输入 1995-12-31,单击【确定】按钮,如图 4-9 所示。

图 4-8　"出生日期"列

图 4-9　【数据有效性】窗口

如果用户输入的日期超出范围,系统将拒绝输入,并显示如图 4-10 所示的警告框。

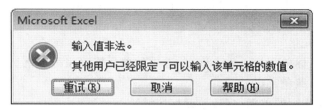

图 4-10　有效性警告

如性别一列要限定只能输入"男"和"女",则可先在某两个连续的单元格中分别输入"男"和"女"两个值,然后在有效性条件中选择允许序列,如图 4-11 所示。

图 4-11　设定性别列的数据有效性

完成设置后,在性别列输入数据时将可以选择序列中的值,使用户输入更方便。 如图
4-12 所示。

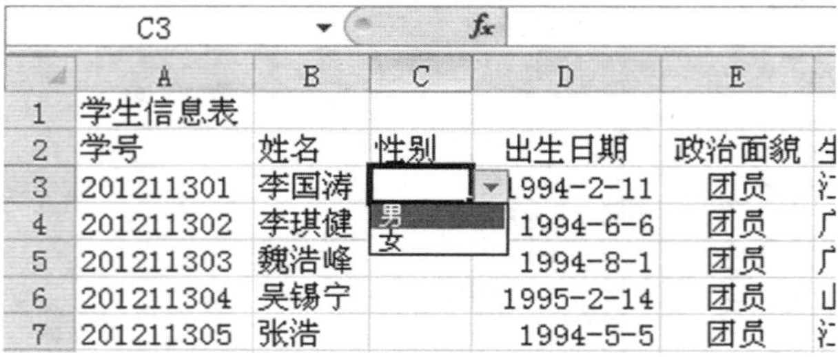

图 4-12   利用数据有效性设置输入性别列数据

三、单元格的编辑

用户在对表格中的数据进行处理的时候,最常用的操作就是对单元格的操作,掌握单元
格的基本操作可以提高我们制作表格的速度。 Excel 2010 中单元格的基本操作包括插入、
删除、合并与拆分等,但是要对单元格操作首先要选择单元格,下面我们分别讲述。

1. 选择单元格

(1)选择单个单元格

将鼠标移动到目标单元格上单击即可,选中的单元格以粗黑边框显示,同时该单元格对
应的行号和列号也以黄色突出显示。

(2)选择多个非连续的单元格(或单元格区域)

选择第一个单元格或单元格区域后,按住 Ctrl 的同时单击选择其他单元格或区域。

要取消对不相邻选定区域中某个单元格或单元格区域的选择,就必须首先取消整个选
定区域。

(3)选择多个连续的单元格(或单元格区域)

单击目标区域中的第一个单元格,然后拖至最后一个单元格,或者在按住 Shift 键的同
时按箭头键以扩展选定区域。

也可以选择该区域中的第一个单元格,然后按 F8,使用箭头键扩展选定区域。 要停止
扩展选定区域,请再次按 F8。

(4)选择整行或整列

单击行标题或列标题。

(5)选择相邻的行或列

在行标题或列标题间拖动鼠标,或选择第一行或第一列后按住 Shift 键的同时选择最
后一行或最后一列。

(6)选择不相邻的行或列

单击选定区域中第一行的行标题或第一列的列标题后,按住 Ctrl 键的同时单击要添加
的其他行的行标题或其他列的列标题。

(7)选择全部单元格

单击当前工作表左上角的全选按钮,也就是行号和列号交叉处位置的标记,或使用快捷
键“Ctrl+A”。 如果工作表包含数据,按 Ctrl+A 可选择当前区域。 按住 Ctrl+A 一秒钟可
选择整个工作表。

如果要取消选择的单元格或单元格区域,单击工作表中的任意单元格即可。

2.单元格数据的修改

在工作表中输入数据时,常常需要对单元格的数据进行修改和清除。

修改单元格数据一般有以下三种方法:

方法一:在单元格中直接修改。

用鼠标双击要修改的单元格,将鼠标指针移到需要修改的位置,根据需要对单元格的内容直接进行修改即可。

方法二:利用编辑栏修改单元格的内容。

选择要修改的单元格,使其变为活动单元格,该单元格中的内容将在编辑栏显示,单击编辑栏并将鼠标指针移到需要修改的位置,根据需要直接对单元格的内容进行修改。修改结束按 Enter 键或单击确认按钮保存修改,也可以按 Esc 键或单击取消按钮,放弃本次修改。

方法三:替换单元格的内容。

选择要修改的单元格,使其变为活动单元格,直接输入新的内容替换单元格原来的内容即可。

3.单元格数据的移动与复制

移动单元格数据,就是将数据移到另一个单元格放置,当数据放错单元格,或要调整位置时,皆可用搬移的方式来修正,而当工作表中要重复使用相同的数据时,可将单元格的内容复制到要使用的目的位置,节省一一输入的时间。

在 Excel 中移动与复制单元格内容有以下四种方法:

方法一:使用菜单。

选择单元格或单元格区域,如果要移动单元格内容,单击【开始】选项卡下【剪贴板】组中【剪切】命令;如果要复制单元格内容,单击【开始】选项卡下【剪贴板】组中【复制】命令。这时所选区域的单元格边框就会出现滚动的水波浪线。用鼠标单击目标单元格位置,单击【剪贴板】组中【粘贴】命令即可将单元格的内容移动或复制到目标单元格。在复制单元格内容时,如果选择【粘贴】下的【选择性粘贴】命令,则弹出【选择性粘贴】对话框,按照对话框上的选项选择需要粘贴的内容。

方法二:使用鼠标。

选择单元格或单元格区域,将鼠标放置到该单元格的边框位置,鼠标指针变成四向箭头,此时按住鼠标左键并拖动至目标单元格,释放鼠标左键,即可完成单元格内容的移动;如果要复制单元格内容,按住鼠标左键的同时按下 Ctrl 键并拖动到目标单元格后释放,即可完成单元格内容的复制。

方法三:使用右键。

选择单元格或单元格区域,如果要移动单元格内容,单击右键在弹出菜单中选择【剪切】选项,如果要复制单元格内容,选择【复制】选项,这时所选区域的单元格边框就会出现滚动的水波浪线。然后单击选择目标单元格位置,在右键菜单中选择【粘贴】选项即可。

方法四:使用快捷键。

选择单元格或单元格区域,按快捷键 Ctrl+X 将要移动的内容剪切到剪贴板,如果要复制单元格内容,则按快捷键 Ctrl+C。这时所选区域的单元格边框就会出现滚动的水波浪线。然后单击选择目标单元格位置,按快捷键 Ctrl+V 完成粘贴操作即可。

　　复制或搬移单纯的文字、数字数据还算简单，但若是要搬移、复制含有公式的单元格，可就要格外当心了！后面我们会解析复制与搬移对公式的影响。

　　4. 插入和删除单元格

　　在输入数据的过程中如发现资料漏掉，需要在现有的资料中插入一些资料时，就需要先在工作表中插入空白列、行或单元格，再到其中输入资料；若有空白的单元格，或用不到的内容，则要将之删除。

　　(1) 插入单元格

　　方法一：使用菜单插入。

　　选择目标单元格，在【开始】选项卡的单元格组中单击【插入】下方的下拉按钮，在弹出的下拉菜单中选择【插入单元格】子菜单。如果需要插入一行，单击要插入位置后面的行标，选择一行单元格，单击【开始】选项卡的单元格组中【插入】下方的下拉按钮，在弹出的下拉菜单中选择【插入工作表行】子菜单，Excel 在当前位置插入一行，原有的行自动下移。若要在当前的工作表中插入多行，首先选定需要插入行的单元格区域（注：插入的行数就是选定单元格区域的行数），然后单击【开始】选项卡的单元格组中【插入】下方的下拉按钮，在弹出的下拉菜单中选择【插入工作表行】子菜单，则可在当前的单元格区域位置插入多个空白行，原有的单元格区域行自行下移。

　　插入列的操作类似，单击要插入位置后面的列标，选择一列单元格，单击【开始】选项卡的单元格组中【插入】下方的下拉按钮，在弹出的下拉菜单中选择【插入工作表列】子菜单，Excel 在当前位置插入一列，原有的列自动右移。若要在当前的工作表中插入多列，首先选定需要插入列的单元格区域（注：插入的列数就是选定单元格区域的列数），然后单击【开始】选项卡的单元格组中【插入】下方的下拉按钮，在弹出的下拉菜单中选择【插入工作表列】子菜单，则可在当前的单元格区域位置插入多个空白列，原有的单元格区域列自行右移。

　　方法二：使用右键插入。

　　选择目标单元格，在目标单元格上右击，弹出的快捷菜单中选择【插入】命令，弹出下拉菜单，如果需要添加行，选择【在上方插入表行】，Excel 在当前位置的上方插入一行空白行；如果需要添加列，选择【在左侧插入表列】，Excel 在当前位置的左侧插入一列空白列。

　　(2) 删除单元格

　　方法一：使用菜单删除。

　　选择目标单元格，在【开始】选项卡的单元格组中单击【删除】下方的下拉按钮，在弹出的下拉菜单中选择【删除单元格】子菜单即可。如果删除整行，选择整行，或者该行内某一单元格，在【开始】选项卡的单元格组中单击【删除】下方的下拉按钮，在弹出的下拉菜单中选择【删除表格行】子菜单即可。如果删除整列，选择整列，或者该列内某一单元格，在【开始】选项卡的单元格组中单击【删除】下方的下拉按钮，在弹出的下拉菜单中选择【删除表格列】子菜单即可。

　　方法二：使用右键删除。

　　选择目标单元格，在目标单元格上单击右键，弹出的快捷菜单中选择【删除】命令，弹出下拉菜单，如果要删除整行选择【表行】即可；如果删除整列选择【表列】即可。

　　5. 合并与拆分单元格

　　在表格制作过程中，有时候为了表格整体布局的考虑，需要将多个单元格合并为一个单

元格或者需要把一个单元格拆分为多个单元格。如把 A1 单元格的"学生信息表"作为表格的标题居中对齐,有两种操作方法:

方法一:通过菜单合并。

首先选择 A1 单元格,按住鼠标左键一直拖到 F1 单元格,在【开始】选项卡的【对齐方式】组的【合并后居中】的下拉菜单中选择【合并单元格】即可完成单元格的合并,如图 4-13 所示。

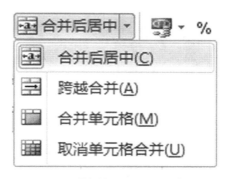

图 4-13　【合并后居中】下拉菜单

也可以单击【开始】选项卡的【单元格】组中【格式】下方的下拉按钮,在弹出的下拉菜单中选择【设置单元格格式】子菜单,在弹出的对话框中设置选择【对齐】选项卡,在文本控制下的复选框中单击选择【合并单元格】也可完成单元格的合并。如图 4-14 所示。

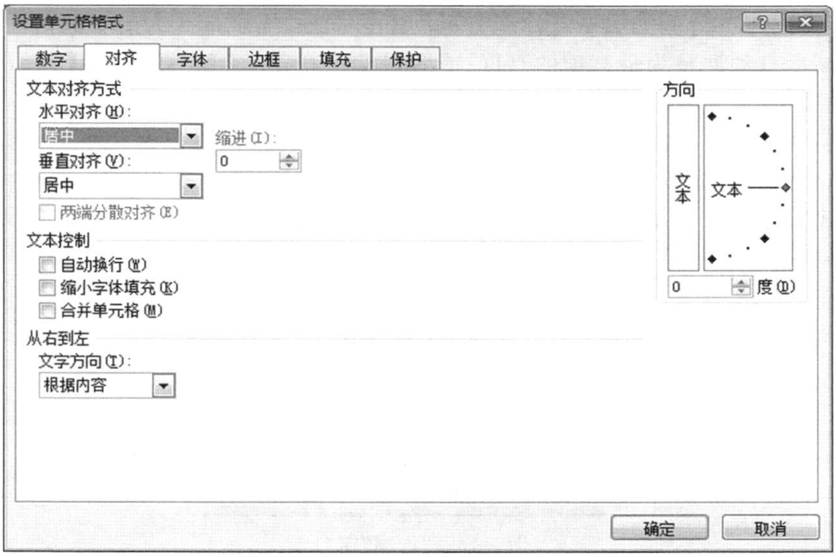

图 4-14　通过【设置单元格格式】对话框合并单元格

方法二:通过右键合并。

首先选择需要合并的所有目标单元格(如 A1~F1),在目标单元格上单击右键,在弹出的快捷菜单中选择【设置单元格格式】子菜单,在弹出的对话框中选择【对齐】选项卡,在文本控制下的复选框中单击选择【合并单元格】即可完成单元格的合并。

拆分单元格的方法刚好相反,选中需要拆分的单元格,单击【合并后居中】按钮右侧的按钮,选择其下拉菜单中的【取消单元格合并】即可完成单元格的拆分。如图 4-15 所示。

图 4-15　合并后居中下拉菜单中的"取消单元格合并"

也可以打开【设置单元格格式】对话框,选择【对齐】选项卡,把文本控制下的复选框单击取消选择"合并单元格"即可完成单元格的拆分。

6.调整单元格的行高

当单元格的内容超出显示范围时,我们需要调整单元格的行高或者列宽以容纳其内容。如"学生信息表"中标题字体变大后要求行高做出调整。方法如下:

方法一:鼠标拖动调整。

将鼠标移到所选行(如第一行标题行)行号的下边框处,当鼠标变为上下的双向箭头时,用鼠标拖动该边框调整行的高度即可。利用鼠标拖动调整,适合粗略调整,精确度不高。

方法二:自动调整功能。

将鼠标移到所选行例如第一行标题行标的下边框处,当鼠标变为上下的箭头时,双击鼠标,该行的高度自动调整为最高项的高度;或者鼠标选择第一行标题行,在【开始】选项卡的单元格组中单击【格式】按钮,在弹出的下拉菜单中选择【自动调整行高】。

方法三:精确调整行高。

要精确调整行高就要利用菜单命令调整。操作方法是:选中要调整的行,单击【单元格】组中的【格式】,在弹出的菜单中选择【行高】,弹出【行高】对话框,在对话框中输入行高值即可。如图 4-16 所示。

图 4-16　"行高"窗口

7.调整单元格的列宽

调整单元格的列宽的方法与调整行高的类似。方法如下:

方法一:鼠标拖动调整。

将鼠标移到目标列右边框标记处,当鼠标变为左右的双向箭头时,按下鼠标拖动该边框调整列的宽度。

方法二:自动调整功能。

将鼠标移到目标列列标的右边框处,当鼠标变为左右的双向箭头时,双击鼠标,该列的

宽度自动调整为最适合的宽度;或者鼠标选择目标列,在【开始】选项卡的单元格组中单击
【格式】按钮,在弹出的下拉菜单中选择"自动调整列宽"。

方法三:精确调整列宽。

选中要调整的列,单击"单元格"组中的"格式",在弹出的菜单中选择"列宽",弹出"列
宽"对话框,在对话框中输入列宽值即可。

利用上述方法输入"学生信息表"的内容,如图 4-17 所示。

学生信息表					
学号	姓名	性别	出生日期	政治面貌	生源地
201211301	李国涛	男	1994-2-11	团员	江西南昌
201211302	李琪健	男	1994-6-6	团员	广东中山
201211303	魏浩峰	男	1994-8-1	团员	广东肇庆
201211304	吴锡宁	男	1995-2-14	团员	山东济南
201211305	张浩	男	1994-5-5	团员	江西南昌
201211306	邓菲儿	女	1995-1-16	团员	湖北荆州
201211307	陈琪敏	女	1994-9-17	团员	河南南阳
201211308	徐紫萱	女	1994-11-18	群众	广东珠海
201211309	何茵嫦	女	1995-2-9	团员	广东深圳
201211310	黄晓志	男	1994-2-20	团员	广东珠海
201211311	何妙婷	女	1994-4-21	团员	湖北武汉
201211312	吴丽琼	女	1994-10-5	团员	四川成都
201211313	何丽春	女	1994-7-23	团员	广东佛山
201211314	邝伟雄	男	1994-9-2	群众	广西百色
201211315	谭凤莲	女	1994-1-25	团员	广东佛山
201211316	吴连英	女	1995-1-2	团员	湖北宜昌
201211317	陈玉娟	女	1994-2-27	团员	广东深圳
201211318	温桂雄	男	1994-3-8	团员	广东广州
201211319	吴淑琼	女	1994-3-1	团员	广东汕头
201211320	李智友	男	1994-7-11	团员	广东佛山
201211321	何翠霞	女	1994-9-19	团员	四川重庆
201211322	吴海萱	男	1994-12-4	群众	广东惠州
201211323	张秀娟	女	1994-3-5	团员	广东佛山
201211324	赵婷	女	1995-3-18	团员	海南三亚
201211325	赵丽萍	女	1994-3-7	团员	广西桂林
201211326	梁嘉盈	女	1994-5-8	团员	海南海口
201211327	赖雅莹	女	1994-8-19	团员	广东汕头
201211328	杨晓华	男	1994-3-10	团员	广东佛山
201211329	张洁珊	女	1994-12-11	团员	海南三亚
201211330	程超健	男	1994-8-19	团员	广西北海

图 4-17　调整后的学生信息表

四、格式化表格

当我们输入完工作表的数据后,就可以开始对表格进行格式化操作,通过设置字体、添
加边框和底纹等操作,使表格外观更加美观。

1. 设置单元格格式

在 Excel 2010 中,用户可以在【开始】功能区或【设置单元格格式】对话框中设置被选中
单元格的格式。

方法一:在【开始】功能区设置单元格的格式。

　　选中需要设置字体的单元格,在【开始】功能区的【字体】分组中,用户可以单击字体下拉三角按钮,在打开的字体列表中选择合适的字体,见图 4-18;利用类似的方法还可以设置字号、字体颜色、边框和单元格的背景填充颜色;点击下面的字形按钮选择加粗、倾斜和下划线等字形;在【对齐方式】分组中可以设置单元格数据的对齐方式和文字方向,如图 4-19 所示。

图 4-18　【字体】和【对齐方式】分组

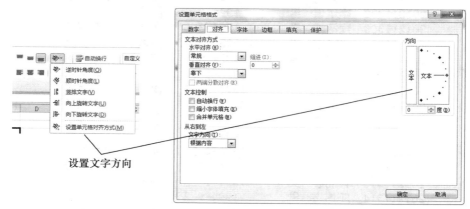

图 4-19　设置单元格文字方向

　　选中经合并后的标题单元格 A1,按图 4-20 设置"学生信息表"的标题。

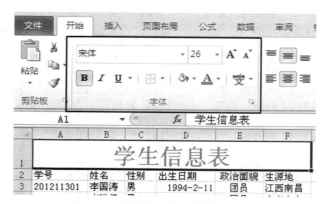

图 4-20　【开始】功能区的【字体】分组

　　选择 A2～F2 单元格区域,点击【字体】分组中的填充颜色下拉列表框,选择一种填充颜色。

　　方法二:在【设置单元格格式】对话框设置单元格格式

　　选中需要设置的单元格,右键打开快捷菜单,选择【设置单元格格式】命令,在打开的【设置单元格格式】对话框中设置单元格格式。

　　选中"学生信息表"中的 A2～F32 单元格区域,单击右键,在弹出的菜单中选择【设置单元格格式】选项,弹出【设置单元格格式】对话框,在该对话框中单击【字体】选项卡,设置字体为"宋体"、字形设置为"常规"、字号设置为"14"、颜色设置为"黑色"等;如果需要设置单元格中文本和数据的对齐方式,可以在【设置单元格格式】对话框中单击【对齐】选项卡,在"文本对齐方式"下的【水平对齐】的下拉列表里选择【居中】,再在【垂直对齐】的下拉列表里选择【居中】;如果需要设置单元格边框可以单击【边框】选项卡,在线条样式中选择单实线,在颜色列表框中选择边框线的颜色,然后点击边框按钮选择单元格的边框;全部设置完成后单击【确定】按钮即可。

如需设置数字格式可单击【数字】选项卡,在分类列表中选择类型进行设置。如选中出生日期的单元格区域 D3~D32,在分类列表中选择"日期"类型,在右侧的"类型"列表框中选择一种日期的显示格式,然后单击【确定】按钮即可。

最终效果如图 4-21 所示。

学号	姓名	性别	出生日期	政治面貌	生源地
201211301	李国涛	男	1994-2-11	团员	江西南昌
201211302	李琪健	男	1994-6-6	团员	广东中山
201211303	魏浩峰	男	1994-8-1	团员	广东肇庆
201211304	吴锡宁	男	1995-2-14	团员	山东济南
201211305	张浩	男	1994-5-5	团员	江西南昌
201211306	邓菲儿	女	1995-1-16	团员	湖北荆州
201211307	陈琪敏	女	1994-9-17	团员	河南南阳
201211308	徐紫莹	女	1994-11-18	群众	广东珠海
201211309	何茵嫦	女	1995-2-9	团员	广东深圳
201211310	黄晓志	男	1994-2-20	团员	广东珠海
201211311	何妙婷	女	1994-4-21	团员	湖北武汉
201211312	吴丽琼	女	1994-10-5	团员	四川成都
201211313	何丽春	女	1994-7-23	团员	广东佛山
201211314	邝伟雄	男	1994-9-2	群众	广西百色
201211315	谭凤莲	女	1994-1-25	团员	广东佛山
201211316	吴连英	女	1995-1-2	团员	湖北宜昌
201211317	陈玉娟	女	1994-2-27	团员	广东深圳
201211318	温桂雄	男	1994-3-8	团员	广东广州
201211319	吴淑琼	女	1994-3-1	团员	广东汕头
201211320	李智友	女	1994-7-11	团员	广东佛山
201211321	何翠霞	女	1994-9-19	团员	四川重庆
201211322	吴海莹	男	1994-12-4	群众	广东惠州
201211323	张秀娟	女	1994-3-5	团员	广东佛山
201211324	赵婷	女	1995-3-18	团员	海南三亚
201211325	赵丽萍	女	1994-3-7	团员	广西桂林
201211326	梁嘉盈	女	1994-5-8	团员	海南海口
201211327	赖雅莹	女	1994-8-19	团员	广东汕头
201211328	杨晓华	男	1994-3-10	团员	广东佛山
201211329	张洁珊	女	1994-12-11	团员	海南三亚
201211330	程超健	男	1994-8-19	团员	广西北海

图 4-21　设置单元格格式后的效果

2.设置单元格行高和列宽

对于单元格的行高和列宽,用户可以粗略调整也可以精确定义,同时还可以通过系统自动调整。

精确调整行高列宽:首先选择需要调整的目标行,例如选择第一行,在【开始】选项卡下的【单元格】组中,单击【格式】按钮,在弹出的菜单中选择【行高】,将行高设置为"35"即可;类似地,选择需要调整的目标列,例如选择 A 列,在【开始】选项卡下的【单元格】组中,单击【格式】按钮,在弹出的菜单中选择【列宽】,将列宽设置为"12"即可。

粗略调整行高列宽:把鼠标放在标题行的行号分界线上,当鼠标变成上下的双向箭头时上下拖动鼠标,移动到自己需要的高度后松开鼠标,标题行的高度就被粗略调整了。类似地,把鼠标放在列号分界线上,当鼠标变成左右双向箭头时按下鼠标左右拖动,列的宽度就被粗略调整了。

自动调整行高列宽:首先选择需要调整的目标行(或列),在【开始】选项卡下的【单元格】组中,单击【格式】按钮,在弹出的菜单中选择【自动调整行高】(或【自动调整列宽】),系统将根据行或列的内容自动调整行高(或列宽)。

3.应用单元格样式

在 Excel 2010 中自带很多种单元格样式,我们可以直接套用这些样式从而快速地完成单元格格式设置。

选中 A2～F2 单元格区域,在【开始】选项卡下【样式】组中,单击【单元格样式】按钮,在弹出的单元格样式列表中选择"主题单元格样式"中的"强调文字颜色 1",将单元格设置成白色文字蓝色底纹,如图 4-22 所示。

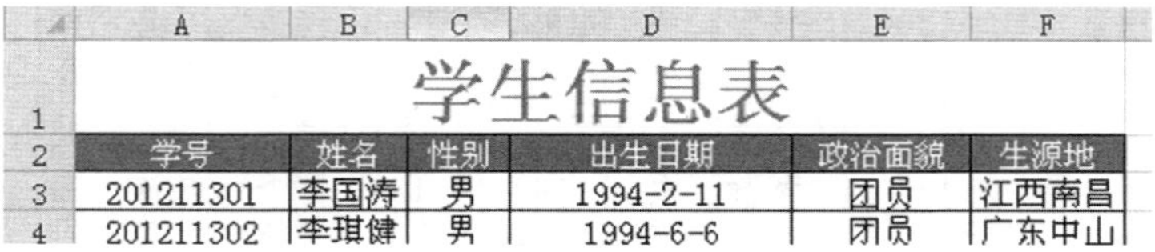

图 4-22　应用单元格样式效果

4.套用表格格式

Excel 2010 的套用表格格式功能可以根据预设的格式,将我们制作的表格格式化,产生美观的报表。从而节省使用者的许多时间。

选中"学生信息表"中的 A2～F32 单元格区域,在【开始】选项卡下的【样式】组中,单击【套用表格格式】按钮,在弹出的面板中选择【表样式中等深浅 2】,在弹出的【套用表格格式】对话框中勾选【表包含标题】,单击【确定】按钮。套用表格格式后的效果如图 4-23 所示。

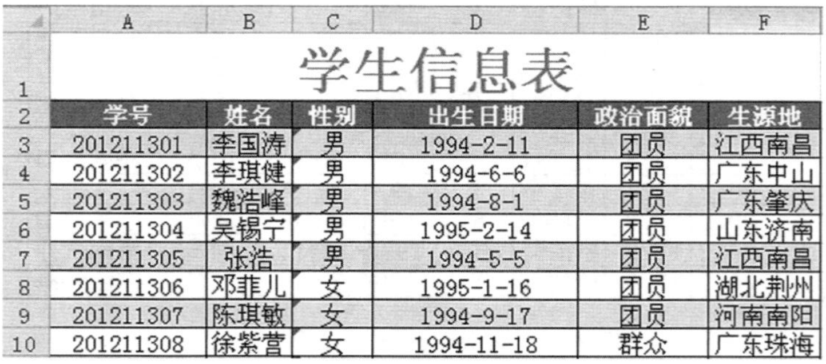

图 4-23　套用表格格式效果图

5.使用条件格式

Excel 的条件格式功能可以根据单元格内容有选择地自动应用格式。如在"学生信息表"中把政治面貌为群众的单元格设置为绿色字显示,操作如下:

选择工作表中要使用条件格式的单元格区域 E3～E32,在【开始】选项卡下【样式】组中,单击【条件格式】,在弹出的菜单中选择【突出显示单元格规则】,选择【等于】,在【等于】对话框中输入文本"群众","设置为"框中选择【自定义格式】打开【单元格格式】设置对话框,设置字体颜色"绿色",单击【确定】按钮,完成本例,显示条件格式效果如图 4-24 所示。

学号	姓名	性别	出生日期	政治面貌	生源地
\multicolumn{6}{c}{学生信息表}					
201211301	李国涛	男	1994-2-11	团员	江西南昌
201211302	李琪健	男	1994-6-6	团员	广东中山
201211303	魏浩峰	男	1994-8-1	团员	广东肇庆
201211304	吴锡宁	男	1995-2-14	团员	山东济南
201211305	张浩	男	1994-5-5	团员	江西南昌
201211306	邓菲儿	女	1995-1-16	团员	湖北荆州
201211307	陈琪敏	女	1994-9-17	团员	河南南阳
201211308	徐紫萱	女	1994-11-18	群众	广东珠海
201211309	何茵嫦	女	1995-2-9	团员	广东深圳
201211310	黄晓志	男	1994-2-20	团员	广东珠海
201211311	何妙婷	女	1994-4-21	团员	湖北武汉
201211312	吴丽琼	女	1994-10-5	团员	四川成都
201211313	何丽春	女	1994-7-23	团员	广东佛山
201211314	邝伟雄	男	1994-9-2	群众	广西百色
201211315	谭凤莲	女	1994-1-25	团员	广东佛山
201211316	吴连英	女	1995-1-2	团员	湖北宜昌
201211317	陈玉娟	女	1994-2-27	团员	广东深圳
201211318	温桂雄	男	1994-3-8	团员	广东广州
201211319	吴淑琼	女	1994-3-1	团员	广东汕头
201211320	李智友	男	1994-7-11	团员	广东佛山
201211321	何翠霞	女	1994-9-19	团员	四川重庆
201211322	吴海萱	男	1994-12-4	群众	广东惠州
201211323	张秀娟	女	1994-3-5	团员	广东佛山
201211324	赵婷	女	1995-3-18	团员	海南三亚

图 4-24　条件格式应用效果

6. 打印工作表

打开"学生信息表",单击"页面布局"选项卡,可见如图 4-25 所示的"页面设置"组。

图 4-25　"页面设置"组

（1）页面设置

①页边距的设置

为求报表的美观,我们通常会在纸张四周留一些空白,这些空白的区域就称为边界,调整边界即是控制四周空白的大小,也就是控制资料在纸上打印的范围。工作表预设会套用标准边界,如果想让边界再宽一点,或是设定较窄的边界,在"页面布局"选项卡的"页面设置"组"页边距"中点击"自定义边距"按钮,可以设置页面距离纸张边缘上、下、左、右的边距值,如果想进行更详细的设置,可以单击"页面设置"组中右下角的"功能扩展"按钮,可打开"页面设置"对话框,在其中可对纸型、页边距等进行详细的设置,如图 4-26 所示。

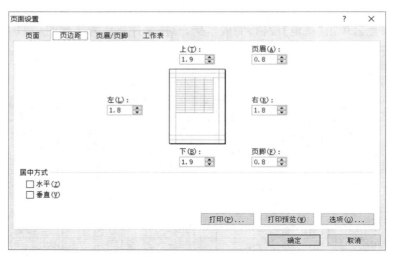

图 4-26　设置页边距

②纸张方向设置

有时候工作表的资料列数较多、行数较少,就适合"横向"的纸张方向,相反,若是资料列的内容比较多,行数较少,则可改用"纵向"。在 Excel 2010 中,用户可根据实际需要设置工作表所使用的纸张方向。可以通过两种方法进行设置。

方法一:打开 Excel 2010 工作表窗口,切换到"页面布局"功能区,单击"页面布局"选项卡的"页面设置"组中的"纸张方向"按钮,可以调整打印纸张的方向,可以为"横向"也可以为"纵向"。

方法二:打开 Excel 2010 工作表窗口,切换到"页面布局"功能区,在"页面设置"分组中单击显示页面设置对话框按钮,打开"页面设置"对话框,在"页面"选项卡中单击"方向"中"纵向"或者"横向"选项完成纸张的方向设置,并单击"确定"按钮即可。

③纸张大小设置

在 Excel 2010 中,用户根据实际需要设置工作表所使用的纸张大小。用户可以通过两种方法进行设置。

方法一:打开 Excel 2010 工作表窗口,切换到"页面布局"功能区,单击"页面布局"选项卡的"页面设置"组中的"纸张大小"按钮,在打开的列表中调整纸张大小,选择合适的纸张,可以选择默认的也可以自定义纸张的宽度和高度。

方法二:打开 Excel 2010 工作表窗口,切换到"页面布局"功能区,在"页面设置"分组中单击显示页面设置对话框按钮,打开"页面设置"对话框,在"页面"选项卡中单击"纸张大小"下拉三角按钮,在打开的纸张列表中选择合适的纸张,并单击"确定"按钮即可。

④设置打印区域

假如工作表的资料量大,用户可以选择打印全部、打印其中需要的几页,或是只打印选取范围,以免浪费纸张。因此在打印之前要先设置需要打印的区域,方法是选择要打印的单元格区域,在"页面布局"选项卡的"页面设置"组中的"打印区域"按钮上单击,在弹出的下拉菜单中选择"设置打印区域"命令,把选择的单元格区域设置为打印区域。

⑤设置打印标题

打印一张较大的工作表时,需要分多页打印出表,每一页上都要带上表头才算是一张完整的表。一张较长的工作表,分页打印时需要每页都有上表头。而打印一张较宽的工作表时,每页都要有左表头。而打印一张又长又宽的工作表时,则每页既要有上表头又要有左表头。这些都是可以通过设置打印标题来完成。如本例,学生人数较多,一页纸打印不完,我们希望在第二页上也能打印列标题,则要设置顶端标题行。

单击"页面设置"组中的"打印标题"按钮,点击"顶端标题行"框右侧的按钮 ![按钮],在数据表中拖出要打印的标题(本例中要选中第 2 行,则自动文本框中自动输入＄2：＄2),点击 ![按钮] 即可设置顶端打印标题。如图 4-27 所示。

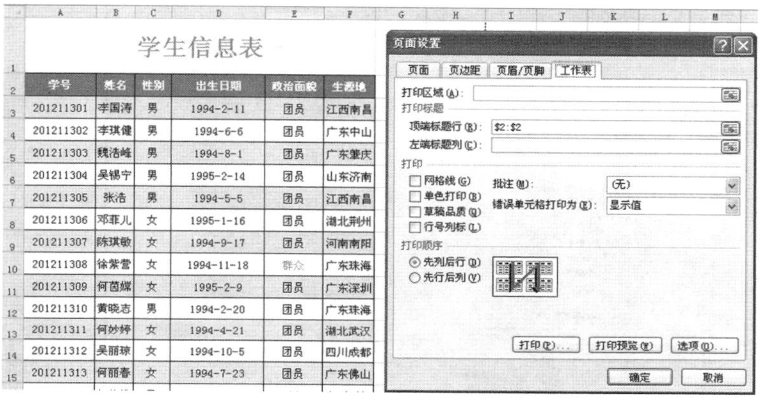

图 4-27　设置"打印标题"

⑥缩放比例

有时候资料会单独多出一列,硬是跑到下一页,或是资料只差 2～3 笔,就能挤在同一页了。这种情况就可以试试缩小比例的方式,将资料缩小排列以符合纸张尺寸,这样资料完整,阅读起来也方便。在"页面设置"对话框的"页面"选项卡中就可以设置打印的缩放比例,如图 4-28 所示。

图 4-28　设置缩放比例

（2）打印预览

打印预览可以模仿显示打印机打印输出的效果。为了更进一步确定设置效果是否符合要求，所以在打印工作之前，可以通过打印预览先查看打印效果。

在 Excel 2010 中，直接点击"文件"标签，在这里我们没有看到以前的打印预览项，只看到一个"打印"项。点击"打印"，可以看到在整个界面的右侧大约 60％的面积是我们需要打印的文档，在这里我们可以预览将要打印的文档。如图 4-29 所示。

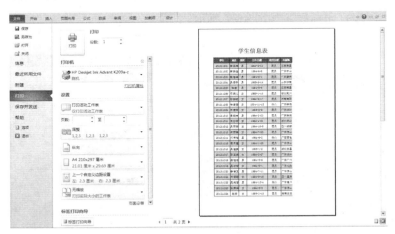

图 4-29　"打印"项

我们可以使用靠近左侧区域中的设置区域对需要打印的 Excel 2010 文档进行调整，若要预览下一页和上一页，请单击"打印预览"窗口底部的"下一页"和"上一页"，在预览中，我们可以配置所有类型的打印设置，例如，副本份数、打印机、页面范围、单面打印/双面打印、纵向、页面大小。其中我们还可以进行页边距的设置，Excel 2010 的页边距与 Word 2010 的页边距调整是不一样的，在 Excel 2010 中，我们可以随意调整表格中的行高及列宽。在 Excel 2010 中打印功能中我们会看到在最右侧右下角有一个叫显示边距的按钮，按下这个按钮之后，在 Excel 2010 打印预览区域的表格中就出现了我们熟悉的代表边距线的线条，从而可以像在 Excel 2003 中那样调整各单元格的大小。如图 4-30 所示。

（3）打印输出

对工作表设置完成，并经预览效果满意后，就可以通过打印机进行输出打印表格。打印时首先要单击工作表，再单击"文件"下的"打印"子菜单，也可以使用键盘快捷方式按下 Ctrl＋P，在打开的界面中设置打印份数，选择打印机。

拓展知识

一、启动和退出 Excel 2010

1.启动 Excel 的常用方法有 3 种：

（1）菜单法：单击【开始】→【程序】→【Microsoft Office】→【Microsoft Excel 2010】命令，即可启动 Excel 2010；

（2）快捷方式法：双击建立在 Windows 桌面上的"Microsoft Excel 2010"快捷方式图标或快速启动栏中的图标即可快速启动 Excel 2010；

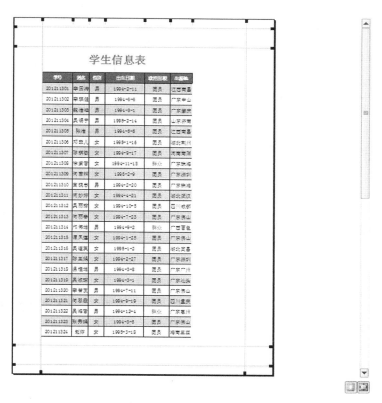

图 4-30　调整页边距

（3）文件关联法：用户可通过双击已经建立的 Excel 文档，在打开该文档的同时启动 Excel 应用程序。

2.退出 Excel 的方法也有以下 4 种：

（1）双击 Excel 窗口左上角的"控制菜单"图标 ，或单击"控制菜单"图标，选择其中【关闭】命令；

（2）单击 Excel 窗口右上角的【关闭】按钮 ；

（3）选择【文件】菜单中的【退出】命令；

（4）按【Alt＋F4】。

无论采取何种方法退出 Excel，在退出前，系统将提示用户先保存文档。

二、Excel 2010 的工作界面

Excel 2010 的工作界面之所以深受广大用户的喜爱，是因为其界面较前面版本更加友好，在 Excel 2010 中最明显的变化就是取消了传统的菜单操作方式，而代之以八大功能区：文件、开始、插入、页面布局、公式、布局、审阅和视图。在 Excel 2010 窗口上方看起来像菜单的名称其实是功能区的名称，当单击这些名称时将切换到相对应的功能区，即切换至对应的选项卡，如【开始】，【插入】等。每个功能区根据功能的不同又分为若干个组，每组包含若干个工具按钮。

启动 Excel 后即可看到 Excel 2010 的工作界面，由程序窗口和工作簿窗口套叠而成，由快速访问工具栏、标题栏、选项卡、功能区、编辑栏、垂直(水平)滚动条、状态栏、工作表格区等组成,工作界面如图 4-31 所示。

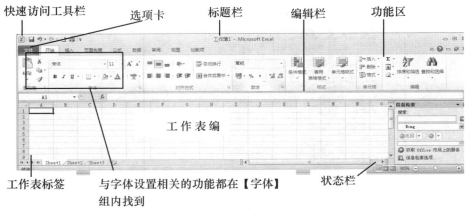

图 4-31　Excel 2010 的工作界面

1.【文件】选项卡

在 Excel 主视窗的左上角,有一个特别的绿色的功能区,就是【文件】功能区,它为用户提供了一个集中位置,便于我们对文件执行所有操作,例如开新文件、开启旧文件、打印、保存及传送文件等。在【文件】功能区除了执行各项命令外,还会列出最近曾经开启及储存过的文件,方便再度开启。

2.快速访问工具栏

"快速访问工具栏"顾名思义就是将常用的工具摆放于此,帮助快速完成工作。Excel 2010 的快速访问工具栏 是一个自定义工具栏,其中显示了最常用的命令。默认的常用快速访问工具栏有【保存】、【撤销】、【恢复】等,如果想将自己常用的工具添加到此,可以单击快速访问工具栏右边的小三角,弹出【自定义快速访问工具栏】下拉菜单,在菜单中把需要添加的工具按钮前面打上对号,他们就被添加到了快速访问工具栏上,同样地,如果需要删除某个工具按钮,直接把它前面的对号去掉即可。

3.标题栏

标题栏位于窗口的顶部,显示应用程序名和当前使用的工作簿名。对于新建立的 Excel 文件,用户所看到的文件名是工作簿 1,这是 Excel 2010 默认建立的文件名。在标题栏的最右端是控制按钮,单击控制按钮,可以最小化、最大化(还原)或关闭窗口。

4.功能区

Excel 2010 中,传统菜单和工具栏已被一些选项卡所取代,这些选项卡可将相关命令组合到一起,我们可以轻松地查找以前隐藏在复杂菜单和工具栏中的命令和功能。并且,通过 Office 2010 中改进的功能区,我们可以自定义选项卡和组或创建自己的选项卡和组以适合自己独特的工作方式,从而可以更快地访问常用命令,另外还可以重命名内置选项卡和组或更改其顺序。

默认情况下,Excel 2010 的功能区中的选项卡包括【开始】、【插入】、【页面布局】、【公式】、【数据】、【审阅】、【视图】选项卡。每个功能区根据功能的不同又分为若干个组,每个功能区所拥有的功能如下所述:

【开始】功能区:该功能区主要用于帮助用户对 Excel 2010 表格进行文字编辑和单元格的格式设置,是用户最常用的功能区。【开始】功能区中包括剪贴板、字体、对齐方式、数字、样式、单元格和编辑等 7 个组。

【插入】功能区:该功能区主要用于在 Excel 2010 表格中插入各种对象,包括表、插图、图表、迷你图、筛选器、链接、文本和符号等几个组,对应 Excel 2003 中【插入】菜单的部分命令。

【页面布局】功能区:该功能区用于帮助用户设置 Excel 2010 表格页面样式,包括主题、页面设置、调整为合适大小、工作表选项、排列几个组,对应 Excel 2003 的【页面设置】菜单命令和【格式】菜单中的部分命令。

【公式】功能区:该功能区用于实现在 Excel 2010 表格中进行各种数据计算,包括函数库、定义的名称、公式审核和计算几个组。

【数据】功能区:该功能区主要用于在 Excel 2010 表格中进行数据处理相关方面的操作,包括获取外部数据、连接、排序和筛选、数据工具和分级显示几个组。

【审阅】功能区:该功能区主要用于对 Excel 2010 表格进行校对和修订等操作,适用于多人协作处理 Excel 2010 表格数据,包括校对、中文简繁转换、语言、批注和更改五个组。

【视图】功能区:该功能区主要用于帮助用户设置 Excel 2010 表格窗口的视图类型,以方便操作,包括工作簿视图、显示、显示比例、窗口和宏几个组。

隐藏与显示"功能区":如果觉得功能区占用太大的版面位置,可以将"功能区"隐藏起来。方法如图 4-32 所示。

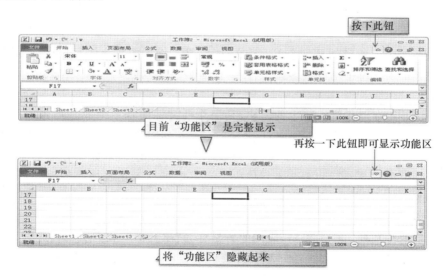

图 4-32　隐藏与显示"功能区"

5.编辑栏

在功能区的下方一行就是编辑栏(图 4-33),编辑栏的左端是名称框,显示当前选定单元格或图表的名字,编辑栏的右端是数据编辑区,用来输入、编辑当前单元格或单元格区域的数学公式等数据。当一个单元格被选中后,可以在编辑栏中直接输入或编辑该单元格的内容。随着活动单元数据的输入,复选框被激活,在框中有取消按钮×表示放弃本次操作,相当于按【ESC】键；确认按钮√表示确认保存本次操作，插入函数 fx 按钮用于打开【插入函数】对话框。

图 4-33　编辑栏

6.状态栏

状态栏位于窗口底部，用来显示当前工作区的状态和显示模式。Excel 2010 支持三种显示模式，分别为"普通"模式、"页面布局"模式与"分页预览"模式，单击 Excel 2010 窗口右下角的 按钮可以切换显示模式。

7.工作表编辑区

工作表编辑区是 Excel 工作界面中面积最大的区域，主要用于编辑、查看数据，工作表中的所有数据信息都显示在工作表编辑区中。

三、Excel 中的几个基本概念

工作簿是 Excel 使用的文件架构，我们可以将它想象成是一个工作夹，在这个工作夹里面有许多工作纸，这些工作纸就是工作表。

1.工作簿

Excel 中，一个工作簿就是一个 Excel 文件，它是工作表的集合体，工作簿就像日常工作的文件夹。一张工作簿中可以放多张工作表，但是最多可以放 255 张工作表。

2.工作表

工作表是显示在工作簿窗口中的表格，是工作簿文件的基本组成。每张工作表都以标签的形式排列在工作簿的底部，Excel 工作表是由行和列组成的一张表格，行用数字 1、2、3、4 等来表示行号，列用英文字母 A、B、C、D 等表示列号。工作表是数据存储的主要场所，一个工作表可以由 1048576 行和 16384 列构成。当需要进行工作表切换的时候，只需要用鼠标单击相应的工作表标签名称即可。

3.单元格

工作表是由行和列组成的表格，表内的方格称为"单元格"，我们所输入的资料便是排放在一个个的单元格中，是 Excel 工作表中的最小单位，单元格按所在的行列交叉位置来命名，命名时列号在前行号在后，如单元格 C3。单元格的名称又称为单元格地址。

四、工作表的新建与保存

1.新建工作簿

启动 Excel 2010 时，系统自动新建一个名为"工作簿 1"且包含 3 个空白工作表 Sheet 1、Sheet 2、Sheet 3。继续创建新的工作簿可使用以下四种方法。

（1）【新建】命令：单击【文件】选项卡，然后单击【新建】命令，弹出【可用模板】窗格，在"可用模板"下，单击【空白工作簿】或根据需要选择【最近打开的模板】等选项，单击【创建】即可。

（2）【新建】按钮：单击快速访问工具栏的【新建】按钮，直接弹出一新的空白工作簿即完成了新工作簿的创建工作。

（3）快捷键：使用快捷键 Ctrl＋N，直接弹出一新的空白工作簿。

2.工作簿的打开

启动 Excel 后可以打开一个已经建立的工作簿文件，也可同时打开多个工作簿文件，最后打开的工作簿位于最前面。打开工作簿可使用以下四种方法。

（1）【打开】命令：单击【文件】→【打开】命令，弹出【打开】对话框，选择目标文件所在的位置，单击【打开】按钮，或者双击该文档即可打开。

（2）【打开】按钮：单击快速访问工具栏的【打开】按钮，弹出【打开】对话框，选择目标文件所在的位置，单击【打开】按钮，或者双击该文档即可打开。

（3）快捷键：使用快捷键 Ctrl＋O，弹出【打开】对话框，选择需要打开的文件即可。

（4）打开最近使用过的文件：在【文件】菜单下【最近使用过的文件】菜单中弹出所有最近使用过的文件列表，选择要打开的文件名单击即可。

3.工作簿的保存

工作簿在编辑后需要保存，可使用以下三种方法。

（1）【保存】命令：单击【文件】，在弹出的子菜单下选择【保存】选项，若第一次保存该文件，弹出【另存为】对话框，首先选择文件保存的位置，然后在"文件名"框中，输入工作簿的名称，在【保存类型】列表中，选择【Excel 工作簿】，然后单击【保存】按钮。如果直接单击【文件】菜单下的【另存为】子菜单命令，则可以将当前文件另存为另一个新文件。

（2）【保存】按钮：单击快速访问工具栏的【保存】按钮即可，若第一次保存该文件，会弹出【另存为】对话框。

（3）快捷键：使用快捷键 Ctrl＋S。若第一次保存该文件，会弹出【另存为】对话框。

在储存时预设会将存档类型设定为 Excel 工作簿，扩展名是.xlsx，不过此格式的文件无法在 Excel 2000/XP/2003 等版本开启，若是需要在这些 Excel 版本打开工作簿，那么建议将存档类型设定为 Excel 97-2003 工作簿。

4.工作簿的关闭

关闭工作簿文件有以下三种方法。

（1）【关闭】命令：单击【文件】→【关闭】命令。

（2）【关闭】按钮：单击工作簿窗口右上角的【关闭】按钮。

（3）利用控制菜单：双击工作簿窗口左上角【控制菜单】图标，或者单击工作簿窗口左上角【控制菜单】图标，再在弹出的控制菜单中选择【关闭】命令。

如果当前工作簿文件是新建的，或当前文件已被修改尚未存盘，系统将提示是否保存修改。单击【保存】按钮存盘后退出；单击【不保存】按钮不存盘退出；单击【取消】按钮则返回原工作簿编辑状态。

五、数据的输入与编辑

工作簿是在 Excel 环境中用来存储和处理数据的文件。启动 Excel 后会自动生成一个名为"工作簿 1"的 Excel 工作簿，这个工作簿中已自动建立了 3 个工作表，工作表的名字显示在下方的工作表标签上,如 Sheet1 Sheet2 Sheet3 。每个数据的输入和修改都在单元格中进行。要往单元格中输入数据首先要选定单元格,称为活动单元格,其外框为黑色矩形框,可以接受鼠标和键盘的输入,输入单元格中的数据资料大致可分成两类:一种是可计算的数字资料(包括日期、时间),另一种则是不可计算的文字资料。可计算的数字资料由数字 0~9 及一些符号(如小数点、+、−、$、%等)所组成,例如 15.36、−99、$350、75%等都是数字资料。日期与时间也是属于数字资料,只不过会含有少量的文字或符号,例如:2012/06/10、08:30PM、3 月 14 日等。不可计算的文字资料包括中文字样、英文字元、文数字的组合(如身份证号码)。不过,数字资料有时亦会被当成文字输入,如电话号码、邮递区号等。Excel 还可以选用自动填充功能对单元格进行数据输入。对输入完成的工作表,我们还需要对表格中的数据进行移动、复制、添加、修改及删除等操作,以便制作出自己满意的电子表格。

六、添加、删除行列

Excel 电子表格能在活动单元格的上方或左侧插入新的单元格,同时将同一列中的其他单元格下移或将同一行中的其他单元格右移。同样,还可以把当前单元格中多余的行或列删除,同时将同一列中的其他单元格上移或将同一行中的其他单元格左移。

七、单元格数据格式

不同的应用场合需要使用不同的数据格式,如货币、日期、时间、分数等。如要求某列的数字为 1 位小数,则首先选择该列单元格,单击右键选择【设置单元格格式】命令,在弹出的对话框中选择数据选项卡,在分类列表框中选择【数值】即可看到可选的数据格式。下面介绍【开始】选项卡上【数字】组中的可用数字格式。

1. 常规

键入数字时 Excel 所应用的默认数字格式,不包含特定的数字格式。如果单元格的宽度不够显示整个数字,则"常规"格式会对数字进行四舍五入。"常规"数字格式还对较大的数字(12 位或更多位)使用科学计数(指数)表示法。当单元格宽度不足显示内容时,数字资料会显示成"#"。

2. 数值

用于数字的一般表示。用户可以指定要使用的小数位数、是否使用千位分隔符以及如何显示负数。

3. 文本

将单元格的内容视为文本,并在键入时准确显示内容,如果输入的文本是数字型的,如学号"201211301",则要先输入英文的单引号"'"再输入 201211301,这样 Excel 就会把它看成是文本型数据。当单元格宽度不足以显示内容时,文本资料则会由右边相邻的储存格决定如何显示,当右邻单元格有内容时,文本资料会被截断,当右邻单元格是空白时,文本资料会跨越到右邻的单元格显示。

4. 货币

货币格式用于表示一般货币数值,并显示默认货币符号。用户可以指定要使用的小数位数、是否使用千位分隔符以及如何显示负数。

5. 会计专用

也用于货币值，可进行一列数值的货币符号和小数点的对齐。

6. 日期时间

根据您指定的类型和区域设置（国家/地区），将日期和时间序列号显示为日期值。以星号（﹡）开头的日期格式受操作系统指定的区域日期和时间设置影响，不带星号的格式不受操作系统设置的影响。

7. 百分比

将单元格值乘以 100，并用百分号（％）显示结果。用户可以指定要使用的小数位数。

8. 分数

根据所指定的分数类型以分数形式显示数字。

9. 科学计数

以指数符号的形式显示数字，将其中一部分数字用 $E+n$ 代替，其中，E（代表指数）将前面的数字乘以 10 的 n 次幂。例如 2 位小数的"科学计数"格式将 12345678901 显示为 1.23E $+10$，即用 1.23 乘以 10 的 10 次幂。用户可以指定要使用的小数位数。

10. 特殊

将数字显示为邮政编码、电话号码或社会保险号码，可用于跟踪数据列表及数据库的值。

11. 自定义

以现有的格式为基础，允许用户生成自定义的数据格式。

八、单元格对齐方式

单元格中的文本和数据的内容相对单元格上下左右的位置就是指单元格的对齐方式，Excel 2010 中系统默认的数据水平对齐方式是文字左对齐，数字右对齐，逻辑值居中对齐。当然，根据需要我们可以对单元格内容的对齐方式重新进行设置。单元格对齐方式分为水平对齐和垂直对齐两种，设置方法有三种：

方法一：选中需要设置对齐方式的单元格，在【开始】功能区的【对齐方式】分组中单击【文本左对齐】、【居中】、【文本右对齐】、【顶端对齐】、【垂直居中】、【底端对齐】等按钮直接设置单元格的对齐方式。

方法二：选中需要设置对齐方式的单元格，单击右键，在打开的快捷菜单中选择【设置单元格格式】命令，打开【设置单元格格式】对话框，切换到【对齐】选项卡。在"文本对齐"方式区域可以分别设置"水平对齐"和"垂直对齐"方式。其中，"水平对齐"方式包括"常规"、"靠左（缩进）"、"居中"、"靠右（缩进）"、"填充"、"两端对齐"、"跨列居中"、"分散对齐"8 种方式；"垂直对齐"方式包括"靠上"、"居中"、"靠下"、"两端对齐"和"分散对齐"5 种方式。用户选择合适的对齐方式后单击【确定】按钮即可。

方法三：选中需要设置对齐方式的单元格，直接单击【开始】选项卡中【对齐方式】组右下角的黑色小三角 ，在弹出的【设置单元格格式】对话框的【对齐】选项卡中，用户获得更丰富的单元格对齐方式，从而实现更高级的单元格对齐设置。

九、单元格字体格式

为了使工作表的各个部分的内容更分明,通常需要对不同的单元格设置不同的字体。单元格字体格式一般包括字体的选用,字号大小,字形是否加粗斜体,字体的颜色设置及字体特殊效果等。这些都可以在开始功能区的【字体】组进行设置。

十、单元格样式

样式其实就是把字体、字形、字号和缩进等格式的设置特性作为一个集合,进行命名和存储,以方便以后的使用。应用样式时,将同时应用该样式中所有的格式设置效果。用户可以自定义所需的单元格样式,也可以直接套用 Excel 2010 系统提供的多种单元格样式。

十一、单元格的边框和底纹

在 Excel 工作表中制好表格后,如果不进行任何边框设置,在打印输出后将不带表格线。在 Excel 中为了使表格风格多样化,可以为表格选用各种不同的线型,根据需要还可以为单元格添加或删除某些边框线。对单元格的颜色和图案也可以进行有针对性的设置。

1. 设置单元格的边框线

方法一:利用菜单命令设置单元格的边框线。

①选定要设置边框线的单元格或单元格区域。

②单击【开始】选项卡的单元格组中的【格式】右下角的黑色小三角,在弹出的下拉菜单中选择【设置单元格格式】选项,弹出【设置单元格格式】对话框,在该对话框中单击【边框】选项卡,在【边框】选项卡中设置边框、线条类型、颜色等,如果要设置斜线单元格,只需要单击【边框】项中的【斜线】按钮,最后单击【确定】按钮即可。

③设置完成后,单击"确定"按钮即可。

方法二:利用右键设置单元格的边框线。选定要设置边框线的单元格或单元格区域,单击右键,在弹出的菜单中选择【设置单元格格式】选项,打开【设置单元格格式】对话框。在该对话框中单击【边框】选项卡,在【边框】选项卡中设置边框、线条类型、颜色等即可。

2. 设置底纹

默认情况下,工作表中的所有单元格不包含任何填充色。可以通过使用纯色或特定图案填充单元格来为单元格添加底纹,操作方法如下:

①用纯色填充单元格

选择要应用底纹的单元格,在【开始】选项卡上的【字体】组中单击【填充颜色】按钮用最近选择的颜色填充,若要选择其他颜色填充则单击【填充颜色】旁边的箭头,然后在"主题颜色"或"标准色"下面,单击所要的颜色。

②用图案填充单元格

选择要应用底纹的单元格,可以有以下三种方法弹出【设置单元格格式】对话框,然后设置图案填充单元格。

方法一:在【开始】选项卡上的【字体】组中,单击【设置单元格格式】对话框启动器;

方法二:按快捷键【Ctrl+Shift+F】;

方法三:单击【开始】选项卡的单元格组中的【格式】右下角的黑色小三角,在弹出的下拉菜单中选择【设置单元格格式】选项。

　　采用以上任一种方法弹出【设置单元格格式】对话框后，在【填充】选项卡上选择要使用的背景色，在"图案颜色"框中单击另一种颜色以确定图案的颜色，接着在"图案样式"框中选择图案样式。如图 4-34 所示。

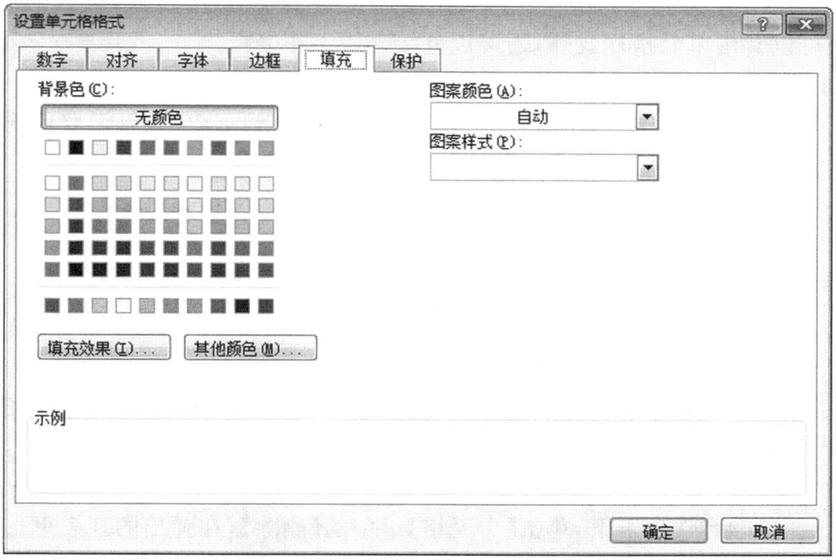

图 4-34　设置包含两种颜色的图案

　　若要使用具有特殊效果的图案，请单击【填充效果】，然后在【渐变】选项卡上单击所需的选项，如图 4-35 所示。

图 4-35　【填充效果】对话框

对于已经设置底纹的单元格,如果想要删除单元格底纹,需要选择含有填充颜色或填充图案的单元格,在【开始】选项卡的【字体】组中,单击【填充颜色】旁边的向下小箭头,在弹出的小窗口中单击选择【无填充颜色】即可删除单元格底纹。

十二、套用表格格式

在 Excel 2010 中提供了 60 种表格样式,套用这些预设的样式可以为我们的工作节省时间。除了可以套用单元格样式外,还可以直接套用工作表样式。

十三、设置条件格式

如果我们要突出显示某些符合特定条件的一组单元格数据内容,就需要用到条件格式,使用条件格式可以根据指定的公式或数值确定搜索条件,并将此格式应用到工作表选定范围中符合条件的单元格,它可以帮助我们直观地查看和分析表格数据。

十四、工作表的插入和删除

1.插入工作表

方法一:在【开始】选项卡下,单击【单元格】组中的【插入】,在弹出的列表里选择【插入工作表】。

方法二:右键单击工作表标签,在弹出的快捷菜单中选择【插入】选项,在弹出的对话框中选择【工作表】,然后单击【确定】按钮,则在当前工作表的前面插入一个新的工作表。

2.删除工作表

方法一:在【开始】选项卡下,单击【单元格】组中的【删除】,在弹出的列表里选择【删除工作表】。

方法二:右键单击要删除工作表的标签,从弹出的快捷菜单中选择"删除"命令即可。

十五、工作表的重命名与切换

1.工作表的重命名,有三种方法:

方法一:选择要更名的工作表如"Sheet1",在【开始】选项卡下,单击【单元格】组中的【格式】,在弹出的下拉菜单里选择【重命名工作表】,进入编辑状态,输入工作表名"学生信息表"即可。

方法二:右键单击要更名的工作表标签,从弹出的快捷菜单中选择【重命名】选项,然后输入新的工作表名。

方法三:双击要更名的工作表标签,然后输入新的工作表名即可。

2.直接单击需要切换到的目标工作表标签即可实现工作表的切换。而修改工作表标签则有两种方法:

方法一:右键单击选择需要修改的工作表标签,在弹出的下拉菜单中选择【重命名】即可。而选择【工作表标签颜色】则可以修改工作表标签颜色。

方法二:选择要修改的工作表如"Sheet1",在【开始】选项卡下,单击【单元格】组中的【格式】,在弹出的下拉菜单里选择【重命名工作表】和【工作表标签颜色】,也可以作出相应的修改。

十六、工作表的移动、复制

有时为了提高工作效率,对于结构完全或者大部分相同的工作表来说,我们常常需要移动、复制等操作。

方法一:首先选择"学生信息表"工作表标签,在【开始】选项卡下,单击【单元格】组中的

【格式】,在弹出的下拉菜单中单击【移动或复制工作表】,打开【移动或复制工作表】对话框,在"下列选定工作表之前"列表框中选择 Sheet3 选项,单击【确定】完成移动操作。如图 4-36 所示。

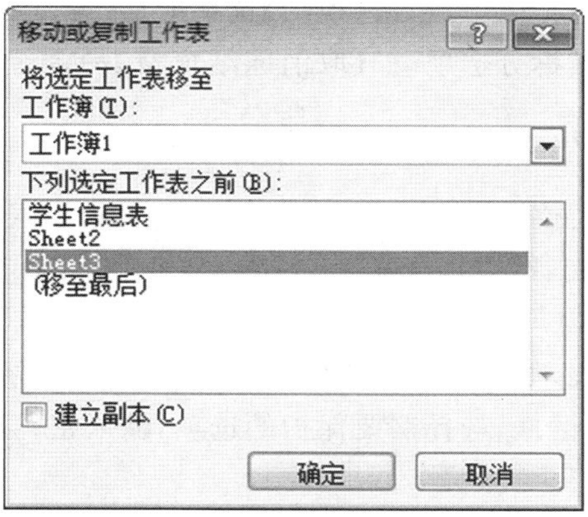

图 4-36　移动工作表

　　方法二:右键单击学生信息表标签,在弹出的快捷菜单中选择【移动或复制工作表】选项,打开【移动或复制工作表】对话框,在"下列选定工作表之前"列表框中选择 Sheet3 选项,单击【确定】完成移动操作。

　　方法三:在同一个工作簿中,选定目标工作表,按住鼠标左键向左右拖动,拖至目标位置后释放鼠标,此时可以看到目标工作表位置已经发生了改变。

　　在【移动或复制工作表】对话框中勾选【建立副本】复选框即可完成工作表的复制。如果在同一个工作簿中复制工作表,可以按住鼠标左键同时按下 Ctrl 键不放向左右拖动,拖至目标位置后释放鼠标,就可以看到目标工作表被复制了。

　　十七、工作表的拆分与冻结

　　1. 工作表的拆分

　　拆分工作表是把当前工作表窗口拆分成几个窗格,每个窗格都可以使用滚动条来显示工作表的各个部分。使用拆分窗口可以在一个文档窗口中查看工作表的不同部分。既可以对工作表进行水平拆分,也可以对工作表进行垂直拆分。一般有以下两种方法:

　　方法一:用菜单命令拆分。

　　选定单元格(拆分的分割点),单击【视图】选项卡下【窗口】组中的【拆分】命令,以选定单元格为拆分的分割点,工作表将被拆分为 4 个独立的窗口。

　　方法二:用鼠标拆分。

　　用鼠标拖动工作表标签拆分框或双击工作表标签拆分框。

　　单击【视图】选项卡下【窗口】组中的【拆分】命令,即取消当前的拆分操行,或直接双击分割条即可取消拆分,恢复窗口原来的形状。

　　2. 工作表的冻结

　　工作表中有很多数据时,如果使用垂直或水平滚动条浏览数据,行标题或列标题也随着一起滚动,这样查看数据很不方便。使用冻结窗口功能就是将工作表的上窗格和左窗格冻结在屏幕上。这样,当使用垂直或水平滚动条浏览数据时,行标题和列标题将不会随着一起滚动，一直在屏幕上显示。工作表冻结的操作方法如下：

选定目标单元格作为冻结点单元格，单击【视图】选项卡下【窗口】组中的【冻结窗格】命令，弹出下拉菜单，在下拉菜单中选择冻结拆分选项，如【冻结拆分窗格】命令等即可。

取消冻结窗格的方法也很简单，单击【视图】选项卡下【窗口】组中的【冻结窗格】命令，在弹出的下拉菜单中取消冻结拆分选项，如【取消冻结窗格】命令等，即可取消冻结窗格，把工作表恢复原样。

十八、保护工作表

为了防止工作表被别人修改，可以设置对工作表的保护。保护工作表功能可防止修改工作表中的单元格、Excel 表、图表等。

1.保护工作表

选定需要保护的工作表，如 Sheet1，单击【审阅】选项卡的【更改】组中的【保护工作表】命令，弹出【保护工作表】对话框，选择需要保护的选项，输入密码，单击【确定】按钮。

2.保护工作簿

选定需要保护的工作簿，单击【审阅】选项卡的【更改】组中的【保护工作簿】命令，弹出【保护结构和窗口】对话框，在【保护工作簿】列中选择需要保护的选项，输入密码，单击【确定】按钮。其中，选择【结构】选项，保护工作簿的结构，避免插入、删除等操作；选择【窗口】选项，保护工作簿的窗口，不被移动、缩放等。

如果要取消对工作表或工作簿的保护，单击【审阅】选项卡的【更改】组中的【撤销工作表保护】或【撤销工作簿保护】选项。如果设置了密码，则按提示输入密码，即可取消保护。

十九、隐藏和恢复工作表

当工作簿中的工作表数量较多时，可以将一些暂时不用的工作表隐藏起来，减少屏幕上显示的工作表，便于对其他工作表的操作，必要时再恢复显示隐藏的工作表。

1.隐藏工作表

选定要隐藏的工作表，如 Sheet1，在【开始】选项卡下，单击【单元格】组中的【格式】，在弹出的下拉菜单中选择【可见性】下的【隐藏和取消隐藏】下拉菜单，在弹出的菜单中选择【隐藏工作表】命令选项，即可隐藏该选定的工作表。

2.恢复工作表

在【开始】选项卡下，单击【单元格】组中的【格式】，在弹出的下拉菜单中选择【可见性】下的【隐藏和取消隐藏】下拉菜单，在弹出的菜单中选择【取消隐藏工作表】命令选项，弹出【取消隐藏】对话框，选择要恢复显示的工作表，如 Sheet1，单击"确定"按钮，即可恢复该工作表的显示。

任务 4.2　统计学生成绩

学生成绩表反映学生的学习情况，本任务使用 Excel 的公式和函数对学生成绩表数据进行计算，帮助我们顺利高效地进行数据的统计和分析。

任务目标

1.掌握公式的使用；

2.掌握常用函数的使用。

任务描述

经过一个学期的学习，到了期末，班级辅导员赵老师想把同学们的学习成绩统计一下作为存档资料，结果如图 4-37 所示。

图 4-37　学生成绩表

任务分析

- 通过"公式"对成绩进行简单运算；
- 通过使用 IF 函数，判断学生成绩是否达标；
- 通过使用 COUNT 函数，可以统计不同分数段的人数；
- 通过使用 MAX、MIN 函数，可以计算指定单元格区域数据中的最大值和最小值；
- 通过使用 RANK 函数，可以实现对学生的总评排名。

任务实施

一、输入公式计算总分

输入公式的步骤：

1.选择输入公式的单元格；

2.输入等号"="；

3.输入数值、单元格引用（也可用鼠标单击需要的单元格）和运算符；

4.输入完成后按回车键或者单击输入按钮 ✔ 。

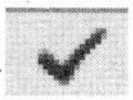

例如计算第一位同学的总分，首先单击 G2 单元格，然后输入"="号，再单击参加计算的第一个单元格 C2，输入"＋"，再单击参加计算的第二个单元格 D2，输入"＋"，再单击参加计算的第三个单元格 E2，输入"＋"，再单击参加计算的第四个单元格 F2，最后按回车键（图 4-38）。

	SUM		▼	× ✓ f_x	=C2+D2+E2+F2	
	A	B	C	D	E	F	G
	学号	姓名	高等数学	大学英语	计算机基础	体育	总分
	201211301	李国涛	93	77	72	83	-D2+E2+F2
	201211302	李琪健	78	93	95	88	
	201211303	穆浩峰	79	91	92	85	

图 4-38　输入公式

如果熟悉使用键盘,可以直接在 G2 单元格中输入"＝C2＋D2＋E2＋F2"。

二、公式的修改

单元格中的公式如果需要修改,可先选中单元格,然后在编辑栏中进行修改,修改完成后直接按回车或单击编辑栏上的 ✔ 按钮;如果想中止修改,保留原来的公式,可以点击编辑栏上的 ✖;如果不想要当前公式及其运算的结果,要将其删除,则选中该单元格后直接按【Delete】即可。

三、复制公式

在工作表中如果有多个单元格要用到相同的公式,可以利用复制公式的方法减少工作量,方法如下:

方法一:单击选择包含公式的单元格,在【开始】选项卡下的【剪切板】中,单击【复制】(或 Ctrl＋C),然后点击目标单元格,在【开始】选项卡下的【剪切板】中单击【粘贴】(或 Ctrl＋V)。这样会把源单元格的公式及格式等设置都复制到目标单元格,如果只要复制公式,则单击【开始】选项卡的【粘贴】按钮下面的【公式】按钮,如图 4-39 所示。

图 4-39　粘贴公式按钮

方法二:如果要复制的目标单元格与源单元格连成一片,可利用填充柄填充。如要复制"学生成绩表"中计算总分的公式(假设已经输入到 G2 单元格),可以先选中 G2,将鼠标移到该单元格的右下角的控制柄上,当光标变为黑色"十"号时按住鼠标左键向下方单元格拖动到最后一位同学的总分那个单元格后松开鼠标,即可完成公式复制。还有一个更简单的方法就是选中 G2,将鼠标移到该单元格的右下角的控制柄上,当光标变为黑色"十"号时双击,就可以自动把公式复制到 G3 到 G31,如图 4-40 所示。

学生成绩表.xlsx						
	A	B	C	D	E	F	G
1	学号	姓名	高等数学	大学英语	计算机基础	体育	总分
2	201211301	李国涛	93	77	72	83	325
3	201211302	李琪健	78	93	95	88	354
4	201211303	魏浩峰	79	91	92	85	347
5	201211304	吴锡宁	78	80	76	93	327
6	201211305	张浩	81	84	80	90	335
7	201211306	邓菲儿	94	73	65	90	322
8	201211307	陈琪敏	93	90	90	90	363
9	201211308	徐紫莹	94	87	85	91	357
10	201211309	何茵嫦	96	73	65	79	313
11	201211310	黄晓志	94	66	55	77	292
12	201211311	何妙婷	94	81	76	84	335
13	201211312	吴丽琼	93	87	85	87	352
14	201211313	何丽春	91	81	76	82	330
15	201211314	邝伟雄	79	92	93	85	349
16	201211315	谭凤莲	89	93	95	89	366
17	201211316	吴连英	86	84	80	86	336
18	201211317	陈玉娟	93	72	62	79	306
19	201211318	温桂雄	93	48	64	84	289
20	201211319	吴淑琼	85	88	87	81	341
21	201211320	李智友	93	75	67	87	322
22	201211321	何翠霞	71	89	89	85	334
23	201211322	吴海莹	93	72	63	84	312
24	201211323	张秀娟	61	74	65	83	283
25	201211324	赵婷	91	93	95	86	365
26	201211325	赵丽萍	96	81	77	87	341
27	201211326	梁嘉盈	84	80	73	75	312
28	201211327	赖雅莹	72	93	95	84	344
29	201211328	杨晓华	67	93	95	82	337
30	201211329	张洁珊	68	86	88	81	323
31	201211330	程超健	80	78	76	90	324

Sheet1　Sheet2　Sheet3

图 4-40　利用填充柄复制公式

四、删除公式

删除公式的方法很简单,选中包含公式的单元格,按 Delete 键即可。

五、输入函数

常用的输入函数的方法有三种:

方法一:选定要输入函数的单元格,输入"="号,并在后面输入函数名并设置好相应函数的参数,按回车键完成输入。例如计算成绩的平均分,选定单元格 F12 后,直接输入＝AVERAGE(F1:F10),然后按回车键。

方法二:选定要输入函数的单元格,输入"="号,并在后面输入函数名的英文字母,系统会联想相关字母开头的函数,出现你想要的函数后单击就输入函数名了,然后用鼠标单击或拖出要参与运算的单元格,完成后回车确定。如图 4-41 所示。这种方法对不太熟悉函数名的用户比较方便。

方法三:如果不太了解函数名称、格式和参数设置,可以使用【插入函数】按钮,操作步骤如下:

图 4-41　利用提示输入函数

（1）选中要输入函数的单元格（如 H3），单击编辑栏【插入函数】按钮或者单击【公式】选项的【函数库】组中的【插入函数】按钮，如图 4-42 所示。

图 4-42　插入函数按钮

（2）在弹出【插入函数】对话框中的【选择函数】列表中选择所需函数（如 AVERAGE），如图 4-43 所示，点击【确定】按钮打开【函数参数】对话框，在【函数参数】对话框中单击"Number1"后面的折叠按钮，用鼠标拖选要参加运算的单元格区域（如 C3：F3），单击折叠按钮，恢复对话框，如图 4-44 所示。然后单击【确定】按钮，H3 单元格即得到计算结果。

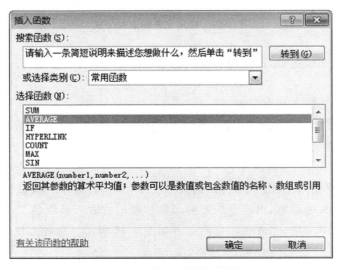

图 4-43　【插入函数】对话框

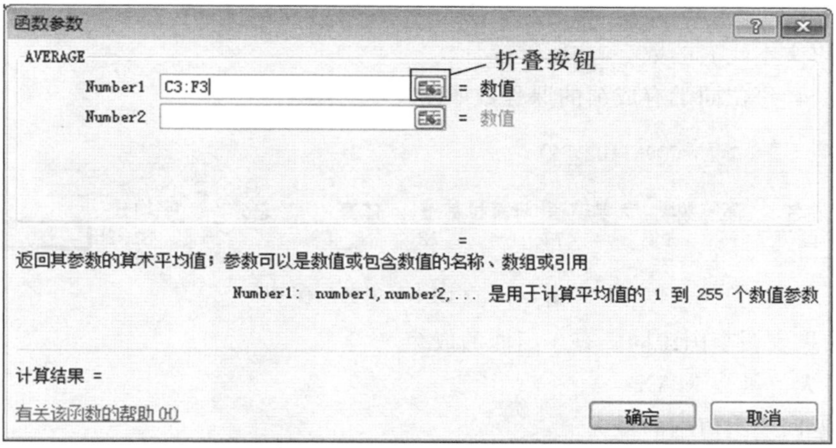

图 4-44 【函数参数】对话框

六、常用函数

Excel 提供了很多实用的函数，在线帮助功能中用户可以了解函数的详细用法，这里介绍几种比较常用的函数的使用方法。

1. 求平均函数 AVERAGE

功能：计算所有参数的算术平均值。

格式：AVERAGE(number1，number2，…)。

参数：number1，number2，…是需要计算平均值的参数(1～30 个)，参数可以是数字、包含数字的名称和单元格引用。

例：公式"＝AVERAGE(C2，D5)"，结果是返回 C2 和 D5 两个单元格的数值的平均值。

2. 求和函数 SUM

功能：计算所有参数的和。

格式：SUM(number1，number2，…)。

参数：number1，number2，…为需要求和的数值(1 到 30 个)，参数表中的数字、逻辑值及数字组成的文本表达式可以参与计算，其中逻辑值被转换为 1、数字组成的文本被转换为数字。参数为数组或引用时，只有其中的数字被计算。

例：公式"＝SUM(1，2，3)"返回 6，而公式＝SUM("6"，2，TRUE)返回 9，因为文本值"6"被转换成数字 6，而逻辑值 TRUE 被转换成数字 1。又如计算"总分"一例，如图 4-45 所示。

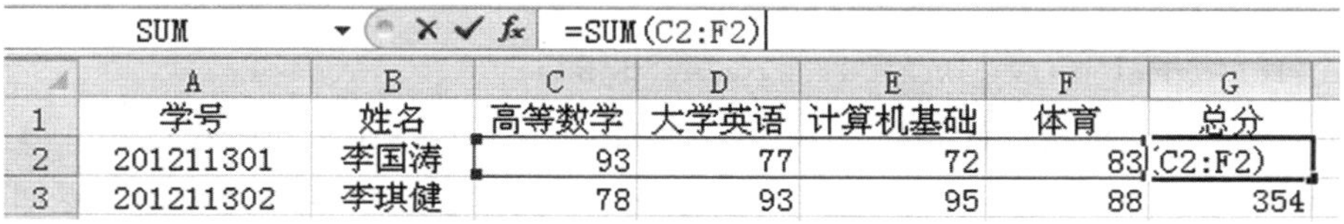

	A	B	C	D	E	F	G
1	学号	姓名	高等数学	大学英语	计算机基础	体育	总分
2	201211301	李国涛	93	77	72	83	C2:F2)
3	201211302	李琪健	78	93	95	88	354

图 4-45 计算总分的求和函数

3. 计数函数 COUNT

功能：返回数字参数的个数。可以统计数组或单元格区域中含有数字的单元格个数。

格式：COUNT(value1，value2，…)。

参数：value1，value2，…是包含或引用各种类型数据的参数，但只有数字类型的数据（数字、日期或以文本代表的数字）才能被统计。

例如：统计每位同学有成绩的课程数如图 4-46 所示。

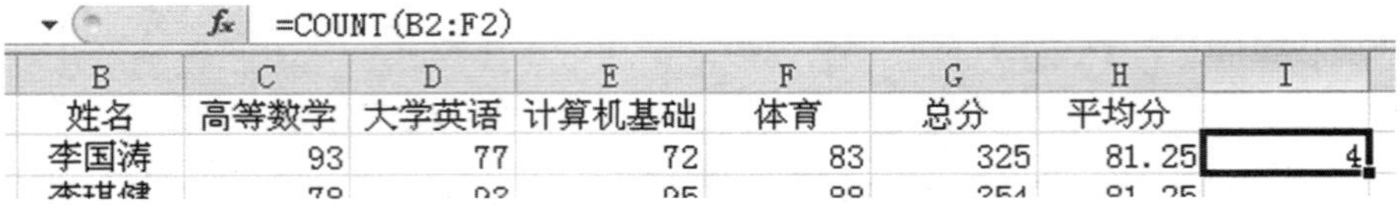

图 4-46　COUNT 函数的例子

函数结果表明李国涛同学有 4 门课的成绩。

4.求最大值函数 MAX

功能：返回一组值中的最大值。

表达式：MAX(number1，number2，…)。

参数：number1，number2，…可以是数字、空白单元格、逻辑值或数字的文本表达式。如果参数为错误值或不能转换成数字的文本，将产生错误；如果参数不包含数字，函数 MAX 返回 0

例：公式"＝MAX(4，3，5，1，2)"返回 5。

5.求最小值函数 MIN

功能：返回一组值中的最小值。

表达式：MIN(number1，number2，…)。

参数：number1，number2，…可以是数字、空白单元格、逻辑值或数字的文本表达式。如果参数为错误值或不能转换成数字的文本，将产生错误；如果参数不包含数字，函数 MIN 返回 0。

例：公式"＝MIN(4，3，5，1，2)"返回 1。

6.四舍五入函数 ROUND

功能：按指定的位数对数值进行四舍五入。

表达式：ROUND(number，num_digits)。

参数：其中 number 为要四舍五入的数值，num_digits 为需要保留的小数位数。

例：公式"＝ROUND(3.14159，1)"返回 3.1。

7.判断函数 IF

功能：判断是否满足条件，如果满足返回第二个参数的值，不满足则返回第三个参数的值。

格式：IF(logical_test，value_if_true，value_if_false)。

参数：logical_test 表示计算结果为 True 或 False 的任意值或表达式；value_if_true 表示 logical_test 为 True 时返回的值，value_if_false 表示 logical_test 为 False 时返回的值。

应用举例：在学生成绩表中根据"体育"的数据对"体育等级"列填充数据，要求平均成绩大于等于 80 的为"达标"，否则"不达标"。先单击要存放计算结果的单元格 I2，然后单击编辑栏输入公式"＝IF(F2＞＝80，"达标"，"不达标")"，单击【确定】按钮，结果如图 4-47所示。

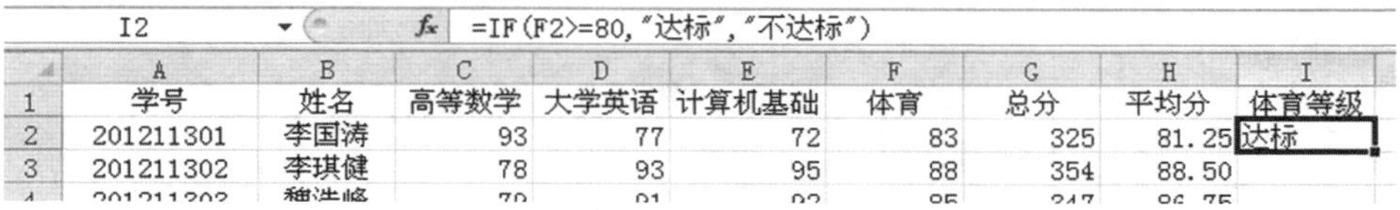

I2　=IF(F2>=80,"达标","不达标")

	A	B	C	D	E	F	G	H	I
1	学号	姓名	高等数学	大学英语	计算机基础	体育	总分	平均分	体育等级
2	201211301	李国涛	93	77	72	83	325	81.25	达标
3	201211302	李琪健	78	93	95	88	354	88.50	

图 4-47　判断函数 IF

8. 排名函数 RANK

功能：返回某个数字在数字列表中的排名。

表达式：RANK(number,ref,order)。

参数：number 是要查找排名的数字，ref 表示数据列表数组或对数字列表的引用，order 表示排位的方式，如果为 0 或省略则表示降序排列，不为 0 表示为升序排列。

应用举例：在学生成绩表中增加一"名次"列，根据"总分"对学生进行排名，先单击要存放计算结果的单元格 I2，然后单击编辑栏输入公式"=RANK(G2,G$2:G$31)"，单击确定按钮，然后把公式复制到下面所有同学的名次的单元格就可以看到所有学生的总分排名。注意，我们在 I2 单元格内的函数中对单元格的引用采用了混合引用的方式，否则若采用默认的相对引用方式则会得出错误的排名结果。如图 4-48 所示。

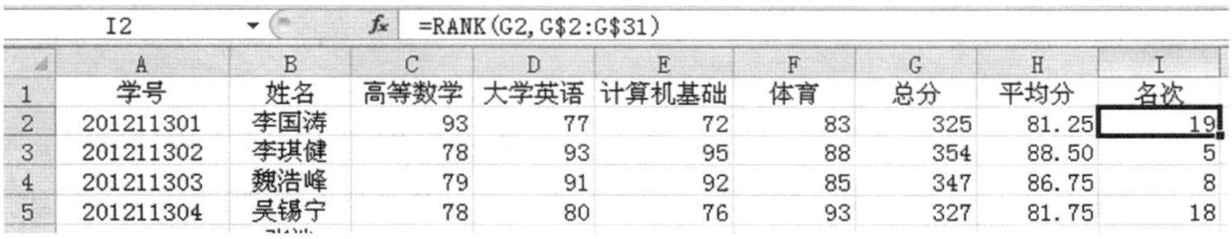

I2　=RANK(G2,G$2:G$31)

	A	B	C	D	E	F	G	H	I
1	学号	姓名	高等数学	大学英语	计算机基础	体育	总分	平均分	名次
2	201211301	李国涛	93	77	72	83	325	81.25	19
3	201211302	李琪健	78	93	95	88	354	88.50	5
4	201211303	魏浩峰	79	91	92	85	347	86.75	8
5	201211304	吴锡宁	78	80	76	93	327	81.75	18

图 4-48　排名函数

七、自动计算功能

自动计算功能让用户无须输入任何公式或函数，也能快速得到求和、平均值、最大值、最小值等常用的运算结果。如图 4-49 所示，只要选中 C2:C11 单元格，就可以在状态栏中看到计算结果。

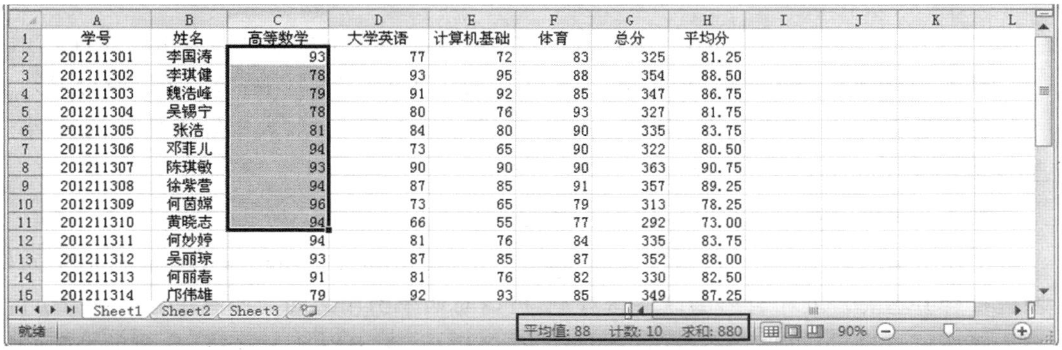

	A	B	C	D	E	F	G	H
1	学号	姓名	高等数学	大学英语	计算机基础	体育	总分	平均分
2	201211301	李国涛	93	77	72	83	325	81.25
3	201211302	李琪健	78	93	95	88	354	88.50
4	201211303	魏浩峰	79	91	92	85	347	86.75
5	201211304	吴锡宁	78	80	76	93	327	81.75
6	201211305	张浩	81	84	80	90	335	83.75
7	201211306	邓菲儿	94	73	65	90	322	80.50
8	201211307	陈琪敏	93	90	90	90	363	90.75
9	201211308	徐紫营	94	87	85	91	357	89.25
10	201211309	何茵蝶	96	73	65	79	313	78.25
11	201211310	黄晓志	94	66	55	77	292	73.00
12	201211311	何妙婷	94	81	76	84	335	83.75
13	201211312	吴丽琼	93	87	85	87	352	88.00
14	201211313	何丽春	91	81	76	82	330	82.50
15	201211314	邝伟雄	79	92	93	85	349	87.25

图 4-49　状态栏中显示的自动计算结果

右键单击任务栏还可以选择所要的计算功能，如图 4-50 所示。

图 4-50　选择自动计算功能

拓展知识

一、公式

Excel 的公式和一般数学公式差不多，当我们需要将工作表中的数字数据做加、减、乘、除等运算时，可以把计算的工作交给 Excel 的公式去做，省去自行运算的工夫，而且当数据有变动时，公式计算的结果还会立即更新。

公式是对工作表中的数值进行计算和操作的等式，输入公式必须以等号"＝"起首，还要包括另外两个基本元素：

1. 运算符：用于让 Excel 知道执行何种计算。

2. 用于计算的数据或单元格引用。

二、运算符

Excel 的运算符有四种类型：算术运算符、比较运算符、文本运算符和引用运算符。

1. 算术运算符："＋"（加）、"－"（减）、"＊"（乘）、"/"（除）、"∧"（乘幂）、"％"（百分号）。

2. 比较运算符："＝"（等于）、"＞"（大于）、"＜"（小于）、"＞＝"（大于等于）、"＜＝"（小于等于）和"＜＞"（不等于）。

3. 文本运算符："&"（将多个字符串连接起来）。

4. 引用运算符："："（冒号）、"，"（逗号）和空格；引用运算符指用相应的运算符对单元格区域进行合并运算。其中冒号为区域运算符，可以对两个引用之间的所有单元格进行引用；逗号为联合运算符，可以将多个引用合并为一个引用；空格为交叉运算符，可产生对同时属于两个引用的单元格区域的引用。

三、单元格的引用

在公式和函数中使用单元格地址来表示单元格中的数据，单元格引用就是指对工作表上的单元格或单元格区域进行引用。Excel 提供了三种不同的引用类型：相对引用、绝对引用和混合引用。

1. 相对引用

相对引用是直接引用单元格区域名，相对引用地址的表示法例如：B1、C4。

在相对引用中，公式单元格的地址相对于公式所在的位置而发生改变。在公式中对单元格进行引用时，默认为相对引用。

例如：在学生成绩表中计算第一位同学的总分，在单元格 G2 中公式为“＝C2＋D2＋E2＋F2”，其运算结果为 325，当我们把公式复制到单元格 G3 时，其中的公式自动改为“＝C3＋D3＋E3＋F3”，其运算结果为 354，如图 4-51 所示。

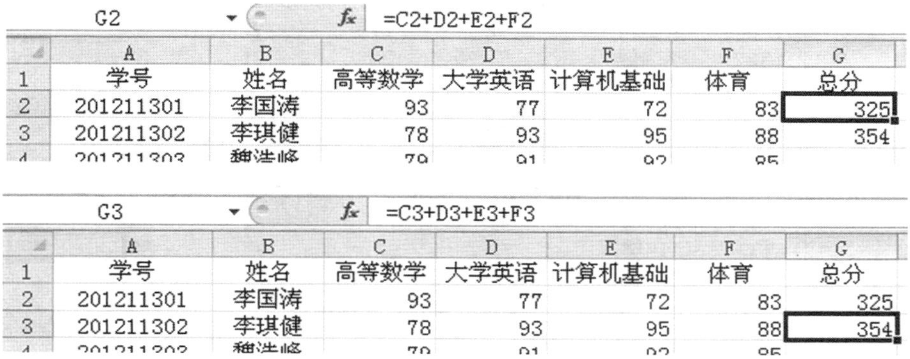

G2　=C2+D2+E2+F2

	A	B	C	D	E	F	G
1	学号	姓名	高等数学	大学英语	计算机基础	体育	总分
2	201211301	李国涛	93	77	72	83	325
3	201211302	李琪健	78	93	95	88	354

G3　=C3+D3+E3+F3

	A	B	C	D	E	F	G
1	学号	姓名	高等数学	大学英语	计算机基础	体育	总分
2	201211301	李国涛	93	77	72	83	325
3	201211302	李琪健	78	93	95	88	354

图 4-51　相对引用公式复制结果

2. 绝对引用

表示绝对参照地址，则须在单元格地址前面加上“＄”符号，例如：＄B＄1、＄C＄4。绝对引用是指把公式复制和移动到新位置时，公式中引用的单元格地址保持不变，它永远指向同一个单元格。例如把单元格 G2 中公式改为“＝＄C＄2＋＄D＄2＋＄E＄2＋＄F＄2”，其运算结果仍为 325，当公式复制到单元格 G3 时，单元格 G3 的公式仍然为“＝＄C＄2＋＄D＄2＋＄E＄2＋＄F＄2”不变，其运算结果也保持为 325，如图 4-52 所示，注意，在本例中这将导致第二位同学的总分计算错误。

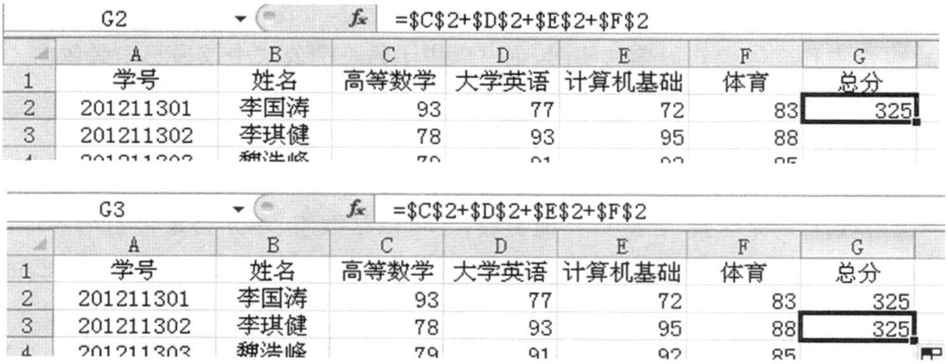

G2　=$C$2+$D$2+$E$2+$F$2

	A	B	C	D	E	F	G
1	学号	姓名	高等数学	大学英语	计算机基础	体育	总分
2	201211301	李国涛	93	77	72	83	325
3	201211302	李琪健	78	93	95	88	

G3　=$C$2+$D$2+$E$2+$F$2

	A	B	C	D	E	F	G
1	学号	姓名	高等数学	大学英语	计算机基础	体育	总分
2	201211301	李国涛	93	77	72	83	325
3	201211302	李琪健	78	93	95	88	325

图 4-52　绝对引用公式复制结果

3.混合引用

混合引用是指在一个单元格地址引用中,既包含绝对地址引用又包含相对地址引用。如果公式中使用了混合引用,那么在公式复制或移动过程中,相对引用的单元格地址会相应改变,而绝对引用的单元格地址保持不变。

还如上例,当单元格 G2 公式改为"＝＄C2＋＄D2＋＄E2＋＄F2"时,其运算结果为325,如当公式复制到单元格 G3 时,单元格 G3 的公式变为"＝＄C3＋＄D3＋＄E3＋＄F3",其运算结果为 354,如图 4-53 所示。

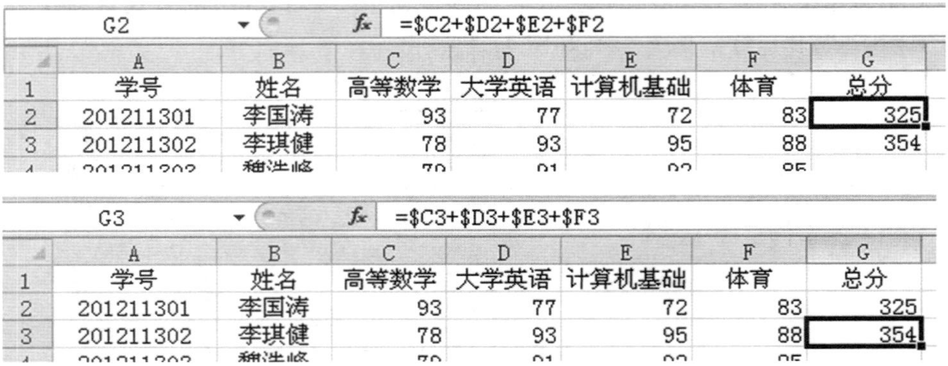

图 4-53 混合引用公式复制结果

4.引用同一工作簿中其他工作表的单元格

在同一工作簿中,可以引用其他工作表的单元格。如当前工作表是 Sheet1,要在单元格 A1 中引用 Sheet 2 工作表单元格区 B1 中数据,则可在单元格 A1 中输入公式"＝Sheet2！B1"。

5.引用其他工作簿的单元格

在 Excel 计算时也可以引用其他工作簿中单元格的数据或公式。如要在当前工作簿 Book1 中工作表 Sheet1 的单元格 A1 中,引用工作簿 Book2 中工作表 Sheet1 的单元 B2 的数据,选中 Book1 的工作表 Sheet1 的单元格 A1,输入公式"＝［Book2.xlsx］Sheet1！＄B＄2"。

四、函数

函数是 Excel 根据各种需要,预先设计好的运算公式,可让用户节省自行设计公式的时间。函数可作为独立的公式而单独使用,也可以用于另一个公式中或另一个函数内。

一个函数包括函数名和参数两个部分,格式如下:

函数名(参数 1,参数 2,…)

函数名用来描述函数的功能,参数可以是数字、文本、逻辑值等,给定的参数必须能产生有效的值。参数可以是常量、公式或其他函数,还可以是数组、单元格地址引用等。函数参数要用括号括起来,即使一个函数没有参数,也必须加上括号。函数的多个参数之间用","分隔。

Excel 2010 提供了 12 大类、300 多个函数,除了以上所学,其余常见的函数及参数说明见表 4-1。

表 4-1　Excel 2010 常见的函数及参数说明

分类	名称	说明
数学函数	SUMIF	一般格式是 SUMIF(条件判断区域,条件,求和区域),用于根据指定条件对若干单元格求和。其中,条件可以用数字、表达式、单元格引用或文本形式定义
	AVERAGEIF	一般格式是 AVERAGEIF(条件判断区域,条件,求平均值区域),用于根据指定条件对若干单元格计算算术平均值
	MAX	一般格式是 MAX(计算区域),功能是返回一组数值中的最大值。
	MIN	一般格式是 MIN(计算区域),功能是返回一组数值中的最小值
	COUNTIF	一般格式是 COUNTIF(计算区域,条件),用于统计区域内符合指定条件的单元格数目。其中,计算区域表示要计数的非空区域,空值和文本值将被忽略
逻辑函数	AND	一般格式是 AND(L1,L2,…),用于判断两个以上条件是否同时具备。例如 AND(5×4,2<6)的结果为 TRUE
	OR	一般格式是 OR(L1,L2,…),用于判断多个条件是否具备之一。例如 OR(1>3,7<9)的结果为 TRUE
文本函数	LEN	一般格式是 LEN(文本串),用于统计字符串的字符个数,例如,LEN("Hello,World")的结果为 11
	LEFT	一般格式是 LEFT(文本串,截取长度),用于从文本的开始返回指定长度的子串。例如,LEFT("abcdefg",4)的结果为 abcd
	MID	一般格式是 MID(文本串,起始位置,截取长度),用于从文本的指定位置返回指定长度的子串。例如,MID("abcdefg",4,2)的结果为 de
	RIGHT	一般格式是 RIGHT(文本串,截取长度),用于从文本的尾部返回指定长度的子串。例如,RIGHT("abcdefg",3)的结果为 efg

任务 4.3 制作空调销售统计图

工作表中的数字难免单调枯燥,用户往往要花点时间和精力才能对表格中要说明的问题理出头绪,Excel 图表可以将数据图形化,帮助我们更直观地显示数据,使数据对比和变化趋势一目了然,提高信息整理价值,更准确直观地表达信息和观点。本任务以制作空调销售统计图为例,介绍图表的创建、编辑、美化等内容。

任务目标

1.掌握图表的创建;
2.掌握图表的编辑;
3.熟悉图表的美化;

任务描述

王娜是某空调公司销售部的员工,半年过去了,她想将近半年各门店的空调销售情况向上级领导汇报,使得上级领导更直观地了解各门店的销售情况,做出准确的进货、促销等安排。王娜决定制作空调销售统计图并打印上报给领导,结果如图 4-54 所示。

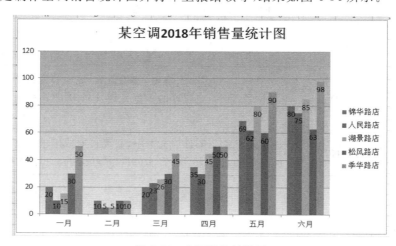

图 4-54 空调销售统计图

任务分析

· 通过【图表】选项组中的【图表类型】按钮,可以快速地创建图表。
· 通过"编辑数据系列"对话框,可以向已经创建好的图表中添加相关的数据。
· 通过【设计】选项卡中的相关命令,可以重新选择图表的数据、更换图表布局等。
· 通过【布局】选项卡中的相关命令,可以对图表进行格式化处理。
· 通过"页面设置"对话框,可以对要打印的内容进行设置。

任务实施

1. 创建图表

(1)打开“某空调销售统计表”,选择创建图表的数据源“A2:G7”单元格区域,如图 4-55 所示。

	A	B	C	D	E	F	G
1	某空调2018年销售量统计(单位:台)						
2		一月	二月	三月	四月	五月	六月
3	锦华路店	20	10	20	35	69	80
4	人民路店	10	5	23	30	62	75
5	湖景路店	15	5	26	45	80	85
6	松风路店	30	10	30	50	60	63
7	季华路店	50	10	45	50	90	98

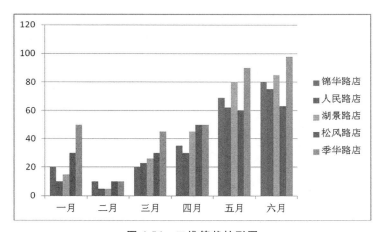

图 4-55　选择数据源

(2)选择图表类型

选择【插入】选项卡,单击【图表】组中的【柱形图】下的下拉按钮,在弹出的下拉列表中选择【二维簇状柱形图】选项。在工作表中 Excel 会自动产生二维簇状柱形图,如图 4-56 所示。

图 4-56　二维簇状柱形图

(3)修改图表

图表创建完成后,我们还可以对图表类型重新选择、添加或减少数据系列。

①更改图类表型

在上步创建图表的同时会激活图表工具选项卡,如图 4-57 所示。

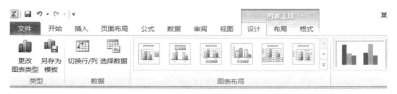

图 4-57　图表工具

选择图表区,单击【图表工具】的【设计】选项卡【类型】组中的【更改图表类型】,打开【更改图表类型】对话框,在弹出的对话框中可以选择新的图表类型,单击"确定"按钮即可更改图表的类型(图4-58)。

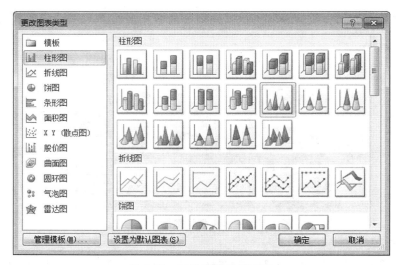

图 4-58　更改图表类型窗口

②更改数据源

在【设计】选项卡中单击【数据】组中的【选择数据】按钮,调出【选择数据源】对话框,使用鼠标拖动选择新的数据区域,松开鼠标后,在"图表数据区域"栏中会显示选择的结果,单击"确定"按钮,图表将自动更新数据源,如图4-59所示。

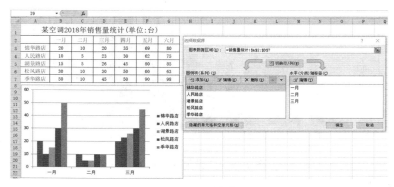

图 4-59　更改数据源

2.编辑图表

(1)改变图表位置

在当前工作表中移动图表位置:单击选中图表,按下鼠标左键不放,拖动图表到所需要的位置,释放鼠标,图表即被移到虚线框所示的目标位置。

将图表移动到其他工作表中:单击选中图表,在【图表工具】选择【设计】选项卡中的【位置】组,单击【移动图表】,弹出【移动图表】对话框,如图4-60所示。在对话框中显示图表可以放置的位置,可以放置当前表中,也可以选择新的表存放。这里选择"Sheet1",则图表就被存放到"Sheet1"表中,如图4-61所示。

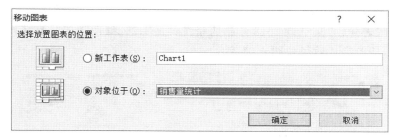

图 4-60　移动图表窗口

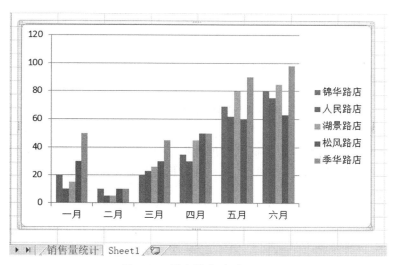

图 4-61　图表被移动到 Sheet1

（2）改变图表的大小

单击选中图表，把鼠标放到图表右上角，出现斜双向箭头且显示"图表区"提示文字时按住鼠标左键拖动，即可放大或缩小图表。

（3）添加/更改图表标题

单击图表，选择【图表工具】中【布局】选项卡【标签】组中【图表标题】按钮，单击下拉列表，然后在图表中显示的"图表标题"文本框中输入"某空调销售统计图"，效果如图 4-62 所示。

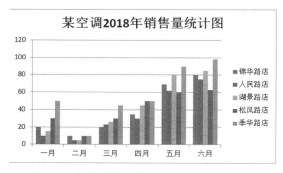

图 4-62　更改图表标题

我们还可以为图表标题设置艺术字样式：

单击选择图表标题"某空调 2018 年销售量统计图"，选择【图表工具】中【格式】选项卡中的艺术字样式，任务完成效果如图 4-63 所示。

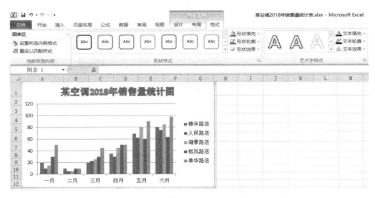

图 4-63　为图表标题设置艺术字样式

（4）添加数据标签

如果向所有数据系列的所有数据点添加数据标签，则单击图表区，然后在【布局】选项卡的【标签】组中，单击【数据标签】按钮，选择一种数据标签的显示形式即可，如图 4-64 所示。

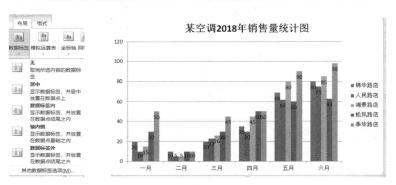

图 4-64　为所有数据系列添加数据标签

如果只要向一个数据系列（如为季华路店）添加标签，则单击该数据系列中需要标签的任意位置，然后在【布局】选项卡的【标签】组中，单击【数据标签】按钮，单击所需的显示选项即可，如图 4-65 所示。

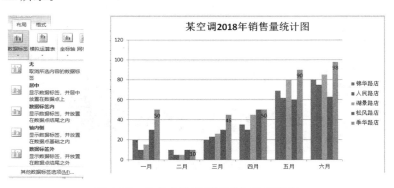

图 4-65　为单个数据系列添加数据标签

（5）修改图例

单击选择图表，在【布局】选项卡的【标签】组中，单击【图例】按钮下方的小三角，在弹出的下列菜单中单击选择【其他图例选项】，弹出【设置图例格式】对话框，选择相应的设置即可，如图 4-66 所示。

图 4-66　设置图例格式对话框

（6）修改图表绘图区背景

选择图表，单击【布局】选项卡【背景】组中的【绘图区】弹出下拉菜单，选择【其他绘图区选项】，弹出【设置绘图区格式】对话框，单击【填充】，选择一种填充方式（如渐变填充），设置好各参数后点击【关闭】按钮即可，如图 4-67 所示。在此对话框还可以设置绘图区的边框、阴影和三维格式等。

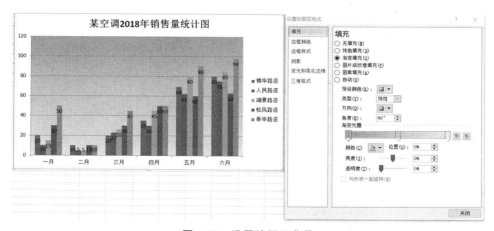

图 4-67　设置绘图区背景

拓展知识

1. Excel 图表简介

图表是 Excel 中重要的数据分析工具,它具有很好的视觉效果,可直观地表现较为抽象的数据,让数据显示更清楚,更容易被理解。

2. 数据源

图表创建之前必须首先确定哪些单元格的数据用于制作图表,这些单元格的数据就称为数据源。

3. 图表类型

对于相同的数据,如果选择不同的图表类型,那么得到的图表外观是有很大差别的,为了用图表准确地表达我们的观点,完成数据表的创建之后,最重要的事情就是选择恰当的图表类型。

常用的图表类型包括柱形图、饼图、折线图和面积图等。

(1)柱形图:主要用途为显示或比较多个数据组。

(2)饼图:用分割并填充了颜色或图案的饼形来表示数据,通常用来表示一组数据占总数的百分比(例如各季度销售额占全年销售总额的百分比)。

(3)折线图:用一系列以折线相连的点表示数据,这种类型的图表最适于表示数据随着时间变化的趋势。

(4)面积图:用填充了颜色或图案的面积来显示数据,最适于显示数量随时间而变化的程度,也可用于引起人们对总值趋势的注意。

(5)条形图:条形图通常用于显示各个项目之间的比较情况,排列在工作簿的列或行中的数据都可以绘制到条形图中。条形图包括二维条形图、三维条形图和堆积图等,当轴标签过长,或者显示的数值为持续型时,都可以使用条形图,图 4-68 所示为条形图。

4. 图表组成元素

图表由图表区、绘图区、图例、坐标轴、数据标签等几个部分组成,图表区是整个图表的背景区域,绘图区是用于绘制数据的区域。图表中还含有图表标题和网格线等内容。各组成部分功能如下:

(1)图表区:用于存放图表各个组成部分的区域。

(2)绘图区:绘图区位于图表区内,是绘制数据序列的位置。

(3)图表标题:用以说明图表的标题名称。

(4)坐标轴:用于显示数据系统的名称和其对应的值。

(5)数据标签:是根据用户指定的图表类型以系列的方式显示在图表中的可视化数据,在分类轴上每一个分类都对应着一个或多个数据,并以此构成数据系列。

(6)图例:显示每个数据系列代表的名称。

(7)网格线:网格线包括主要网格线和次要网格线。

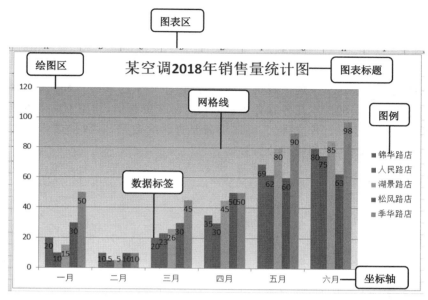

图 4-68　条形图

任务 4.4　分析平面设计师工资

工资统计表是对公司员工的工资情况的统计，由于员工的职级不同，其基本工资、业绩签单和提成率也是不同的。本任务以分析平面设计师工资为例，利用 Excel 的数据排序、数据筛选功能对数据大小进行依次排列，筛选出需要查看的数据，对数据进行分类汇总，建立数据透视表、数据透视图，以便快速分析数据。

任务目标

1. 掌握筛选和排序；
2. 掌握分类汇总；
3. 掌握数据透视表、数据透视图。

任务描述

李菲是广东立至广告公司的员工，她想对公司平面设计师 6 月份的工资做分析。她按照计划完成了以下工作：

1. 对平面设计师工资按照职级进行排序，如图 4-69 所示。

工号	姓名	职级	底薪	签单总金额	提成率	获得的提成	工资
\multicolumn{8}{c}{立至广告公司6月员工工资}							
SJ14	程旭	初级	2500	39003	2.00%	780	3280
SJ09	吴明	初级	2500	41000	2.00%	820	3320
SJ08	韩治	初级	2500	45000	2.00%	900	3400
SJ07	王冬梅	初级	2500	50000	2.00%	1000	3500
SJ06	郭新	初级	2500	149000	2.00%	2980	5480
SJ12	郭一	中级	3500	66000	3.00%	1980	5480
SJ10	刘丽	中级	3500	80008	3.00%	2400	5900
SJ05	李娜	中级	3500	81235	3.00%	2437	5937
SJ01	程茹	中级	3500	87962	3.00%	2639	6139
SJ11	王菲	中级	3500	90010	3.00%	2700	6200
SJ04	曹坤	中级	3500	220000	3.00%	6600	10100
SJ15	王潇妃	高级	4500	112000	5.00%	5600	10100
SJ13	黄鑫	高级	4500	125689	5.00%	6284	10784
SJ02	张敏	高级	4500	210080	5.00%	10504	15004
SJ03	李晓	高级	4500	238000	5.00%	11900	16400

图 4-69　排序后的工资表

2. 结合公司要求，对平面设计师工资进行筛选，如图 4-70 所示。

工号	姓名	职级	底薪	签单总金额	提成率	获得的提成	工资
SJ04	曹坤	中级	3500	220000	3.00%	6600	10100

图 4-70　筛选后的工资表

3. 汇总出不同职级的员工的签单总金额,如图 4-71 所示。

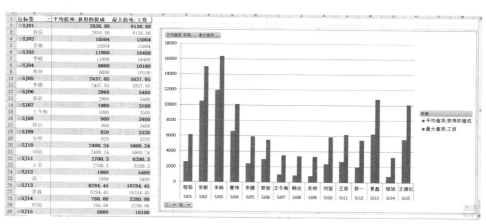

1 2 3		A	B	C	D	E	F	G	H
	1				立至广告公司6月员工工资				
	2	工号	姓名	职级	底薪	签单总金额	提成率	获得的提成	工资
	3	SJ06	郭新	初级	2500	149000	2.00%	2980	5480
	4	SJ07	王冬梅	初级	2500	50000	2.00%	1000	3500
	5	SJ08	韩治	初级	2500	45000	2.00%	900	3400
	6	SJ09	吴明	初级	2500	41000	2.00%	820	3320
	7	SJ14	程旭	初级	2500	39003	2.00%	780	3280
	8			初级 汇总		324003			
	9	SJ01	程茹	中级	3500	87962	3.00%	2639	6139
	10	SJ04	曹坤	中级	3500	220000	3.00%	6600	10100
	11	SJ05	李娜	中级	3500	81235	3.00%	2437	5937
	12	SJ10	刘丽	中级	3500	80008	3.00%	2400	5900
	13	SJ11	王菲	中级	3500	90010	3.00%	2700	6200
	14	SJ12	郭一	中级	3500	66000	3.00%	1980	5480
	15			中级 汇总		625215			
	16	SJ02	张敏	高级	4500	210080	5.00%	10504	15004
	17	SJ03	李晓	高级	4500	238000	5.00%	11900	16400
	18	SJ13	黄鑫	高级	4500	125689	5.00%	6284	10784
	19	SJ15	王潇妃	高级	4500	112000	5.00%	5600	10100
	20			高级 汇总		685769			
	21			总计		1634987			

图 4-71 分类合并后的工资表

4. 创建数据透视图和数据透视表以便于领导更直观地了解员工的工资情况,进而了解员工的业绩完成情况。如图 4-72 所示。

图 4-72 透视表及透视图

任务分析

· 通过【排序】对话框,可以按指定列对数据区域进行排序。

· 通过【筛选】及【高级筛选】对话框,可以筛选出满足基本条件以及复杂条件的数据。

· 通过【分类汇总】对话框,可以对数据进行一级或多级分类汇总。

· 通过【创建数据透视表】和【数据透视图】对话框可以创建数据透视表及数据透视图。

任务实施

1. 数据排序

对"平面设计师工资发放表"中的数据按照工资的值进行排序,这个用来排序的字段称为关键字。排序的方式有简单排序和高级排序两种。

(1)简单排序

简单排序是指对工作表中数据按照某一单个条件进行排序。

首先把活动单元格放到排序关键字列当中,如按工资排序则把活动单元格放在工资列上任一个单元格中,然后有三种操作方法:

方法一:在【开始】选项卡的【编辑】组中,单击【排序和筛选】按钮,按需要选择【升序】或【降序】,如图4-73所示。

方法二:在【数据】选项卡下【排序和筛选】组,单击【升序】或【降序】按钮进行排序,如图4-74所示。

图 4-73 "排序和筛选"按钮

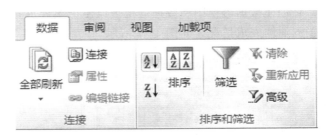

图 4-74 "排序和筛选"组的"升序"和"降序"按钮

方法三:在工资列的任一个单元格上右键,在弹出菜单中选择【排序】选项,在弹出的子列表中选择需要的排序方式,如图 4-75 所示。

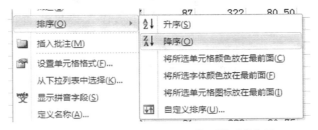

图 4-75 弹出菜单中的"排序"和"筛选"选项

(2)高级排序

高级排序可以实现对多个字段数据同时进行排序,这多个字段也称为多个关键字,通过设置主要关键字和次要关键字来确定数据排序的优先次序,而且这些关键字可以分别设置为升序或降序。此外,还可以自定义排序。

对"平面设计师工资发放表"中的数据按工资降序排序,工资相同的按职级排序。操作方法如下:

把活动单元格放在"平面设计师工资发放表"的数据单元格中,然后在【数据】选项卡下的【排序和筛选】组中单击【排序】按钮,弹出一个【排序】对话框。在【主要关键字】下拉列表中选择【工资】,在【次序】下拉列表中选择【降序】;然后单击【添加条件】按钮设置次要关键字,出现【次要关键字】选项后在下拉列表中选择【职级】,在【次序】下拉列表中选择【自定义序列】,弹出【自定义序列】对话框,在【自定义序列】选项卡的【输入序列】文本框中输入自定义的新序列,如图 4-76 所示,排序结果如图 4-77 所示。

图 4-76　"自定义序列"对话框

	A	B	C	D	E	F	G	H
1								
2	工号	姓名	职级	底薪	签单总金额	提成率	获得的提成	工资
3	SJ14	程旭	初级	2500	39003	2.00%	780	3280
4	SJ09	吴明	初级	2500	41000	2.00%	820	3320
5	SJ08	韩治	初级	2500	45000	2.00%	900	3400
6	SJ07	王冬梅	初级	2500	50000	2.00%	1000	3500
7	SJ06	郭新	初级	2500	149000	2.00%	2980	5480
8	SJ12	郭一	中级	3500	66000	3.00%	1980	5480
9	SJ10	刘丽	中级	3500	80008	3.00%	2400	5900
10	SJ05	李娜	中级	3500	81235	3.00%	2437	5937
11	SJ01	程茹	中级	3500	87962	3.00%	2639	6139
12	SJ11	王菲	中级	3500	90010	3.00%	2700	6200
13	SJ04	曹坤	中级	3500	220000	3.00%	6600	10100
14	SJ15	王潇妃	高级	4500	112000	5.00%	5600	10100
15	SJ13	黄鑫	高级	4500	125689	5.00%	6284	10784
16	SJ02	张波	高级	4500	210080	5.00%	10504	15004
17	SJ03	李晓	高级	4500	238000	5.00%	11900	16400

图 4-77　排序结果

2. 数据筛选

数据筛选可以隐藏那些不满足条件的数据,而只将那些符合条件的数据显示在工作表中,数据筛选分为自动筛选和高级筛选两种。

(1) 自动筛选

自动筛选适用于条件较为简单的筛选,筛选出的数据显示在原数据区域。其操作方法有三种,以筛选出工资在 10000 元以上的数据为例:

方法一:在【数据】选项卡下【排序和筛选】组中,单击【筛选】按钮,如图 4-78 所示,此时每个列表题的右侧出现一个三角按钮,单击工资列标题右侧的三角按钮,出现【数字筛选】,点击【自定义筛选】,弹出【自定义自动筛选方式】对话框后,按图 4-79 所示进行设置,最后按【确定】按钮。

图 4-78 【排序和筛选】组中的【筛选】按钮

图 4-79 【自定义自动筛选方式】对话框

筛选结果如图 4-80 所示。

	A	B	C	D	E	F	G	H
1			立至广告公司6月员工工资					
2	工号	姓名	职级	底薪	签单总金额	提成率	获得的提成	工资
4	SJ02	张敏	高级	4500	210080	5.00%	10504	15004
5	SJ03	李晓	高级	4500	238000	5.00%	11900	16400
6	SJ04	曹坤	中级	3500	220000	3.00%	6600	10100
15	SJ13	黄鑫	高级	4500	125689	5.00%	6284	10784
17	SJ15	王潇妃	高级	4500	112000	5.00%	5600	10100

图 4-80 筛选结果

如果要取消这次筛选的设置,可再次单击图 4-78 中的"数据"选项卡下"排序和筛选"组的"筛选"按钮,被隐藏的数据又显示出来了。

方法二:在"开始"选项卡下"编辑"组中,单击"排序和筛选"按钮,在下拉菜单中,单击"筛选"按钮,如图 4-81 所示。

方法三:选择数据目标区域中任意单元格,右键单击该单元格,在弹出的列表中选择"筛选"选项。

如果想在筛选结果的基础上再增加筛选条件,可按上述方法重复操作。图 4-82 就是设置了工资和获得的提成都大于等于 10000 元的筛选结果。注意观察工资和获得的提成两个列标题右侧的按钮。

图 4-81　【编辑】组中【排序和筛选】按钮下的【筛选】按钮

2	工号	姓名	职级	底薪	签单总金额	提成率	获得的提成	工资
4	SJ02	张敏	高级	4500	210080	5.00%	10504	15004
5	SJ03	李晓	高级	4500	238000	5.00%	11900	16400

图 4-82　工资和获得的提成都大于等于 10000 元的筛选结果

（2）高级筛选

高级筛选可以让我们设置多个筛选条件。例如找出签单总金额大于 10000，提成率为 3%，获得的提成大于 5000 的员工。操作步骤如下：

①在工作表其他空白单元格区域（例如 E19：G20）下输入筛选条件。如图 4-83 所示。

签单总金额	提成率	获得的提成
>10000	0.03	>5000

图 4-83　筛选条件

②在【数据】选项卡，在【排序和筛选】组中选择【高级】选项，弹出【高级筛选】对话框，在【条件区域】中用鼠标拖选出刚刚输入的筛选条件区域，指定筛选结果复制到以哪个单元格（如 K2）开始的区域，最后单击【确定】按钮。如图 4-84 所示。筛选结果如图 4-85 所示。

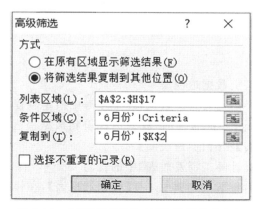

图 4-84　在【高级筛选】对话框设置筛选参数

工号	姓名	职级	底薪	签单总金额	提成率	获得的提成	工资
SJ04	曹坤	中级	3500	220000	3.00%	6600	10100

图 4-85　筛选结果

3. 分类汇总

分类汇总是建立在已排序的基础上的，即在执行分类汇总之前，首先要对分类字段进行排序，把同类数据排列在一起，然后利用汇总函数对同一类的数据进行统计。

例如对"平面设计师工资发放表"按照"职务"进行分类汇总。操作步骤如下：

（1）对职务字段按自定义序列"初级、中级、高级"排序。

（2）选择【数据】选项卡，单击【分类汇总】选项，弹出一个【分类汇总】对话框。

（3）在【分类汇总】对话框中，【分类字段】选择【职级】；【汇总方式】选择【求和】；在【选定汇总项】列表框中单击选中【签单总金额】复选框。勾选"替换当前分类汇总"选项，新的分类汇总将替换数据表中原有的分类汇总；勾选"每组数据分页"，在打印时，每个类别的数据将分页打印；勾选"汇总结果显示在数据下方"，可在数据下方显示汇总数据的总计值，如图 4-86 所示。分类汇总的结果如图 4-87 所示。

图 4-86　【分类汇总】对话框

如果要删除分类汇总的结果，可以重新调出【分类汇总】对话框，点击【全部删除】按钮即可。

4. 创建数据透视表

（1）创建平面设计师工资数据透视表

要创建数据透视表，必须定义其源数据，在工作簿中指定位置并设置字段布局。在 Microsoft Excel 2010 中，Excel 早期版本的"数据透视表和数据透视图向导"已替换为【插入】选项卡组中的【数据透视表】和【数据透视图】命令。

①单击数据源"平面设计师工资发放表"中的任意一个单元格，单击【插入】选项卡下的表格组中的【数据透视表】，在下拉选项中选择【数据透视表】，在弹出的【创建数据透视表】对话框中选择要分析的数据，默认的选择是将整张工作表作为源数据；再在对话框中放置数据

图 4-87　分类汇总的结果

透视表的位置中选择放置数据透视表的位置,默认的选择是将数据透视表作为新的工作表,可以保持此选项不变,也可以单击选"现在工作表",然后再选定所放单元格如 J2,单击【确定】按钮即生成一张空的数据透视表,如图 4-88 所示。

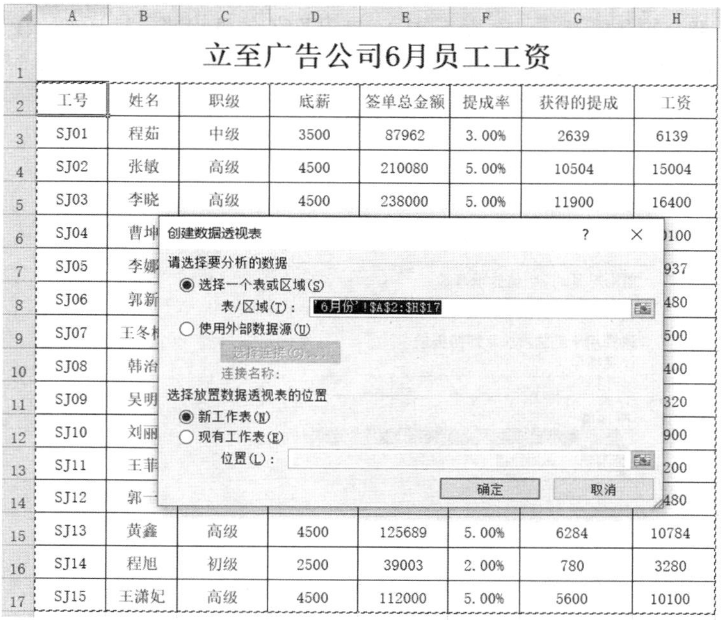

图 4-88　创建数据透视表窗口

②在生成空白数据透视表的同时打开【数据透视表字段列表】任务窗格。在任务窗格的【选择要添加到报表的字段】列表框中选择相应字段的对应复选框,即可创建出带有数据的数据透视表,在本例选择"姓名"、"获得的提成"、"工资",如图 4-89 所示。

图 4-89　数据透视表字段列表窗口

③如果要在数据透视表中查找工资最高的数据记录,可以选择工资在数据透视表中的表头,在这里是 L2 单元格,然后在【数据透视表工具】中【选项】选项卡的【活动字段】组中单击【字段设置】按钮(或直接双击 L2 单元格),打开【值字段设置】对话框,在对话框的【计算类型】列表框中选择【最大值】选项,完成后单击确定按钮即可,如图 4-90 所示,用同样的方法将获得的提成的汇总方式设为平均值,效果如图 4-91 所示。

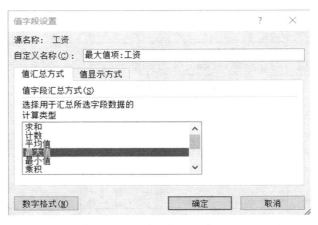

图 4-90　值字段设置窗口

行标签	平均值项:获得的提成	最大值项:工资
曹坤	6600	10100
程茹	2638.86	6138.86
程旭	780.06	3280.06
郭新	2980	5480
郭一	1980	5480
韩冶	900	3400
黄鑫	6284.45	10784.45
李娜	2437.05	5937.05
李晓	11900	16400
刘丽	2400.24	5900.24
王冬梅	1000	3500
王菲	2700.3	6200.3
王潇妃	5600	10100
吴明	820	3320
张敏	10504	15004
总计	3968.330667	16400

图 4-91 透视结果

④选中【行标签】中的姓名字段,将其拖出【行标签】区域即可完成删除字段操作;【列标签】区域中的字段也可以用同样的方法进行删除。相反,如果是添加字段,只需从"选择要添加到报表的字段"列表框中选择需要添加的字段名,将其移动到"行标签"区域中,即可完成添加。添加工号作为行标签后的效果如图 4-92所示。

行标签	平均值项:获得的提成	最大值项:工资
⊟SJ01	2638.86	6138.86
程茹	2638.86	6138.86
⊟SJ02	10504	15004
张敏	10504	15004
⊟SJ03	11900	16400
李晓	11900	16400
⊟SJ04	6600	10100
曹坤	6600	10100
⊟SJ05	2437.05	5937.05
李娜	2437.05	5937.05
⊟SJ06	2980	5480
郭新	2980	5480
⊟SJ07	1000	3500
王冬梅	1000	3500

图 4-92 添加工号作为行标签后的效果

　　（2）更新数据透视表数据

　　对于建立了数据透视表的数据区域，修改其数据并不影响数据透视表。因此，当数据源发生变化时，右击数据透视表的任意单元格，从快捷菜单中选择【刷新】命令，以便于及时更新数据透视表中的数据。

　　（3）选择数据透视表样式书

　　单击数据透视表中任意单元格，单击【数据透视表工具】中【设计】选项卡，在【数据透视表样式】组中的列表框中选择"数据透视表样式浅色 10"选项，可以看到数据透视表效果如图 4-93 所示。

行标签	平均值项：获得的提成	最大值项：工资
⊟SJ01	2638.86	6138.86
程茹	2638.86	6138.86
⊟SJ02	10504	15004
张敏	10504	15004
⊟SJ03	11900	16400
李晓	11900	16400
⊟SJ04	6600	10100
曹坤	6600	10100
⊟SJ05	2437.05	5937.05
李娜	2437.05	5937.05
⊟SJ06	2980	5480
郭新	2980	5480
⊟SJ07	1000	3500
王冬梅	1000	3500

图 4-93　数据透视表样式应用

　　（4）数据透视表的再设置

　　单击【数据透视表工具】中【选项】选项卡，在【数据透视表】组中【选项】的下拉菜单的【选项】菜单打开【数据透视表选项】对话框，在对话框的【汇总和筛选】选项卡中可以对总计的显示方式、筛选和排序进行再设置，如图 4-94 所示。

　　选择数据透视表工具下的选项，点击插入切片器在弹出的【插入切片器】对话框中勾选【签单总金额】和【获得的提成】两个选项，Excel 将创建 2 个切片器，如图 4-95 所示。通过切片器可以很直观地筛选要查询的数据。如果要删除切片器，选择某个切片器，按 Delete 键即可。

图 4-94　数据透视表选项窗口

工号	姓名	职级	底薪	签单总金额	提成率	获得的提成	工资
			立至广告公司6月员工工资				
SJ01	程茹	中级	3500	87962	3.00%	2639	6139
SJ02	张敏	高级	4500	210080	5.00%	10504	15004
SJ03	李晓	高级	4500	238000	5.00%	11900	
SJ04	曹坤	中级	3500	220000	3.00%	6600	
SJ05	李娜	中级	3500	81235	3.00%	2437	
SJ06	郭新	初级	2500	149000	2.00%	2980	
SJ07	王冬梅	初级	2500	50000	2.00%	1000	
SJ08	韩治	初级	2500	45000	2.00%	900	
SJ09	吴明	初级	2500	41000	2.00%	820	
SJ10	刘丽	中级	3500	80008	3.00%	2400	5900
SJ11	王菲	中级	3500	90010	3.00%	2700	6200
SJ12	郭一	中级	3500	66000	3.00%	1980	5480
SJ13	黄鑫	高级	4500	125689	5.00%	6284	10784
SJ14	程旭	初级	2500	39003	2.00%	780	3280
SJ15	王潇妃	高级	4500	112000	5.00%	5600	10100

图 4-95　切片器

5.创建数据透视图

（1）创建数据透视图

创建数据透视图的方式主要有三种：

方法一：在刚创建的数据透视表中选择任意单元格，然后单击【数据透视表工具】中【选项】选项卡【工具】组中的【数据透视图】按钮，如图 4-96 所示。

图 4-96　数据透视图菜单

方法二:数据透视表创建完成后单击【插入】选项卡,在图表组中也可以选取相应的图表类型创建数据透视图。

方法三:如果还没有创建数据透视表,单击数据源数据中的任一单元格,单击【插入】选项卡【表格】组中的【数据透视表】按钮,在弹出的下拉菜单中单击【数据透视图】,Excel 将同时创建一张新的数据透视表和一张新的数据透视图,如图 4-97 所示:

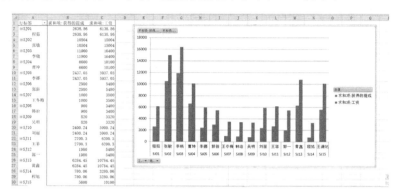

图 4-97   数据透视表与数据透视图

(2)编辑数据透视图

①更改图表类型:选中数据透视图,选择【设计】工具栏选项卡的【更改图表类型】按钮,在弹出的对话框中选择需要的第二个图形类型,点击【确定】即可更改数据透视图的类型。

②更改布局和图表样式:选中数据透视图,选择【设计】工具栏选项卡下的【图表布局】按钮,可以更改数据透视图的布局;点击【图表样式】按钮,还可以快速更改数据透视图的显示样式。

拓展知识

1.排序

往工作表中输入数据时,一般是按照数据的时间顺序或编号来输入的,当用户要从工作表中查找所需的信息时很不直观,为了提高查找效率,最有效的方法是对数据进行排序。排序是指按照一定的顺序重新排列工作表中的数据,排序并不改变行的内容,但被隐藏起来的行不会被排序,当两行中有完全相同的数据或内容时,Excel 会保持它们的原始顺序。

排序有两种:简单排序(以单一条件,即只有一个排序关键字)和高级排序(按照两个以上的关键字进行排序)。

2.筛选

筛选是查找和处理数据子集的快捷方法。筛选与排序不同,它并不重新排列数据,而只是将不必显示的行暂时隐藏起来。Excel 的筛选分为自动筛选和高级筛选两种。自动筛选比较简单,是指根据用户设定的筛选条件,自动将表格中符合条件的数据显示出来。相对地,高级筛选指的是由用户自定义多种筛选条件的筛选操作,属于比较复杂的数据筛选操作。

3.分类汇总

分类汇总是对数据进行分析的一种常用方法,是将工作表数据按某个关键字段进行分类,具有相同值的分为一类,然后对各个类应用汇总函数进行汇总,分类汇总使数据整体状况变得清晰易懂。

4.数据透视表

数据透视表对于汇总、分析、浏览和呈现汇总数据非常有用。如果要分析相关的汇总值,尤其是在要合计较大的数字清单并对每个数字进行多种比较时,可以使用数据透视表。在数据透视表中,源数据中的每列或字段都成为汇总多行信息的数据透视表字段。

数据透视表是交互式报表,可快速合并和比较大量数据。通过旋转其行和列可以看到源数据的不同汇总,而且可显示感兴趣区域的明细数据,数据透视表是数据分析和决策的重要技术。一个完整的数据透视表是由行、列、值以及报表筛选区域等组成的。

(1)行:数据透视表中最左面的标题,对应“数据透视表字段列”表中“行标签”区域内的内容。单击行字段的下拉按钮可以查看各个字段项,可以全部选择或者选择其中的几个字段项在数据透视表中显示。

(2)列:数据透视表中最上面的标题,对应“数据透视表字段列”表中“列标签”区域内的内容。单击列字段的下拉按钮可以查看各个字段项,可以全部选择或者选择其中的几个字段项在数据透视表中显示。

(3)值:数据透视表中的数字区域,执行计算,提供要汇总的值,在数据透视表中被称作值字段,“数值”区域中的数据采用以下方式对数据透视图报表中的基本源数据进行汇总:数值使用 SUM 函数;文本值使用 COUNT 函数;鼠标右击“求和项”可以对值字段进行设置求和、计数或其他;可以将值字段多次放入数据区域来求得同一字段的不同显示结果。

(4)筛选区域:数据透视表中最上面的标题,在数据透视表中被称为页字段,对应“数据透视表字段列”表中“报表筛选”区域内的内容。单击页字段的下拉按钮勾选“选择多项”,可以全部选择或者选择其中的几个字段项在数据透视表中显示。

(5)计算项:计算项是在数据源中增加新行或增加新列的一种方法(该行或者列的公式涉及其他行或列),允许用户为数据透视表的字段创建计算项,需要注意的是自定义的计算项一经创建,它们就像是在数据源中真实存在的一样,允许在 Excel 表格中使用它们。

5.数据透视图

数据透视图是数据透视表的图形化表示工具,它能准确地显示相应数据透视表中的数据,使得数据透视表中的信息以图形的方式更加直观、更加形象地展现在用户面前。

项目 5　PowerPoint 2010 文稿制作

PowerPoint 2010 是微软公司的演示文稿软件,其功能非常强大。用户使用 Power-Point 2010 制作演示文稿之后可以在投影仪或者计算机上进行演示,也可以将演示文稿打印出来,制作成胶片,以便应用到更广泛的领域中。Microsoft PowerPoint 2010 做出来的演示文稿,其格式后缀名为 pptx;2010 及以上版本中可保存为视频格式。演示文稿中的每一页称作幻灯片。本项目通过两个任务讲解 PowerPoint 2010 的工作界面、演示文稿的建立及保存的方法、插入与删除的方法、不同视图方式的应用、SmartArt 图形的应用、在演示文稿中绘制图形、在演示文稿中插入图片的应用、PowerPoint 2010 版式、自定义模板、配色方案、切换方式、动画设置、幻灯片放映、动作按钮、排练计时等功能的使用,使读者通过本项目的学习能制作自己的演示文稿。

任务 5.1　制作个人简介

本任务目标是介绍 PowerPoint 2010 的工作界面、演示文稿的建立及保存的方法、插入与删除的方法、不同视图方式的应用、SmartArt 图形的应用、在演示文稿中绘制图形、在演示文稿中插入图片的应用等内容,帮助读者掌握 PowerPoint 2010 的基础知识。

任务描述

某高职院校教师根据自身发展需要准备换工作,因此,他准备去另一个高职院校参加面试。面试要求做一个个人简介。为了达到更好的介绍效果,他需要制作一张关于个人简介的 PowerPoint 演示文稿。他打开 PowerPoint 2010,开始制作第一张幻灯片。

任务分析

幻灯片是展示个人信息、展示自我各个方面常用的工具。在个人简介的幻灯片中,要将个人信息的文字、取得的成绩、有代表性的图片等内容都体现出来。因此首先要了解 PowerPoint 2010 工作界面、演示文稿的创建及保存的方法、在演示文稿中插入图片等内容的方法。

相关知识

1. 认识 PowerPoint 2010 的工作界面

PowerPoint 2010 的工作界面与早期版本的界面相比有了较大的变化。在 PowerPoint 2010 工作界面中,传统的选单和工具栏已被功能区所取代。功能区是为了满足用户需求而开发的。功能区是一种将组织后的命令呈现在一组选项卡中的设计。功能区上的选项卡显示与应用程序中每个任务区最为相关的命令。PowerPoint 2010 工作界面如图 5-1 所示。

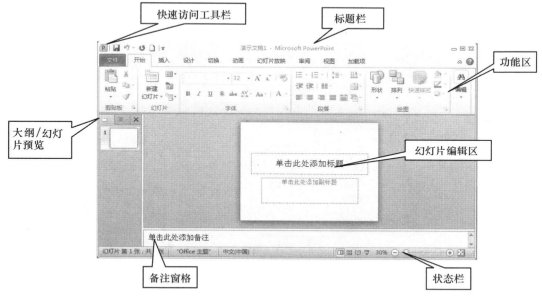

图 5-1　PowerPoint 2010 工作界面

（1）文件按钮

文件按钮是 Power Point 2010 新增的功能按钮,在工作界面的左上角,单击文件按钮,可弹出快捷选单如图 5-2 所示。在该菜单中,用户可以利用其中的命令新建、打开、保存、打印、共享以及发布 PowerPoint 演示文稿。

图 5-2　文件按钮界面

（2）快速访问工具栏

PowerPoint 2010 的快速访问工具栏中包含最常用操作的快捷按钮，方便用户使用，并且它与早期版本的工具栏类似。默认有保存、撤销和恢复，单击它右侧的 ▼ 可以自定义快速访问工具栏。如图 5-3 所示。

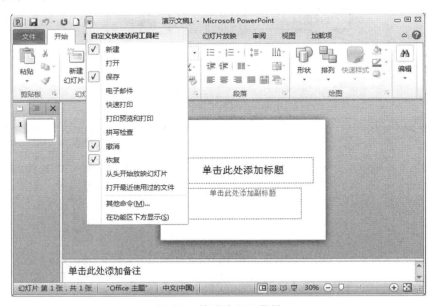

图 5-3　快速访问工具栏

（3）标题栏

标题栏位于窗口的顶部，显示应用程序名称和当前使用的演示文稿名称，右端有【最小化】、【最大化/还原】、【关闭】。如图 5-4 所示。

图 5-4　标题栏

（4）功能区

PowerPoint 2010 工作界面中的功能区是将旧版本 PowerPoint 中的菜单栏与工具栏结合在一起，以选项卡的形式列出 PowerPoint 2010 中的操作命令。默认情况下，PowerPoint 2010 的功能区中的选项卡包括：【开始】选项卡、【插入】选项卡、【设计】选项卡、【动画】选项卡、【幻灯片放映】选项卡、【审阅】选项卡以及【视图】选项卡。如图 5-5 所示。

图 5-5　功能区

（5）幻灯片和大纲窗口

幻灯片和大纲窗口用于显示演示文稿中的所有幻灯片，其中幻灯片和大纲窗口中有两个选项卡【大纲】和【幻灯片】选项卡。大纲选项卡中显示各幻灯片的具体文本内容，【幻灯片】选项卡显示各级幻灯片的缩略图。如图 5-6 所示。

图 5-6　幻灯片和大纲窗口

（6）幻灯片编辑窗口

位于幻灯片编辑区下面，主要用于添加提示内容及注释信息区域。

（7）状态栏

状态栏在窗口的最下一行，显示当前演示文稿的工作状态及常用参数，如图 5-7 所示。其左边显示当前页数或总页数、幻灯片当前使用的主题等；在其右边，用户可以通过视图切换按钮快速设置幻灯片的视图模式，还可以通过幻灯片显示比例滑控杆控制幻灯片的视图。

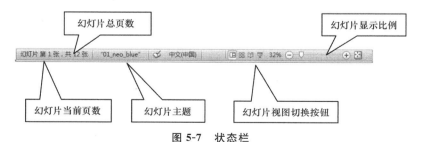

图 5-7　状态栏

2.演示文档的创建及保存

PowerPoint 2010 中演示文稿和幻灯片是两个概念。使用 PowerPoint 2010 制作出来的整个文件叫作演示文稿，演示文稿中的每一页叫作幻灯片。一份演示文稿可以包含一至多张幻灯片。PowerPoint 2010 创建演示文稿的方法很多,下面详细介绍创建方法。

（1）演示文稿的创建

创建空白演示文稿。创建空白演示文稿有以下常用的方法。

方法一:通过【开始】菜单创建空白演示文稿。

①启动 PowerPoint 2010 自动创建空演示文稿。选择"开始"→"所有程序"→"Microsoft Office"→"Microsoft PowerPoint 2010"命令,即可启动 PowerPoint 2010,如图5-8 所示。

图 5-8　启动 PowerPoint 2010

②系统将自动建立一个名为"演示文稿 1"的空白演示文稿。

方法二:使用【文件】选项卡创建空白演示文稿。

①单击【文件】选项卡,在下拉选单中选择【新建】命令,打开【新建演示文稿】,如图 5-9 所示。

图 5-9　"新建"演示文稿

②在"可用的模板和主题"中选择"空白演示文稿",再点击【创建】按钮,即可新建一个空白演示文稿。

方法三:通过快速访问工具栏创建。

①单击自定义快速访问工具栏后面的下拉按钮,选择【新建】按钮,如图 5-10 所示。

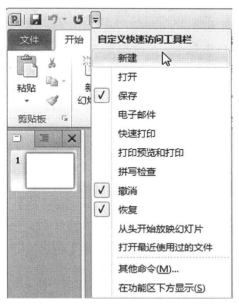

图 5-10　快速访问工具栏创建

②在【快速访问工具栏】中添加【新建】按钮,如图 5-11 所示,然后单击该按钮即可新建演示文稿。

图 5-11　添加【新建】按钮

方法四:通过按 Ctrl+N 组合键,创建新的空白演示文稿。

(2)演示文稿的保存及关闭

制作完演示文稿后需要保存该演示文稿。保存演示文稿既可以按原来的文件名存盘,也可以取新名字存盘。

①保存新建的演示文稿

a.选择【文件】选项卡下的【保存】按钮,或者按 Ctrl+S 组合键,弹出如图 5-12 所示的【另存为】对话框。

b.在对话框中,选择要保存的位置,设置要保存的文件名称以及保存的文件类型。

②保存已有的演示文稿

a.新演示文稿经过一次保存,或者以前保存的演示文稿重新修改后,可单击【文件】菜单下的【保存】命令保存修改后的演示文稿。

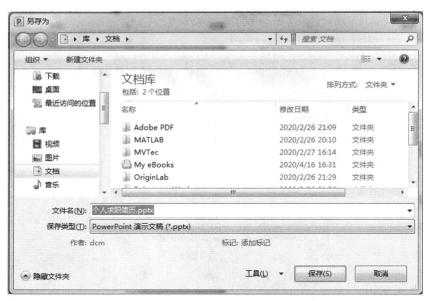

图 5-12　演示文稿【另存为】对话框

b. 可直接单击快速访问工具栏的■按钮；或者按 Ctrl＋S 组合键；或者单击【文件】选项卡下的"保存"命令，都可以保存修改后的演示文稿。

③另存为演示文稿

在对演示文稿进行编辑时，为了不影响原演示文稿的内容，可以给原演示文稿保存一份副本。单击【文件】选项卡下的【另存为】命令，在【另存为】对话框中，选择保存文档副本的位置和名称后，单击【保存】按钮，即可为该文档保存一份副本文件。

④关闭演示文稿

保存演示文稿后，用户可以通过以下方式关闭当前演示文稿。

a. 直接单击窗口右上方的【关闭】按钮。

b. 双击自定义快捷访问工具栏内的应用程序图标 P 。

c. 选择【文件】选项下的【关闭】命令。

d. 选择【文件】选项卡下的【退出】命令。

e. 右键单击文档窗口的标题栏，执行【关闭】命令。

3. 幻灯片的插入与删除

新建的演示文稿中只有一张标题幻灯片，我们需要制作更多幻灯片的时候就要插入新的幻灯片，而对于不需要的幻灯片，我们可以删除掉。

（1）插入幻灯片

①通过【幻灯片】组。在幻灯片窗格中选择默认的幻灯片，然后在【开始】选项卡中，单击【幻灯片】组中的【新建幻灯片】下拉按钮，例如：选择【标题和内容】即可插入一张新的幻灯片。如图 5-13 所示。

②也可以通过右键单击插入幻灯片。选择幻灯片预览窗格中的某一幻灯片，选中插入的位置，然后单击右键，选择【新建幻灯片】，即可在选择的幻灯片后面插入一张幻灯片。如图 5-14 所示。

图 5-13　【新建幻灯片】中的【标题和内容】

图 5-14　通过右键执行新建幻灯片命令

（2）删除幻灯片

要从演示文稿中删除幻灯片，有以下两种方法：

①右键单击删除。选择要删除的幻灯片，单击右键，在弹出的快捷菜单中选择【删除幻灯片】命令即可。

②通过键盘删除。选择要删除的幻灯片，按 Delete 键即可。

4. 认识 PowerPoint 2010 视图

PowerPoint 文稿视图包括普通视图、幻灯片浏览视图、备注页视图和阅读视图 4 种，用户可以选择【视图】选项卡，在【演示文稿视图】组中进行视图之间的切换。如图 5-15 所示。

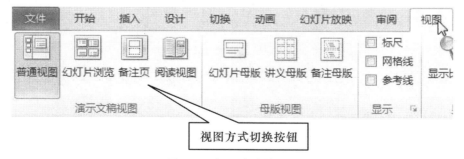

图 5-15　视图方式的切换

（1）普通视图

PowerPoint 2010 启动后打开的是普通视图，它是系统默认的视图模式。普通视图主要用来编辑幻灯片的总体结构。在此视图下，可以分为左右两侧，左侧是幻灯片和大纲窗口；右侧又可以分为上下两边，上边是幻灯片编辑窗口，下边是备注窗口。如图 5-16 所示。

图 5-16　普通视图

（2）幻灯片浏览视图

幻灯片浏览视图是以缩略图的形式显示幻灯片的内容的一种视图方式，通过该视图，用户可以方便地查看幻灯片内容，以及调整幻灯片的排列结构。用户单击【演示文稿视图】组中的【幻灯片浏览】按钮，即可切换至幻灯片浏览视图。如图 5-17 所示。

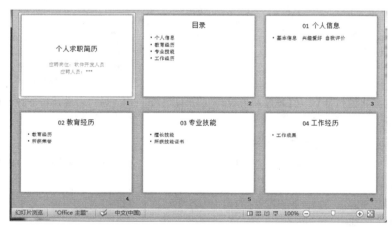

图 5-17　幻灯片浏览视图

（3）备注页视图

用户可以单击【演示文稿视图】组中的【备注页】按钮，即可切换至备注页视图，如图 5-18 所示。

图 5-18　备注页视图

（4）阅读视图

在阅读视图下，用户可以浏览幻灯片的最终效果，单击【阅读视图】按钮，或者按 F5 键，即可切换至该视图，使用户看到演示文稿中所有的演示效果。如图片、形状、动画效果及切换效果的内容。

5. 使用 SmartArt 图形

SmartArt 图形是信息和观点的视觉表示形式。可以选择不同的布局来创建 SmartArt 图形，从而快速、轻松、有效地传达信息。

（1）创建 SmartArt 图形

创建 SmartArt 图形时，可以看到 SmartArt 的图形类型，如"流程"、"层次结构"、"循环"或"关系"等。每种类型包含几个不同的布局。选择了一个布局之后，可以很容易地更改 SmartArt 图形布局。新布局中将自动保留大部分文字和其他内容以及颜色、样式、效果和文本格式。

①点击【插入】选项卡的【插图】组中的【SmartArt】，出现如图 5-19 所示的【选择 SmartArt 图形】对话框，单击所需的类型和布局。

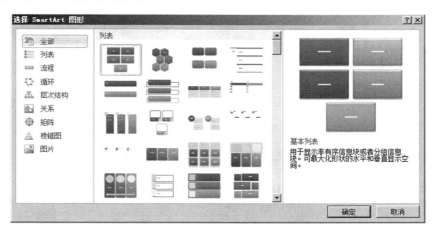

图 5-19　选择 SmartArt 图形

②选择【层次结构】中的组织结构图，然后键入所需的文本，如图 5-20 所示组织结构图。

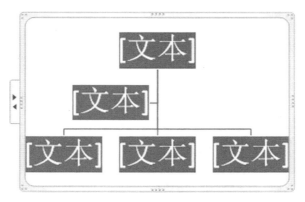

图 5-20　组织结构图及文本添加

（2）SmartArt 图形的更改

在创建 SmartArt 图形之后，可以更改 SmartArt 图形。点击 SmartArt 图形，将弹出两个选项卡：【设计】和【格式】。通过这两个选项卡，可以对 SmartArt 图形进行重新设计和修改格式。

①更改 SmartArt 图形布局。点击 SmartArt 图形，再点击【SmartArt 工具】下的【设计】选项卡，在【布局】组中点击其下拉按钮，就可以看到你要修改的布局。如图 5-21 所示。

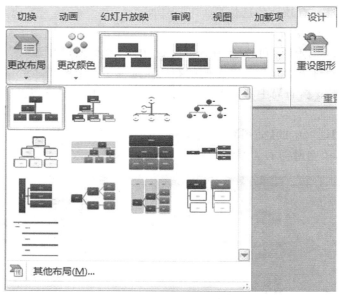

图 5-21　更改 SmartArt 图形布局

②SmartArt 图形颜色的更改。选中 SmartArt 图形，接着点击【SmartArt 工具】下的【设计】选项卡，选择下面的【SmartArt 样式】组中的【更改颜色】。如图 5-22 所示。

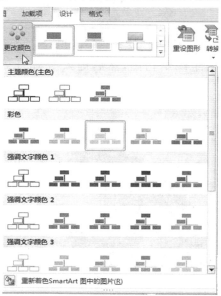

图 5-22　更改 SmartArt 图形颜色

③SmartArt 图形样式的更改。单击要更改的 SmartArt 图形,然后再点击【SmartArt 工具】下的【设计】选项卡,选择 SmartArt 样式中需要使用的样式。如图 5-23 所示。

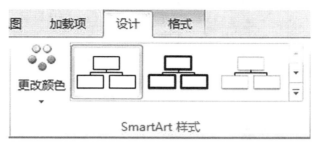

图 5-23　SmartArt 图形样式更改

④SmartArt 图形中的形状格式的更改。单击要修改的 SmartArt 图形中的形状,选择 【SmartArt 工具】下的【格式】选项卡,其下有形状、形状样式、艺术字样式、排列和大小选项, 可以选择不同的选项对 SmartArt 图形中的形状格式进行更改。如图 5-24 所示。

图 5-24　SmartArt 图形中形状的更改

(3)把幻灯片文本转换为 SmartArt 图形

把幻灯片文本转换为 SmartArt 图形就是将现有的幻灯片转换为专业设计的插图。

①单击幻灯片文本的占位符,选中要转换的文本内容,如图 5-25 所示。

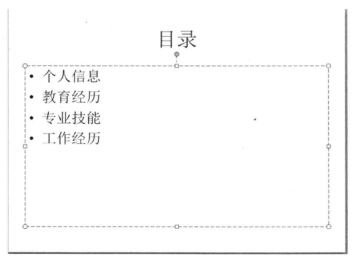

图 5-25　要转换的文本内容

②点击【开始】选项卡下的【段落】中的【转换为 SmartArt 图形】。如图 5-26 所示。

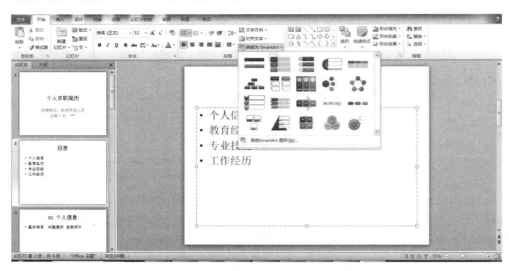

图 5-26　转换为 SmartArt 图形的布局

③选择所需要的 SmartArt 图形布局。如选择第一排的第四个，转换结果如图 5-27 所示。

图 5-27　转换后的 SmartArt 图形效果

6．在演示文稿中插入形状

可以在演示文稿中添加一个形状或者合并多个形状生成绘图或一个更为复杂的图形。能够使用的形状有线条、矩形、基本形状、箭头、公式形状、流程图、星与旗帜、标注、动作按钮。添加形状后，可以在其中添加文字、项目符号、编号和快速样式。

（1）插入形状

①单击【插入】选项卡中的形状，选择要插入的形状（图 5-28），接着单击演示文稿编辑文档区的任意位置，然后拖动放置形状。如添加圆角矩形，并且做出图 5-29 所示的效果。

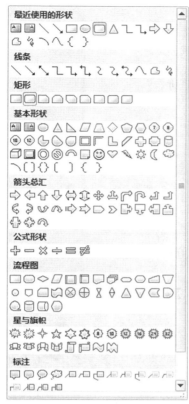

图 5-28　选择插入的形状

图 5-29　插入单个形状

②选择形状，单击右键，在弹出的菜单中选择编辑文字，如图 5-30 所示。

图 5-30　在形状中编辑文字

③添加文字后的效果如图 5-31 所示。

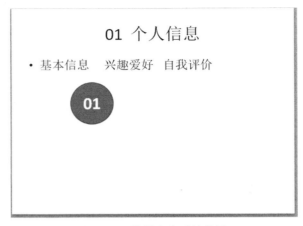

图 5-31　编辑文字后的效果

（2）修改形状

选中要修改的形状，在【绘图工具】下，选择【格式】选项卡，在其下面可以对形状样式、艺术字样式进行修改以及美化。如图 5-32 所示。

图 5-32　形状的修改

7. 插入图片

图片的插入分插入剪贴画和插入来自文件的图片两种。

（1）插入剪贴画

剪贴画是一种矢量图形，统一保存在"剪贴画库"中。PowerPoint 2010 附带的剪贴画库非常丰富，全部经过了专业设计，可以随时查看并插入到幻灯片的任意位置。

①单击【插入】选项卡下的【图像】组中的【剪贴画】按钮，如图 5-33 所示。

②打开【剪贴画】任务窗格，如图 5-34 所示，设置好"搜索文字"和"结果类型"后单击【搜索】。具体的设置同前面的项目设置。

（2）插入来自文件的图片

用户除了可以插入 PowerPoint 2010 中附带的剪贴画之外，还可以插入其他的图片（bmp、jpg、png、jpeg 等格式）。

①选择要插入图片的幻灯片，在占位符中，单击【插入】选项卡中【图像】组中的【图片】按钮，打开【插入图片】对话框。

②选择要插入的图片，点击【插入】即可将图片插入幻灯片中，并调整合适的位置和大小。

图 5-33　选择【图像】组中的剪贴画　　　　图 5-34　剪贴画任务窗格

任务实施

1. 制作第一张幻灯片。做出如图 5-35 所示的效果。

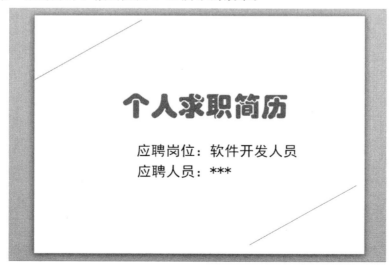

图 5-35　第一张幻灯片

(1)打开"Microsoft PowerPoint 2010",建一个空白的演示文稿。

(2)选择如图 5-35 所示的主题,或者选择一个自己喜欢的主题。

(3)题目为"个人求职简历",字体大小 60 号,字体颜色为蓝色,字体华文琥珀,内容有"应聘岗位"和"应聘人员"等字样,字体大小 32 号,字体颜色为黑色,字体黑体,具体的值根据自己实际情况进行填写(颜色、字体可以自行根据需求更改)。

(4)插入两条横条形状,分别放置在幻灯片的左上角和右下角,颜色为蓝色,形状大小默认。

2.制作第二张幻灯片。

(1)新建幻灯片,制作第二张幻灯片,题目为"目录",字号 44 号字,字体为华文琥珀,插入一个 SmartArt 图形,如图 5-36 所示。

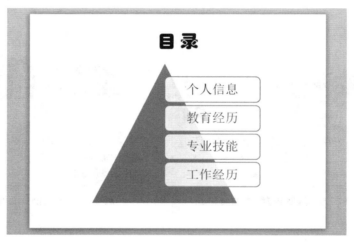

图 5-36　第二张幻灯片

(2)SmartArt 图形中选择"列表"中的"目标图列表",图形中内容为"个人信息、教育经历、专业技能、工作经历"等字样,字体大小 32 号,字体为宋体,颜色为黑色。

3.制作第三张幻灯片。做出如图 5-37 所示的效果。

图 5-37　第三张幻灯片

（1）新建第三张幻灯片，设置标题为"个人信息"，字体为宋体加粗，44 号，蓝色。

（2）插入一个形状，并编辑文字 01，字体黑体，加粗，字号 44 号，字体颜色白色，形状的样式为彩色填充蓝色。插入一个形状 ，并编辑文字，字体宋体，加粗，字号 20 号，字体颜色红色，形状的样式为彩色填充水绿色，强调颜色 1。

4.制作第四、五、六张幻灯片，操作步骤与第三张幻灯片相同，分别如图 5-38、图 5-39、图 5-40 所示。

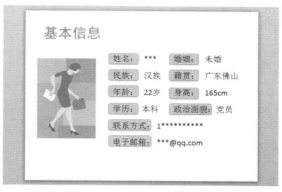

图 5-38　第四张幻灯片

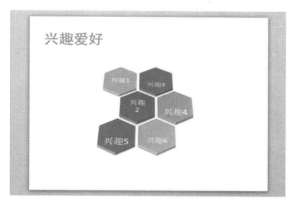

图 5-39　第五张幻灯片

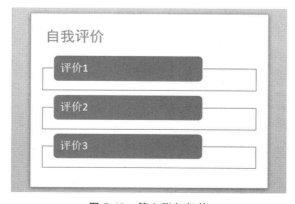

图 5-40　第六张幻灯片

拓展训练

完善个人简介 PPT：补充完成 02 教育经历、03 专业技能、04 工作经历，要求有文字说明、图片、用 SmartArt 图形表达，并比较在不同视图下的效果。

任务 5.2　制作专业介绍文稿

本任务目标是介绍 PowerPoint 2010 版式、自定义模板、配色方案、切换方式、动画设置、幻灯片放映、动作按钮、排练计时等功能的使用,这些功能为 PowerPoint 2010 的高级应用功能,这些功能将为以后的工作中制作 PPT 演示文稿打下坚实的基础。

任务描述

某高校计算机应用技术专业需要做一个宣传文稿,让李四负责此事,李四欣然答应了,产品宣传要在多媒体会议室进行,必须准备 PPT。

任务分析

李四首先打开 PowerPoint 2010 演示文稿,编辑适合的版式、主题、配色方案,加入自己精心准备的文字内容,为了活跃培训的气氛,他为幻灯片制作了动画效果,并使用超链接功能,点击就链接到他的案例中,案例分析完成后,再点击又回到主界面;使用动作按钮,所有演示文稿风格统一,操作功能一目了然,李四完成了宣传 PPT 后,利用排练计时功能预先查看一下整体的效果,满意后再将幻灯片进行打包,只等到宣传那天再放映出来。

相关知识

1.幻灯片主题和版式的设置

(1)应用主题

主题可以作为一套独立的选择方案应用于文件中。套用主题样式可以帮助用户更快捷地指定幻灯片的样式、颜色等。

幻灯片的主题是指对幻灯片中的标题、文字、图表、背景项目设定的一组配置。该配置主要包含主题颜色、主题字体和主题效果。

①选择需要应用主题的幻灯片,并选择【设计】选项卡,单击【主题】组中所需的主题,如图 5-41 所示。

图 5-41　主题设置

②如果所需要的主题没有在工具栏上显示,可以单击【主题】组中的 ▾ 按钮,从文件中浏览主题,也可以在网上下载适合自己的主题。如图 5-42 所示。

③另外,右键单击【主题】区域的主题列表中要应用的主题样式,即可在弹出的快捷菜单中,制定如何应用所选的主题,如图 5-43 所示。

(2)幻灯片版式的设置

选择幻灯片版式,可以调整幻灯片中内容的排版方式,并将需要的版式运用到相应的幻

图 5-42　浏览主题

图 5-43　通过右击【主题】选择应用

灯片中。在 PowerPoint 2010 中打开空白演示文稿时,将显示名为"标题幻灯片"的默认版式。

设置幻灯片的版式主要有以下三种方法:

①在【开始】选项卡中,单击【幻灯片】组中【新建幻灯片】下拉按钮,在其展开的列表中选择要应用的幻灯片版式即可。如图 5-44 所示。

②在【开始】选项卡下的【幻灯片】组中,单击【版式】按钮,如图 5-45 所示。

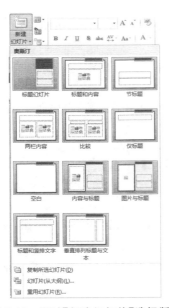

图 5-44　通过【新建幻灯片】选择版式

图 5-45　选择版式中的设计方案

其中,在版式区域中,主要提供了 11 种幻灯片版式,其版式名称和内容如表 5-1 所示。

表 5-1　PowerPoint 2010 的 11 种版式及功能表

版式名称	包含内容
标题幻灯片	标题占位符和副标题占位符
标题和内容	标题占位符和正文占位符
节标题	文本占位符和标题占位符
两栏内容	标题占位符和两个正文占位符
比较	标题占位符、两个文本占位符和两个正文占位符
仅标题	仅标题占位符
空白	空白幻灯片
内容与标题	标题占位符、文本占位符和正文占位符
图片与标题	图片占位符、标题占位符和正文占位符
标题和竖排文字	标题占位符和竖排文本占位符
垂直排列标题与文本	竖排标题占位符和竖排文本占位符

如果是首张幻灯片,则设置版式为"标题幻灯片",如果是普通幻灯片,则根据需要选择其他版式。

③选中要设置版式的幻灯片,点击右键,单击【版式】,同样出现所有的版式,根据需要选择版式。

2.幻灯片配色方案及背景的设置

(1)配色方案的设置

幻灯片主题的色彩效果,还可以通过幻灯片配色方案进行设置,PowerPoint 2010 提供了多种标准的配色方案。

①选择要设置配色方案的幻灯片,点击【设计】选项卡,在【主题】组中选择【颜色】按钮,如图 5-46 所示。

②还可以选择图 5-46 中的【新建主题颜色】,对主题颜色进行自定义。

(2)幻灯片背景的设置

幻灯片的背景对整个演示文稿的美观与否起着至关重要的作用,用户可根据需要应用 PowerPoint 2010 内置背景样式,也可自定义背景样式。

①应用 PowerPoint 2010 内置背景样式。选择【设计】选项卡,在【背景】组中单击【背景样式】,在弹出的下拉背景列表中选择背景样式即可。如图 5-47 所示。

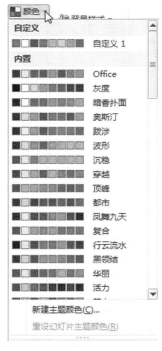

图 5-46　设置主题颜色

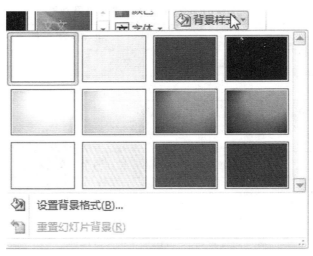

图 5-47 背景样式下拉列表

②自定义背景样式。若用户对配置的背景样式不满意,可以自定义背景样式。在背景列表中选择【设置背景格式】命令,打开如图 5-48 所示的对话框,在该对话框中自定义背景样式即可。用户可以通过它为幻灯片添加图案、纹理、图片或背景颜色。

图 5-48 【设置背景格式】对话框

3.幻灯片切换方式的设置

在对幻灯片进行播放时,用户可以为幻灯片之间的切换设置动态效果,使整个演示文稿播放时形象、生动。并且在设置过程中,还可以为切换效果添加声音并设置切换速度等。常用的主要有"平淡划出"、"从全黑淡出"、"切出"、"溶解"等。

(1)设置幻灯片的切换效果

①选择要设置切换效果的幻灯片,点击【切换】选项卡,在【切换到此幻灯片】组中,单击

你选中的切换方式如【擦除】,如图 5-49 所示。

图 5-49　选择切换方式

　　②选择要切换的效果后,还可单击【效果选项】下拉按钮,选择需要的切换效果的方式,如图 5-50 所示。

图 5-50　效果选项设置切换

　　③若要在演示文稿中的所有幻灯片应用相同的幻灯片切换效果,在【切换】选项卡的【计时】组单击【全部应用】按钮即可。

　　(2)设置幻灯片切换声音

　　要为幻灯片设置切换时的声音。首先,选择该幻灯片,并在【切换】选项卡中单击【计时】组中的【声音】下拉按钮,选择要添加的声音即可。如选择【风铃】,即可完成幻灯片切换时的声音。如图 5-51 所示。

图 5-51　幻灯片切换声音设置

（3）设置切换效果的计时

①如果要设置上一张幻灯片与当前幻灯片之间的切换效果的持续时间，应在【切换】选项卡的【计时】组的"持续时间"框中，键入或选择所需的数值。

②另外，如果要指定当前幻灯片在多长时间后切换到下一张幻灯片，应执行以下步骤：

a.若要在单击鼠标时切换幻灯片，则在【切换】选项卡的【即时】组中，勾选【单击鼠标时】复选框。

b.若要在经过指定时间后切换幻灯片，则在【切换】选项卡的【计时】组中，勾选【设置自动换片时间】复选框，并在其后的文本框中输入所需的秒数。

4.幻灯片动画效果的设置

在 PowerPoint 2010 中除了能为幻灯片设置切换动画外，还可以为幻灯片内的对象自行进行动画设置。在 PowerPoint 2010 中可以实现各种各样的动画效果，用户可以为幻灯片中的文本段落设置动画，也可以为幻灯片中的图形、表格等设置动画，而且制作方法极为简单。一般的设置程序采用选择、设置、应用等几个简单的操作步骤就可以完成。

（1）预设动画

预设动画是指调用内置的现成动画设置效果。

①选中要设置动画的对象，点击【动画】选项卡，其中列出了"无动画"、"淡出"、"擦除"、"飞入"等多种选项，选择"形状"，如图 5-52 所示。当鼠标指针指向某一动画名称时，会在编辑区预演该动画的效果，根据需要选择一种动画即可。

图 5-52　设置单个图片动画效果

②也可在【动画】选项卡下的【高级动画】组中单击【添加动画】设置动画效果。

（2）自定义动画

自定义动画的功能比预设动画的功能强大得多，通过它可以随心所欲地设置出丰富多彩、赏心悦目的动画效果。

①选中要设置动画的对象，点击【动画】选项卡，在【高级动画】组中单击【添加动画】，点击【更多进入效果】进入如图 5-53 所示的【添加进入效果】对话框。

②当选择某种效果后，点击【高级动画】选项卡中【动画窗格】，将显示每个对象设置的动画类型，如图 5-54 所示。

图 5-53　自定义其他动画效果　　　　图 5-54　自定义动画窗格

③接着点击 `1 ★ 标题 1: 高... ▼`，可根据需要对【动画】选项卡中【计时】组中的开始、持续时间、延迟进行设置。

④设置完动画后单击【播放】观看动画效果，如果要删除所设置的动画，则点击要删除的动画，单击右键，选择【删除】即可。

5.超链接和动作按钮的设置

（1）创建超链接

在 PowerPoint 2010 中，超链接是指从一张幻灯片到同一演示文稿中的另一张幻灯片的连接，或是从一张幻灯片到不同演示文稿中的另一张幻灯片、电子邮件地址、网页以及文件的连接。操作步骤如下：

①在"普通"视图中，选中要创建链接的文本或对象。

②单击鼠标右键，选择【超链接】，也可选中文本后，单击【插入】选项卡下的【链接】组中的【超链接】，如图 5-55 所示。

③弹出【插入超链接】对话框。单击【本文档中的位置】，如图 5-56 所示。

④在"请选择文档中的位置"下，单击要用作超链接目标的幻灯片"如何才能顺利毕业"。用同样的方法设置目录中其他选项的超链接。效果如图 5-57 所示。

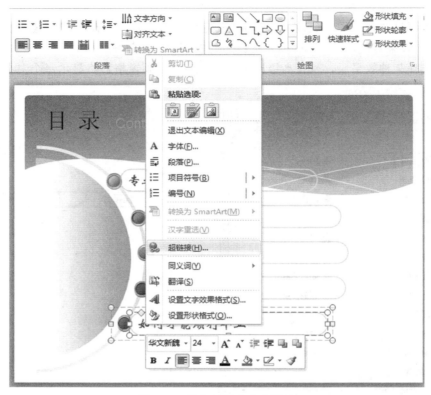

图 5-55　插入链接中的超链接

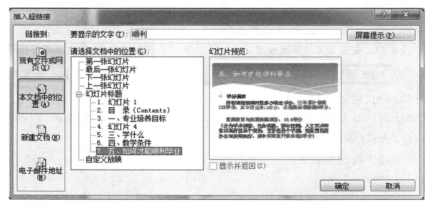

图 5-56　选择超链接在本文档中的位置

（2）动作按钮设置

①打开要设置动作按钮的幻灯片，选择【插入】选项卡下【插图】组中的【形状】下拉按钮，选择【动作按钮】中一个系统预定义的动作按钮。然后，在幻灯片中要插入动作按钮的位置拖动鼠标绘制该按钮。如图 5-58 所示。

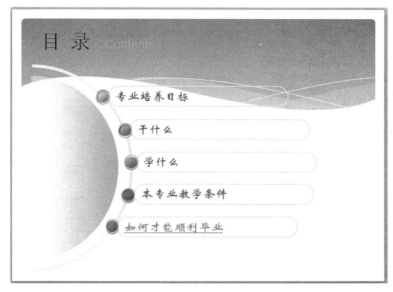

图 5-57　超链接设置效果图

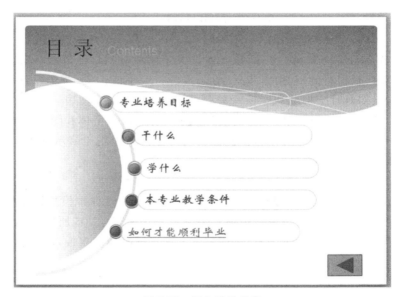

图 5-58　插入动作按钮

②绘制完动作按钮后,会自动弹出【动作设置】对话框,如图 5-59 所示,选择【超链接到】上一张幻灯片,单击【确定】按钮。

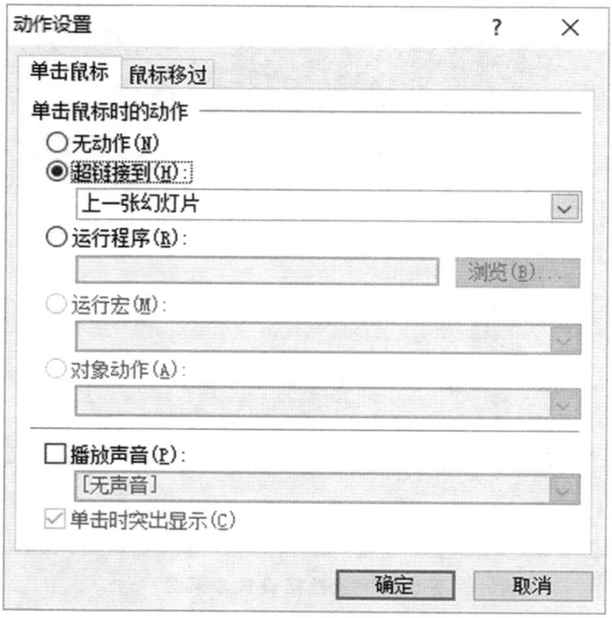

图 5-59　【动作设置】对话框

6. 模板

创建模板就是创建一个 ppt 文件,该文件记录了用户对幻灯片母版(幻灯片母版:存储有关应用的设计模板信息的幻灯片,包括字形、占位符大小或位置、背景设计和配色方案)、版式/布局(版式:幻灯片上标题和副标题文本、列表、图片、表格、图表、自选图形和视频等元素的排列方式)和主题(主题:一组统一的设计元素,使用颜色、字体和图形设置文档的外观)组合所做的任何自定义修改。可以将模板存储的设计信息应用于演示文稿,从而将所有幻灯片上的内容设置成一致的格式。

(1)使用已有的模板创建幻灯片

①在演示文稿中,选择【文件】选项卡下的【新建】,再选择【样本模板】,选择适合自己主题的模板,然后点击【创建】,所选设计模板就会应用到所选幻灯片或所有幻灯片了。

②如果对所选的设计模板不满意,可用上述方法选择其他的模板,这样就会改变原来的模板。

(2)自定义模板

除了自动套用 Microsoft PowerPoint 2010 提供的模板,用户也可以创建新的模板。一种方法是在原有模板的基础上修改模板,另一种方法是将自己创建的演示文稿保存为模板。

①新建或打开自己原有的演示文稿,如图 5-60 所示的标题幻灯片。

图 5-60 打开标题幻灯片

②设计母版。选择【视图】选项卡下的【母版视图】组中的【幻灯片母版】,进入幻灯片母版设计的编辑区,如图 5-61 所示。

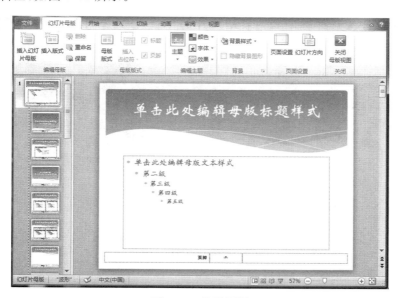

图 5-61 编辑母版

③插入案例素材图片 esri，将它移到标题幻灯片的右上角，如图 5-62 所示。

图 5-62　为标题幻灯片替换主题

④用同样的方法选择标题和内容幻灯片的母版，插入图片 esri，如图 5-63 所示。

图 5-63　为标题和内容幻灯片设计主题

⑤母版设计结束后，单击【关闭母版视图】，母版设计成功。

⑥效果如图 5-64 所示。

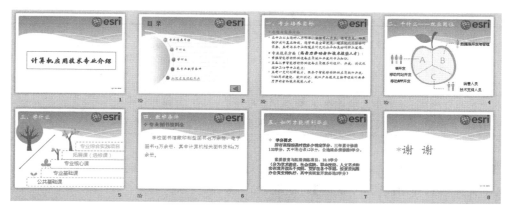

图 5-64　幻灯片母版设计完成效果

⑦另存为模板。单击【文件】，另存为模板。

7.幻灯片放映和排练计时

(1)设置幻灯片放映方式

根据播放环境的不同，PowerPoint 2010 为用户提供了不同的放映方式。因此，在放映演示文稿之前，用户可以根据播放环境来选择放映方式。

①在【幻灯片放映】选项卡中，单击【设置】组中的【设置幻灯片放映】按钮，打开【设置放映方式】对话框。如图 5-65 所示。

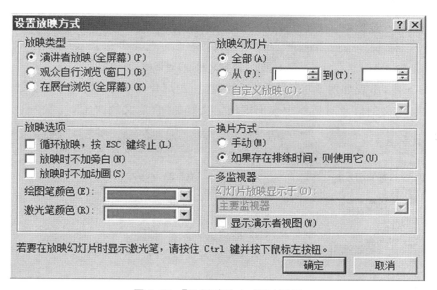

图 5-65　【设置放映方式】对话框

②放映类型选择【演讲者放映】，放映幻灯片选择【全部】，换片方式选择【如果存在排练时间，则使用它】。单击【确定】按钮，设置完成。

③根据演示文稿的放映环境，PowerPoint 2010 为用户提供了 3 种类型的放映方式，如图 5-65 所示，放映类型的参数介绍如表 5-2 所示。

表 5-2　放映类型及说明

放映类型	说明
演讲者放映	选择该方式,全屏显示演示文稿,但是必须要在有人看管的情况下进行放映
观众自行浏览	选择该方式,观众可以移动、编辑、复制和打印幻灯片
在展台浏览	选择该方式,可以自动运行演示文稿,不需要专人控制

（2）自定义放映

①在【幻灯片放映】选项卡的【开始放映幻灯片】组中,单击【自定义放映】,选择其下拉按钮【自定义放映】,弹出【自定义放映】对话框,如图 5-66 所示。

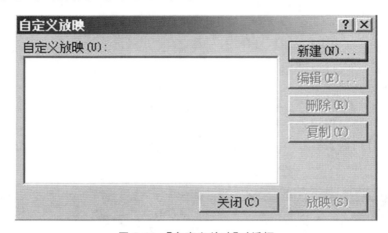

图 5-66　【自定义放映】对话框

②单击新建,出现如图 5-67 所示对话框,选中幻灯片 6、7、8,单击【添加】按钮,点击【确定】,这时在自定义幻灯片对话框中会出现已定义好的"自定义放映 1"。

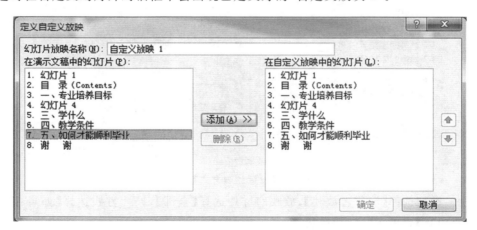

图 5-67　定义自定义放映

③切换到幻灯片的演讲者放映方式,在幻灯片位置上单击鼠标右键,在弹出的快捷菜单中单击【自定义放映】,设置好的自定义放映方式会出现在列表框中,单击需要使用的自定义幻灯片放映方式,直接跳转到幻灯片放映状态。

（3）设置排练计时

自动放映是在打开演示文稿时便自动开始放映。而排练计时功能是预演演示文稿中的每张幻灯片，并记录其播放的时间长度，以制定播放框架，使其在正式播放时可以根据时间框架进行播放。

①选中第一张幻灯片，在【幻灯片放映】选项卡中的【设置】组中单击【排练计时】按钮。此时系统进入幻灯片放映视图，并弹出【录制】工具栏，使用该工具栏上的工具按钮，对演示文稿中的幻灯片进行排练计时。如图 5-68 所示。

图 5-68　设置第一张幻灯片排练时间

②单击录制工具栏上的 ➡ 按钮，开始设置下一张幻灯片的放映时间，录制工具栏右侧出现的是累计时间。

③依次设置好所有幻灯片后，结束幻灯片排练计时，会弹出一个提示对话框，如图 5-69所示。

图 5-69　选择保留排练时间

④单击【确定】，系统自动切换到浏览视图，如图 5-70 所示。

图 5-70　在浏览视图下显示排练时间

任务实施

1. 按要求制作演示文稿

制作专业介绍演示文稿,共八张幻灯片,原始主题效果如图 5-71 所示。

图 5-71　原始演示文稿效果图

　　①第一张幻灯片,要求为标题版式,选择主题为波形,并应用于所有的幻灯片,主标题字体为华文新魏,字号为 48 号字,动画效果设置为进入效果中的飞入,最后一个对象上浮。如图 5-72 所示。

图 5-72　第一张幻灯片

②制作第二张幻灯片,要求设置为标题和内容版式。标题字体为宋体,40 号字,中文字体颜色黑色,英文字体颜色为橙色,动画效果设置为自底部擦除;内容字体为华文新魏,24 号字,内容插入形状圆角矩形,动画效果统一设置为自右部飞入,如图 5-73 所示。

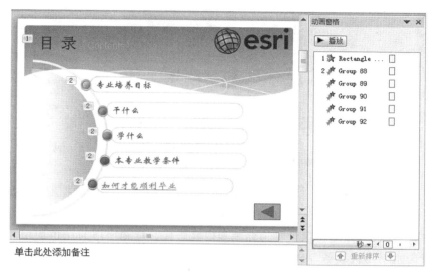

图 5-73　第二张幻灯片

③制作第三张幻灯片,要求设置为标题和内容版式。标题字体为白色加粗,40 号字,动画效果设置为水平随机线条;内容字体为华文楷体,24 号字,字体颜色蓝色,动画效果设置为出现,如图 5-74 所示。

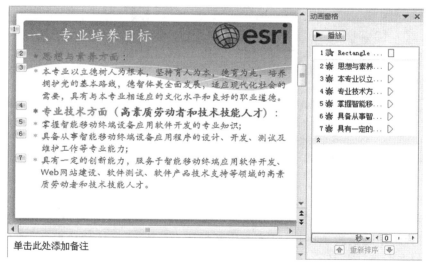

图 5-74　第三张幻灯片

④制作第四张幻灯片,要求设置为标题和内容版式。图标见素材。标题字体为白色加粗,40 号字,动画效果设置为水平随机线条;内容字体为华文楷体,24 号字,字体颜色蓝色,动画效果设置为出现,如图 5-75 所示。

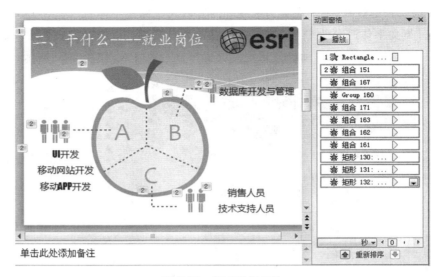

图 5-75　第四张幻灯片

⑤制作第五张幻灯片,要求设置为标题和内容版式。标题字体为白色加粗,40 号字,动画效果设置为水平随机线条;内容字体为华文楷体,24 号字,字体颜色蓝色,动画效果设置为出现,如图 5-76 所示。

图 5-76　第五张幻灯片

⑥制作第六张幻灯片,要求设置为标题和内容版式。标题字体为白色加粗,40 号字,动画效果设置为水平随机线条;内容字体为华文楷体,24 号字,字体颜色蓝色,动画效果设置为出现,如图 5-77 所示。

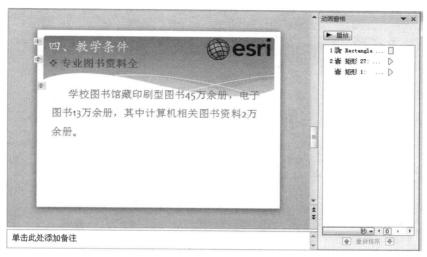

图 5-77　第六张幻灯片

　　⑦制作第七张幻灯片。版式为标题和内容版式。标题字体为白色加粗，40 号字，动画效果设置为水平随机线条；内容字体为华文楷体，24 号字，字体颜色蓝色，动画效果设置为出现，如图 5-78 所示。

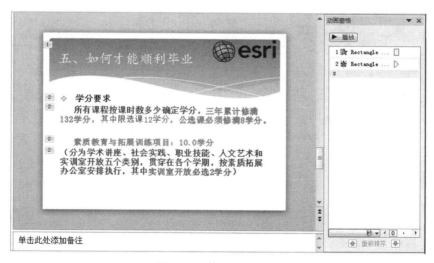

图 5-78　第七张幻灯片

　　⑧制作第八张幻灯片。版式为标题和内容版式。标题字体为华文新魏，90 号字，字体颜色黑色，动画效果设置为浮入；内容字体为黑体加粗，32 号字，字体颜色黑色，动画效果设置为旋转，插入形状动作按钮，超链接到上一张幻灯片，如图 5-79 所示。

　　2.将制作出的八张幻灯片更换主题

　　选择浏览主题中的暗香扑面并将此主题应用到所有的幻灯片中。做出如图 5-80 所示的效果。

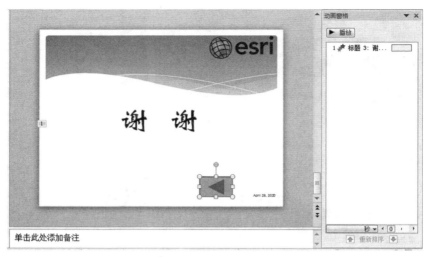

图 5-79　第八张幻灯片

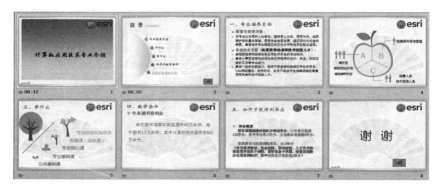

图 5-80　更改主题后的幻灯片浏览效果

拓展训练

完善专业介绍 PPT。

要求：

1.每张幻灯片设置不同的切换方式。

2.对第二张幻灯片的五个目录分别应用超链接实现链接操作,跳转到相应的幻灯片。

3.对第三、四、五、六、七张幻灯片中设置相应的动作按钮,跳转到第二张幻灯片。

4.幻灯片放映设置为演讲者放映。

5.幻灯片播放时,设置播放音乐。

练习题

一、填空题

1.在 PowerPoint 中,打印演示文稿时,在"打印版式"栏中选择_____,每页打印纸可以打印 9 张垂直放置的幻灯片。

2. 在 PowerPoint 中,点击_____选项,可以实现页眉、页脚的设置。

3. 在 PowerPoint 中,设置观众自行浏览模式,则幻灯片以_____模式放映。

4. 在 PowerPoint 的_____视图中,用户可以看到所有幻灯片的缩略图。

二、单选题

1. PowerPoint 的各种视图中,显示单个幻灯片以进行文本编辑的视图是(　　　)。

A. 普通视图　　　　　　　　　　B. 幻灯片浏览视图

C. 阅读视图　　　　　　　　　　D. 大纲视图

2. 不属于 PowerPoint 放映类型的是(　　　)。

A. 演讲者放映　　　　　　　　　B. 观众自行放映

C. 投影机放映　　　　　　　　　D. 在展台浏览

3. PowerPoint 中放映幻灯片时,不可以完成的操作是_____。

A. 定位放映幻灯片　　　　　　　B. 黑屏

C. 在幻灯片上用绘图笔绘图　　　D. 修改幻灯片的内容

4. 在 PowerPoint 中不可以插入(　　　)文件。

A. Avi 文件　　　　　　　　　　B. Wav 文件

C. Bmp 文件　　　　　　　　　　D. Exe 文件

5. 下面哪个操作不属于插入菜单。(　　　)

A. 表格　　　　　　　　　　　　B. 超链接

C. 对象　　　　　　　　　　　　D. 模板

三、操作题

1. 以 PowerPoint 样本模板创建一关于古典相册的演示文稿,输出类型为屏幕演示,其他均为默认。并将其以古典相册. ppt 保存在 D 盘。

2. 选用幻灯片母版中使用的配色方案,将整个演示文稿的标题文本的颜色设置为红色。

3. 设置所有幻灯片切换效果为随机水平线条,速度为慢速,爆炸声音,单击鼠标换页。

4. 在第一张幻灯片添加副标题处添加日期和相册相关信息,字体为华文行楷,36 号,靠右对齐。

5. 根据相册模板添加图片,并设置动画效果。

6. 若要添加您自己的页面,请单击"开始"选项卡,然后单击"新建幻灯片"库,选择相应的版式,然后单击占位符以添加自己的图片和标题,在"图片工具"|"格式"选项卡上,您可以创建自己的框架,并对图片进行更正(例如,调整对比度和亮度或裁剪图片),以获得合适的外观。

项目 6　计算机基础与网络

随着计算机的普及和计算机网络的迅速发展,人们进入信息化时代,计算机应用技术已经融入人们生活的方方面面,极大地便利了人们的工作、生活和学习,成为不可或缺的工具。掌握和应用计算机基本技术已经成为人们从事不同行业必备的基本技能。

本项目包括计算机的发展历程、计算机的组成以及计算机网络应用三个任务,分别从计算机的发展历史、发展趋势,计算机的类型、特点和应用,计算机组成,计算机网络基础知识和网络应用进行说明。通过这三个任务,帮助学生掌握计算机基础知识和网络应用,使其尽快融入相关领域中。

任务 6.1　计算机的发展历程

任务目标

1.熟悉计算机的发展节点;
2.掌握计算机各发展阶段的特点;
3.掌握计算机的分类;
4.掌握计算机的应用;
5.了解计算机的发展趋势。

任务描述

计算机的发展历程,顾名思义就是计算机的产生和发展的过程。小王是某职业院校的一名新生,在他看来,电脑可以上网浏览资料、看视频、聊天、玩游戏,对于计算机如何从简单到复杂、从低级到高级的发展过程一无所知,所以本任务以时间为节点,来讲述计算机的发展过程,不同发展节点的特点,以及计算机的分类、应用和发展趋势。

任务分析

通过时间历程帮助学生了解计算机的发展及相关知识,让学生懂得计算机对人类的重要意义,激发学生深入探究计算机的奥秘。我们将从计算机的发展过程及相关特点、计算机分类及应用、计算机发展趋势等方面帮助同学了解计算机。

任务实施

1.计算机的发展节点及相关特点

计算机,又叫电脑,从广义上说是能够辅助或自动运算的工具;从狭义上说是指现代电子数学计算机,即由电子器件构成,可存储二进制信息,通过内部存储的程序自动完成处理的计算工具。计算机具有运算速度快、计算精度高、逻辑推断能力准确、存储能力强大、自动化程度高,以及具备网络与通信能力的特点。

计算机从产生到现在,其演化经历了从简单到复杂、从低级到高级的不同阶段。计算机在不同的历史时期发挥着不同的作用,同时也启发了现代电子计算机的研发思想。

最早模拟和代替部分脑力劳动的工具有唐朝的算盘,欧美国家产生的计算尺、手摇计算机;1889 年美国科学家赫尔曼·何乐礼研制出了以电力为基础的电动制表机,用于存储计算机资料;1930 年,美国科学家范内瓦·布什造出世界上首台模拟电子计算机;1946 年 2 月14 日,由美国军方定制的世界上第一台电子计算机“电子数字积分计算机”(Electronic Numerical And Calculator,ENIAC)具有划时代意义,标志电子计算机时代的到来。

计算机的发明者冯·诺依曼(Von Neumann,1903～1957),首次提出了在计算机内存储程序的概念,并使用单一处理部件来完成计算、存储及通信工作。冯·诺依曼提出了 3 个重要的设计思想:

(1)计算机由 5 个基本部分组成:运算器、控制器、存储器、输入设备和输出设备;

(2)采用二进制形式表示计算机的指令和数据;

(3)将程序和数据存放在存储器中,并让计算机自动地执行程序。

从此,有着“存储程序”的计算机成为现代计算机的重要标志。随着计算机的发展,其体积越来越小,运算速度越来越快,性能价格比越来越高,应用范围越来越广泛。计算机对人类的生产和社会活动产生了极大的影响,被称为 20 世纪最先进的科学技术发明之一。

根据计算机使用的逻辑组件的发展,通常将电子计算机的发展分为四个阶段,称为四代。图 6-1 给出了电子计算机发展的四个节点。

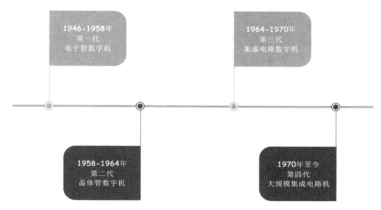

图 6-1 电子计算机发展阶段示意图

第二次世界大战期间,为解决炮弹弹道计算的难题,美国成立了由宾夕尼亚大学莫奇利和埃克特领导的研究小组,开始研制世界上第一台电子计算机。历经三年,1946 年 2 月

14 日第一台电子计算机问世,命名"ENIAC",即电子数值积分计算机(图 6-2)。它使用 1.88 万个电子管,占地约 170 平方米,重达 30 吨,一秒钟内可以完成 5000 次运算,耗电总量超过 174 千瓦/小时,其采用穿孔卡输入输出数据,每分钟可以输入 125 张卡片,输出 100 张卡片。第一台电子计算机的产生,标志着信息化时代的到来。

图 6-2　ENIAC 电子数值积分计算机

(1)第一代:电子管计算机时代

如图 6-3 所示,第一代计算机采用电子真空管及继电器作为逻辑元件,采用汞延迟线电子管、阴极射线示波管静电存储器、磁鼓、磁芯作为主存储器,采用穿孔卡作为主要的外部存储介质,软件采用机器语言、汇编语言,体积庞大,重量惊人,耗电量大,运算能力有限。第一代计算机主要使用在军事和科学计算领域,为计算机后期发展奠定了基础。

(2)第二代:晶体管计算机时代

如图 6-4 所示,第二代计算机采用晶体管作为电子元件,利用磁芯制造主存,利用磁鼓和磁盘取代穿孔卡作为外部存储介质,采用一系列高级程序语言,体积减小,耗能降低,运算速度从每秒几千次提高到几十万次,主存储器的存储量从几千字节提高到 10 万字节以上,性能比第一代计算机有了很大的提高,应用领域主要是科学计算和事务处理。

图 6-3　电子管

图 6-4　晶体管

(3)第三代:集成电路计算机时代

第三代计算机采用中、小集成电路作为电子元件,如图 6-5 所示,主存储器仍采用磁芯,使用硅半导体制造存储器,开始使用分时操作系统以及半结构化、规模化程序设计方法,计算机的体积和耗电量大大减少,运算速度大大提高,价格进一步降低,计算机的性能和稳定性也得到进一步提高,产品走向系列化、标准化和通用化的发展方向,并开始跨入图形图像和文字处理领域。

(4)第四代:大规模和超大规模集成电路计算机时代

第四代计算机采用大规模集成电路(SID)和超大规模集成电路(VSID)作为电子元件,如图 6-6 所示,使用集成度更高的半导体元件作为主存储器,软件方面产生了数据库管理系统、网络管理系统等。在此期间,微处理器产生并得到高速发展,个人微型计算机市场迅速扩大。1971 年世界上第一台微处理器在美国硅谷诞生,开创了微型计算机的新时代。应用领域从科学计算、事务管理、过程控制逐步走向家庭。

图 6-5　集成电路

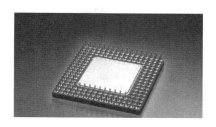

图 6-6　集成电路

20 世纪 80 年代,一些西方国家开始研制第五代计算机,又叫作"人工智能计算机"。其采用大规模集成电路或其他新器件作为逻辑元件,随后又提出光学计算机、生物计算机、分子计算机、量子计算机和情感计算机,这些都属于新一代计算机。

上面是计算机发展的四个主要阶段,随着集成技术的日渐精湛、半导体芯片集成度更高,出现了微处理器,我们日常用的电脑被研制出来,其体积小、价格低、使用方便。此外,利用大规模、超大规模集成电路制造的各种逻辑芯片,研发出了体积不是很大,但运算速度可达一亿甚至几十亿次的超级计算机(也叫巨型计算机),如图 6-7 所示。超级计算机指能够执行一般个人电脑无法处理的大型资料量和高速运算的电脑,具有很强的计算和处理数据的能力,主要特点表现为高速度和大容量,配有多种外部和外围设备以及丰富的、高功能的软件系统。现有的超级计算机的运算速度可达到每秒一太(Trillion,万亿)次以上。

1958 年我国成功研制的第一台小型电子管通用计算机 103 机(八一型)的诞生,标志着我国步入计算机的飞速发展时代。1964 年,我国成功研制出晶体管计算机。1983 年,我国研制成功每秒运算一亿次的银河Ⅰ型巨型机,又于 1993 年研制成功每秒运算十亿次的银河Ⅱ型通用并行巨型计算机,2009 年我国首台千万亿次超级计算机"天河一号"诞生,使我国成为继美国之后世界上第二个能够研制千万亿次超级计算机的国家。

2014 年 6 月 23 日,在德国莱比锡市发布的第 43 届世界超级计算机 500 强排行榜上,中国超级计算机系统"天河二号"(图 6-8)以每秒 33.86 千万次的浮点运算速度再次位居榜首,获得世界超算"三连冠",其运算速度比位列第二名的美国"泰坦"快了近一倍。这是我国计算机发展史上的重要的一个里程碑。

图 6-7　超级计算机　　　　　　　　　　图 6-8　天河二号

2.计算机分类

计算机类型有多种划分方式,我们从计算机处理数据的方式、使用范围、规模及处理能力进行分类。

(1)按计算机处理数据的方式分类

·电子数字计算机:以数字量作为对象进行运算,速度快,精度高。目前使用的计算机都属于此类型。

·电子模拟计算机:以连续变化的模拟量作为运算量。目前已经被淘汰。

·数模混合计算机:兼有数字和模拟两者的优点。

(2)按计算机的使用范围分类

·通用计算机:为解决不同类型问题而设计,其结构复杂。现在用的大部分是通用计算机。

·专用计算机:为某种特定目的而设计,其结构简单,如银行里的存款机。

(3)按计算机的规模和处理能力分类

采用的划分依据有:体积、字长、运算速度、存储容量、外部设备、输入输出能力,通常其分为四类:巨型机、大型机、小型机、微型机。

①巨型机

巨型机也称为超级计算机或高性能计算机,如图 6-9 所示,是功能最强、运算速度最快、存储能力最大、处理能力最强的计算机,它代表了一个国家的科技发展水平和综合国力。巨型机是为少数领域对大规模、高速度的计算任务需要而设计的,如气象、军事、能源、航天、探矿等领域。如 2009 年,国防科技大学研制成功的"天河一号"超级计算机,其在航空航天装备研制、资源勘测和卫星遥感数据处理,以及基础科学理论计算等方面发挥了重要的作用。

②大型机

大型机也称为大型主机,如图 6-10 所示,其特点是速度快、存储量大、通用性强,主要针对计算量大、信息流通量多、通信能力高的用户,如银行、政府部门和大型企业。

图 6-9　巨型机　　　　　　　　　图 6-10　大型机

③小型机

如图 6-11 所示,小型机是指采用精简指令集处理器,性能和价格介于微型机服务器和大型机之间的一种高性能 64 位计算机。小型计算机的特点是结构简单、可靠性高、维护费用低,常用于中小型企业。

④微型机

如图 6-12 所示,微型计算机简称微机,它是应用最广泛的机型,占据了计算机总数中的绝大部分。微型机价格便宜,功能齐全,被广泛应用于家庭、企事业单位。

图 6-11　小型机

图 6-12　微机

3.计算机的应用领域

从 1946 年第一代计算机诞生,短短几十年,计算机已经广泛应用到各个领域,人类社会已经进入信息化时代,计算机的应用范围随着计算机的飞速发展逐渐扩大,如从科学计算、数据处理、网络通信、过程控制、计算机辅助扩展到人工智能,已经成为人类不可缺少的重要工具。

(1)科学计算

科学计算是利用计算机完成复杂的科学计算问题,是发明计算机的初衷,其特点是存储量大、计算量大、运算精度高,可以解决人工难以完成的各种科学计算问题,如火箭发射、地震预测、国防安全等庞大的科学计算。

(2)数据处理

数据处理又叫信息处理,是当代计算机应用的主要任务,是现代管理的基础。信息处理是指用计算机对各种形式的数据进行采集、存储、加工、分析和传输的一系列工作。目前信息管理已广泛应用于企业的各个领域,如情报检索、图书馆、办公自动化、企事业管理与决策等方面。

(3)网络通信

计算机网络由具备信息交互的计算机互连构成的系统,实现资源共享。利用计算机网络完成通信跨越了时间和空间的障碍,成为人类建立信息社会的基础。全球最大的互联网Internet 已经成为覆盖全球的信息基础设施,在任何时间和任何场所,人们都可以彼此进行通信,如收发电子邮件、聊天等。

(4)过程控制

过程控制也称实时控制,是指计算机通过实时采集数据、分析数据,完成对控制对象的自动调节或控制。其不仅提高了自动化能力,而且也提高了控制的准确性和时效性,提高了产量和合格率。过程控制已经在电力、石油、化工、冶金、军事等领域得到了广泛使用。

(5)计算机辅助系统

计算机辅助技术包括 CAD(Computer Aided Design,CAD)、CAM(Computer Aided Manufacturing,CAM)、CAI(Computer Aided Instruction,CAI)和 CAT(Computer Aided Test,CAT)等。其可以提高产品生产过程中的自动化水平、减少成本、缩短生产周期、改善工作环境、提高产品质量,从而获得更高的经济效益。

①计算机辅助设计(CAD)是指设计人员通过计算机来完成工程或者产品的设计,以提高工作效率,缩短设计的时间。目前,此技术广泛应用于船舶设计、飞机设计、建筑设计等各

个方面。

②计算机辅助制造(CAM)是指通过计算机来进行产品加工的管理和控制操作,如输入零件工程内容和工艺线路,生成刀具的运行轨迹,大大提高了生产自动化程度。当结合其他技术后,如 CAD、CAT 等,可以产生自动化生产线或"无人工厂"。

③计算机辅助教学(CAI)是指通过计算机帮助教师进行课堂教学,如通常使用 Power-Point 和 Flash 完成课件的制作。CAI 不仅使教学内容生动、形象逼真,而且还能活跃课堂气氛、激发学生学习兴趣、提高教学质量,为培养现代化高质量人才提供了有效方法。

④计算机辅助测试(CAT)是指利用计算机进行繁杂而大量的产品测试工作。

(6)人工智能

人工智能(Artificial Intelligence)简称 AI,是指通过计算机来模拟人类的大脑,使其具有智能化和逻辑思维能力,进而可以思考以及与人类进行沟通交流。人工智能应用领域的一门新的技术科学,是未来的发展趋势。

4.计算机发展趋势

随着计算机的飞速发展,计算机在不同的发展方向上有不同的需要,如在存储容量和运行速度上将朝着巨型化发展;在处理器方面,会朝着微型化发展;在应用上,会朝着资源共享的网络化、智能化、多媒体化进一步发展与优化。

拓展训练

1.简述计算机发展的几个重要阶段,以及每个阶段重要的发明。

2.简述不同种类计算机的作用及特点。

3.在生活中,你发现了哪些工具是融入了人工智能技术的?

任务 6.2　计算机的组成

任务目标

1. 熟悉计算机硬件的各组成部分的名称及作用；
2. 掌握计算机软件的概念及作用；
3. 了解计算机处理信息的过程。

任务描述

小王是某公司采购部新进的员工，近期，公司要求采购一批电脑，由于经费有限，小王决定自己购买电脑组件，进行安装。

任务分析

在熟悉计算机组件的基础上，选择合适的计算机硬件、软件，了解计算机的工作原理，根据个人需要，制定计算机配置清单。

任务实施

1. 计算机系统组成

一个完整的计算机系统是由硬件系统和软件系统两大部分组成，如图 6-13 所示。硬件（HardWare）是指计算机中看得见、摸得着的物理设备的总称，包括组成计算机的电子的、机械的、磁或光的元器件或装置，是计算机系统的物质基础。软件（Software）是指在硬件系统上运行的各类程序、数据或相关资料的总和。硬件是软件建立和依托的基础，软件是计算机的灵魂，没有硬件对软件的物质支持，软件的功能无法发挥，只有软件和硬件相互结合才能发挥计算机系统的功能。所以硬件和软件相辅相成，共同构成了一个完整的计算机系统。

2. 计算机硬件系统及工作原理

1946 年，冯·诺依曼等人在一篇题为《关于电子计算机逻辑设计的初步讨论》的论文中提出并论证"存储程序"可以实现自动化信息处理，这一原理也是现代计算机的基本组成和工作方式。

计算机硬件系统是由运算器、控制器、存储器、输入设备和输出设备 5 个基本功能部件以及接口、辅助设备等组成。计算机内部使用二进制表示数据及程序。采用"存储程序"的方法完成自动化信息处理装置，即将数据和程序放入内存储器中，计算机通过从存储器中读取指令执行任务。

现在介绍计算机硬件系统的五大部件。

（1）中央处理器（含运算器、控制器）

中央处理器（Central Processing Unit，简称 CPU）又称中央处理单元，由运算器（逻辑单元）、控制器（控制单元）和寄存器（存储单元）三大部分构成。微型计算机通常把三者集成在

图 6-13　计算机系统结构图

一块大规模集成电路芯片上,又称为微处理器。CPU 是一台计算机运算和控制的核心,也是整个系统最高的执行单位,其决定了电脑性能的核心部件,用户通常查看 CPU 性能来判断电脑档次的高低。

其中运算器的功能是执行算术运算和逻辑运算;控制器的功能是控制计算机各功能部件协调工作,主要包括控制输入和输出设备与存储器之间的数据传输和处理;寄存器用于临时存储参加运算的各种数据信息,包括数据信息、地址信息和控制信息等。

(2)存储器

存储器可分为内部存储器和外部存储器两类。

1)内存储器

内存储器简称内存,位于计算机主机内,它直接与运算器、控制器交换信息,容量虽小,价格昂贵,但存取速度快,一般只存放那些立即要处理的程序和数据。内存一般由半导体存储器构成。内存储器按工作原理可分为三大类:随机存储器(Random Access Memory,RAM)、只读存储器(Read Only Memory,ROM)和高速缓冲存储器(Cache)。

RAM 既可读、又可写,断电后存储的内容立即消失。RAM 又可分为动态随机存储器(Dynamic RAM,DRAM)和静态随机存储器(Static RAM,SRAM)两大类。一般的台式计算机采用 DRAM 作为内存储器,它的读写速度较慢。SRAM 的读写速度比 DRAM 快得多,但其体积大,价格也较高。

ROM 为只读存储器,只能读取原有数据信息。在制作 ROM 时,数据或程序信息就被一次性写入并保存,用户不能再写入新内容,断电后存储的内容不会消失,这样即使机器停电,数据也不会丢失,如计算机中的 BIOS ROM。ROM 可分为可编程(Programmable)ROM、可擦除可编程(Erasable Programmable)ROM、电擦除可编程(Electrically Erasable Programmable)ROM。比如 EPROM 存储的内容可以通过紫外光照射来擦除,这使它的内容可以反复更改。目前比较流行的 ROM 是闪存,属于 EEPROM 的升级版本,可以通过电学原理反复擦写。

Cache 即高速缓存,是一种特殊内存,它集成在 CPU 的内部或主板上,用于暂时保存CPU 运行过程中的数据信息,其读写速度比内存更快。由于缓存指令和数据与 CPU 同频工作,可减少 CPU 与内存之间的数据交换次数,提高了 CPU 的运算效率。

2)外存储器

外存储器又叫辅助存储器,简称外存,是指除了内存及 CPU 缓存以外的存储器,其目的是扩大内存储器的容量,一般断电后其仍能保存数据,通常外存容量大、价格低,但存取速度慢,通常用于暂时存放不用的数据和程序,如移动硬盘、软盘、光盘、U 盘等。外存一般可作为输入/输出设备。

①硬盘存储器。硬磁盘是微机的重要外部存储设备,可以存储大批量信息。它是一种密封式的装置,即将磁头、盘片和驱动部件以及读写电路制成一个密封的整体,简称硬盘。硬盘具有容量大、读写速度快、稳定性强、使用寿命长等优点。

硬盘有 5.25 英寸、3.5 英寸和 2.5 英寸等几种规格。现在微机中所用的硬盘容量一般都在 40G 以上。目前,移动硬盘也较流行。

②软盘。软盘是表面涂有磁性材料可存储数据信息的软塑料圆盘片,放在一个塑料保护套中以便于保存、携带。软盘驱动器简称软驱,是用来驱动软盘转动并同时对软盘进行读写的设备,实际是输入输出设备,读写数据的速度比硬盘要慢得多。

软盘按盘片直径划分为 5.25 英寸和 3.5 英寸两种规格,目前 5.25 英寸盘已被淘汰。软盘的容量有 3 种:720MB、1.44MB 和 2.88MB,最常用的是容量为 1.44MB 的双面高密度软盘。

③光盘存储器。采用光学方式对数据进行存储的圆盘,即使用激光在某种介质上写入数据,再利用激光技术读取数据。文本、图形、图像、声音、视频这些类型的数据容量大,软盘和硬盘很难胜任,通常采用光盘。光盘不仅可以实现高密度数据存储,而且具有携带方便、存储容量大、保存时间长、工作稳定性好、价格低廉等优点。如一张普通的 12cm 的 CD-ROM 光盘容量可达 700MB,保存时间可长达 100 年,DVD 光盘要比 CD-ROM 光盘的存储量还要大得多。因此,光盘是目前最常用也是最理想的外部存储设备之一。

光盘存储器的类型有 CD-ROM(只读)、CD-R(可录入)、CD-RW(可擦写)、DVD-ROM(DVD 只读)等。

④U 盘(Only Disk),也称为“闪盘”,是基于 USB 接口的新一代移动存储器,它融合了通用串行总线(USB)、快闪内存(Flash Memory)等高新技术,可存储 16~2000MB 数据信息。U 盘无须驱动器,能即插即用,存储方便快捷,体积小,存储容量大,携带方便,并具有抗震性、防磁、防潮、耐高低温等特性,深受用户的青睐。目前,U 盘已经取代软盘的地位。目前不少微型机不再配置软驱,除了靠光盘、移动硬盘以及网络与外界交换数据外,使用 U 盘也是一个不错的选择。

（3）输入设备

输入设备是外界向计算机内部传入信息的装置，其将数据、程序等相关信息从人们熟悉的形式转换为计算机可以识别处理的形式。目前计算机中常用的输入设备有键盘和鼠标。除此之外，还有扫描仪、摄像头、条形码阅读器等设备。

（4）输出设备

输出设备是计算机向外界传出信息的装置，其将计算机处理的结果传输到计算机外部供用户使用。目前计算机中常用的输出设备有打印机、显示器、绘图仪等。

通常将输入设备和输出设备统称为 I/O 设备（Input/Output）。

计算机硬件的五大部件中每一个部件都有相对独立的功能，分别完成各自不同的工作。如图 6-14 所示，五大部件实际上是在控制器的控制下协调统一地工作。首先，把表示计算步骤的程序和计算中需要的原始数据，在控制器输入命令的控制下，通过输入设备送入计算机的存储器存储。其次当计算开始时，在取指令作用下把程序指令逐条送入控制器。控制器对指令进行译码，并根据指令的操作要求向存储器和运算器发出存储、取数命令和运算命令，经过运算器计算并把结果存放在存储器内。在控制器的取数和输出命令作用下，通过输出设备输出计算结果。

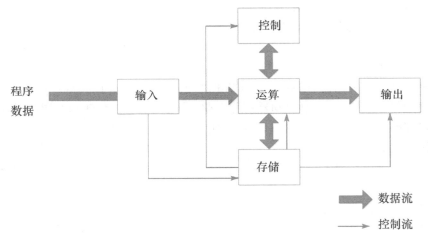

图 6-14　计算机基本工作原理

3.计算机软件系统

软件是支持计算机运行的各种程序，以及开发、使用和维护这些程序的各种技术资料的总称。软件是使计算机硬件的功能能够充分发挥，又能方便用户进行操作的工作环境。所以对于硬件而言，软件是灵魂，没有软件的计算机系统称为"裸机"。软件是计算机硬件与用户之间的一座桥梁，是计算机不可或缺的一部分。软件按其功能分为系统软件与应用软件两大类。

（1）系统软件

系统软件（System Software）是无须用户干预的各种程序的集合，由一组控制计算机系统并管理其资源的程序组成，其主要功能包括：负责进行调度、监控和维护计算机系统，管理计算机系统中各种独立硬件，使它们之间协调工作，进而简化计算机操作，充分发挥硬件性能，支持应用软件的运行并提供服务。系统软件主要包括以下两类软件：

1）操作系统

操作系统是底层软件，是软件中最基础、最重要的部分，它用于控制所有软件的运行，管理所有的资源，是连接计算机裸机和应用程序的桥梁。从资源角度来论，操作系统具有CPU 管理、存储器管理、设备管理、文件管理、作业（进程管理）等功能，其次它提供了人机交互的界面，为用户提供了友好的交互方式。目前，常用的操作系统是 Windows 操作系统，也有 Dos 操作系统、Unix 操作系统等。

2）辅助系统软件

辅助系统软件又叫工具软件，通常包括语言处理系统、数据库管理系统、调试与诊断服务程序等。

①语言处理系统

语言处理系统在层次上介于操作系统与应用软件之间，服务于用户设计的编程，将高级语言编写的应用程序编译（或解释）成计算机能识别的目标程序，例如微软的 Visual Studio 等。根据语言处理对硬件的不同需求程度，语言处理系统一般分为三类，由低到高分别是：机器语言、汇编语言和高级语言。

a. 机器语言。机器语言是面向机器，直接被计算机硬件识别和执行的唯一计算机编程语言，通常用二进制 1 和 0 表示。其特点是：代码精练、运行速度快，但代码指令记忆难、程序修改复杂，难以交流，一般编程人员掌握和学习较难。机器语言是唯一可以被计算机硬件识别的，所有语言都必须编译成机器语言才能在计算机上运行。

b. 汇编语言。汇编语言（Assembly Language）仍是面向机器的符号化机器语言，采用英文助记符来表示机器语言中对应的二进制操作指令。同样，汇编语言也需要经过汇编系统汇编成机器语言才能被计算机执行。汇编语言对于开发人员来说仍然较困难，但与机器语言相比，在编写、修改、阅读等方面都有了较大的改进。

c. 高级语言。高级语言是独立于机器的语言，很接近人们自然语言的表达方式，并且有一定的语法规则。高级语言源程序同样必须翻译转换为机器能直接执行的二进制代码的程序，才能为计算机直接理解和执行。相对于汇编语言而言，高级语言的编程简单易学、可移植性好、可读性强、更加容易调试。

常用的高级程序设计语言如表 6-1 所示：

表 6-1　常用的高级程序设计语言

BASIC 语言	易学易用，适于初学者
FORTRAN 语言	是最早出现的高级程序设计语言之一，主要适用于数值计算
PASCAL 语言	是一种紧凑式的结构化语言，适于数值计算和教学使用
COBOL 语言	是一种适于开发商业应用程序的高级语言
C 语言	是一种数据类型丰富、语句精练、灵活、效率高、表达能力强、可移植性好的高级语言，适于编写系统软件
JAVA 语言	是一种跨平台分布式程序设计语言，适于网络应用程序的开发

②数据库管理系统

数据库管理系统是管理和操作数据库的软件，主要为数据库应用软件提供底层支持，系统、有组织、动态地存储大量数据，使人们方便、高效地使用这些数据。它具有两个方面的作用：一是维护数据库中的数据，以保证数据库中数据的完整性、正确性和安全性；二是为用户服务，使用户能方便地建立、更新和使用数据库。目前广泛使用的数据库管理系统有 SQL、Server、Oracle 等。

③辅助程序

系统辅助程序通常也称为"支持软件"，主要包括调试程序、诊断服务程序等。如诊断服务程序是专门用于计算机硬件性能测试，对机器实施监控、调试，对系统故障进行诊断维护，以及软件开发和维护工作的一些工具软件，也称为支撑软件。常用的诊断程序有 QA-PLUS、WINBENCH、MSD 等。

（2）应用软件

应用软件是处于软件系统的最外层，直接面向用户，为用户服务的软件，是为解决各类应用问题而编写的程序。目前各种软件已经覆盖到了人们生活、学习、工作的各个方面。表6-2 列举了一些应用领域的主流软件。

表 6-2　主流应用软件

种类	软件名称
通信工具	微信、QQ
下载工具	迅雷
视频娱乐	爱奇艺视频、腾讯视频
平面设计	Axure、Photoshop
网站开发	Dreamweaver、PHP
程序设计	Python、Visio Studio
辅助设计	CAD
办公应用	Microsoft Office

拓展训练

1. 思考计算机系统的运行原理。
2. 思考计算机组成与其发展之间存在的关系。

任务 6.3　计算机网络应用

任务目标

1.熟悉计算机网络的基础概念；

3.熟悉计算机网络应用体系结构；

3.掌握 Web 应用结构。

任务描述

小华最近在学一门《计算机网络原理》的课程，老师要求学生探究如何通过 HTTP 协议访问页面。

任务分析

在学习计算机网络基础概念的基础上，学习计算机网络应用体系结构、通信原理和 Web 应用中的 HTTP 请求与响应。

任务实施

1.计算机网络基础概念

（1）计算机网络的定义

随着计算机的飞速发展，将通信技术融入计算机技术中，完成大量信息的快速交换，由此诞生了计算机网络。目前计算机网络还没有一个统一精确的定义。通常认为，计算机网络是指利用通信设备和通信链路或者通信网络，将地理位置不同的多个计算机互联起来，以功能完善的网络软件实现网络中信息的传递和资源共享的系统。其中实现网络互联的设备有集线器、交互机、路由器等，通信线路通常采用双绞线、光纤、微波、通信卫星等。

目前，因特网（Internet）是应用最广的计算机网络，是"网络的网络"。作为全球最大的互联网络，它由全球的很多网络互联而成，如图 6-15 所示。笔记本电脑、服务器、智能手机等都可以通过有线或无线方式连接到 Internet 服务提供商（Internet Service Provider，ISP）网络，进而接入 Internet。校园网、企业网络等机构网络，通常会构建一定规模的局域网，然后接入本地或者区域 ISP；家庭用户端系统构成的小型家庭网络，借助电话网络、有线电视网络等接入到本地或者区域 ISP；本地或者区域 ISP 再与更大规模的国家级 ISP 互联，国家级 ISP 再与其他国家 ISP 或者全球 ISP 互联，从而实现全球端系统的互联。

（2）协议的定义

互联网在分组交互设备、互联的端系统等进行数据交换的过程中，都需要遵循一定的约定、规则或标准，叫作网络协议。网络协议是指计算机网络中互连的通信实体之间数据交换时所必须遵守的规则的集合。就像人们在日常交流过程中会遵守一些规则，计算机同样也需要，不同的计算机只有遵循这些规则才能完成通信。计算机中存在很多协议，如 HTTP、

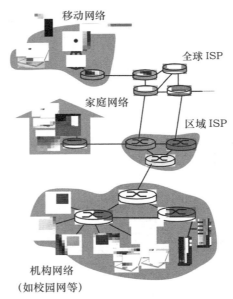

图 6-15　Internet 的部分网络示意图

TCP、IP 等。任何一个协议都由语法、语义、时序三要素组成。

①语法：语法规定了交换信息的结构和格式。

②语义：语义规定了数据交换中需要包含的控制信息、相关信息的解释，以及对于不同的控制信息，接收端应完成的动作及做出的反应。

③时序：时序规定了交互数据信道顺序，以及匹配速度。

（3）计算机网络的作用

计算机网络具有传输数据、共享资源、提高系统可靠性、增强系统性能的功能。

1）传输数据

计算机网络用于实现计算机直接的数据信息的传输，用户可以通过网络传输电子邮件、发布新闻消息、进行电子数据交换。通过计算机进行信息交换，费用低、速度快、信息量大，极大地方便了用户，提高了工作效率。

2）共享资源

①共享硬件资源：计算机网络可在全网范围内提供对处理资源、存储资源、输入/输出资源等硬件资源的共享。

②共享软件资源：计算机网络内的用户可以共享计算机网络的软件资源，如语言处理程序、应用程序及服务程序等。

③共享数据资源：计算机网络对全网内的数据进行共享，对一些变化快的数据而言，这种优势更为突出。

3）提高系统可靠性

网络中冗余备份系统可以随时接替主机进行工作。

4）增强系统性能

一台计算机的处理能力受限于其硬件，如果进行联网，可以实现并行处理和分布式处理，使其系统性能远高于网络中任意一台计算机的性能。

2.计算机网络应用基础知识

(1)计算机网络应用的体系结构

计算机网络应用软件是使用网页浏览器在互联网或企业内部网上操作的应用软件,如使用邮箱发送电子邮件、聊天软件、支付软件、购物软件等。计算机网络的应用类型很多,根据体系结构划分,主要分为三类:客户/服务器(C/S)结构网络应用、P2P 结构网络应用、混合结构网络应用。

①C/S 结构(Server/Client,C/S)

C/S 结构的网络应用是最基本、最典型的应用。此时网络应用的通信方是服务器和客户机。服务器通常 7×24 小时提供服务,随时做好通信的准备。客户机运行程序后,主动请求与服务器通信。其最大特征是通信不能在客户与客户间进行,必须在客户和服务器之间进行,如图 6-16 所示,通常人们使用的网络应用都是 C/S 结构,如 WWW 应用、电子邮件等。

②P2P 结构(Peer-to-Peer,P2P)

近年来,P2P 结构网络迅速发展,其主要完成点对点的通信,即通信双方没有客户端和服务器之分,没有一直运行的传统服务器,地位相等,如图 6-17 所示。其主要在视频流服务、文件共享、文件分发等方面凸显出很多优势。

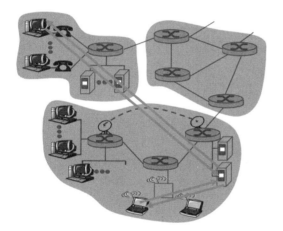

图 6-16　C/S 结构网络应用示意图

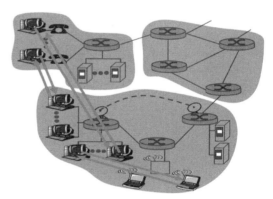

图 6-17　P2P 结构网络应用示意图

③混合结构(Hybrid)

混合结构是将 C/S 应用和 P2P 应用结合的产物。这种结构既有中心服务器,也有客户间的直接通信,如 Napster 软件。

(2)Web 应用结构

万维网(World Wide Web,WWW)是 Tim Berners-Lee 于 1994 年创建的,也称为 Web应用。其包括 Web 客户端和 Web 服务器,可以让 Web 客户端访问浏览 Web 服务器上的页面。它是一个由许多互相连接的超文本组成的系统。在这个系统中,每一个用于浏览的信息称为资源,并由一个全局"统一资源标识符"标识,这些资源通过超文本传输协议(Hypertext Transfer Protocol,简称 HTTP)传送给用户,然后通过点击链接来获取资源。

Web 应用是典型的客户/服务器网络应用,客户端和浏览器直接通信需要应用层协议

HTTP 的支持。HTTP 是由 W3C 组织推出的,是专门用于浏览器与 Web 服务器之间数据交互需要遵循的一种协议。当客户端浏览器服务器发送 HTTP 请求报文时,服务器反馈给浏览器 HTTP 响应报文,其中包括客户所访问的 Web 页面,然后浏览器对 Web 页面完成解析,如图 6-18 所示。

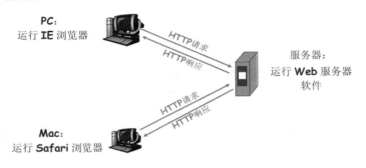

图 6-18　Web 应用结构图

拓展训练

浏览器、Apache 服务器、PHP 这些不同的软件是如何通过 HTTP 协议紧密协同工作的?